物理学发展及其教学研究

唐　剑　周献文　张祖豪　著

吉林科学技术出版社

图书在版编目（CIP）数据

物理学发展及其教学研究 / 唐剑 , 周献文 , 张祖豪
著 . –– 长春 : 吉林科学技术出版社 , 2023.7
ISBN 978-7-5744-0678-0

Ⅰ . ①物… Ⅱ . ①唐… ②周… ③张… Ⅲ . ①物理学
—教学研究 Ⅳ . ① O4-42

中国国家版本馆 CIP 数据核字 (2023) 第 136474 号

物理学发展及其教学研究

著　唐　剑　周献文　张祖豪
出 版 人　宛　霞
责任编辑　袁　芳
封面设计　刘梦杏
制　　版　刘梦杏
幅面尺寸　185mm×260mm
开　　本　16
字　　数　305 千字
印　　张　16.5
印　　数　1–1500 册
版　　次　2023年7月第1版
印　　次　2024年2月第1次印刷

出　　版　吉林科学技术出版社
发　　行　吉林科学技术出版社
地　　址　长春市福祉大路5788号
邮　　编　130118
发行部电话/传真　0431-81629529 81629530 81629531
　　　　　　　　　　　　81629532 81629533 81629534
储运部电话　0431-86059116
编辑部电话　0431-81629518
印　　刷　三河市嵩川印刷有限公司

书　　号　ISBN 978-7-5744-0678-0
定　　价　96.00元

前言／PREFACE

在信息技术飞速发展的时代背景下，科学技术在教育领域的推广和应用也发展到了前所未有的程度。科学信息技术、人工智能、无线感应技术、数字化发展等离不开物理，而科学信息技术的快速发展也反过来推动着物理学、物理教育的进步。因此，信息技术与物理课程教学相融合是物理教育的发展趋势。

智能手机传感器已经在很多案例中与物理实验成功结合，但是如何让这种实验与物理教学课堂结合得更紧密是一个值得我们思考的问题，因为现在的教学方式有很多种，即通过电子设备，如手机、平板电脑、笔记本电脑等，让学生通过互联网来上课，而不是传统的方式。又如，钉钉、腾讯课堂等App，以及在线课堂，使得物理实验教学成为一种成功的手段和途径，同时弥补了物理实验在空间和时间方面的不足。智能手机在物理实验教学中的使用和发展充满了各种各样的困难，由于无法监督学生的手机使用情况，许多教师认为在教学中使用手机传感器只是一种噱头。随着信息技术的飞速发展，几乎每个人都有一部手机，这就意味着每个人都有一个传感器设备。面对手机控制的怀疑，我们不应该放慢脚步；相反，我们应该紧跟时代发展步伐，努力做出积极的响应。学生在数字时代的生存能力是十分有必要的。未来的物理实验中会有更多更好的手机传感器应用于物理教学，并且会得到进一步完善。

研究发现，将智能手机作为一种新的实验工具用于物理实验教学，经实践具有良好的可行性，能有效地吸引学生注意力，提高学生的学习兴趣，其高度灵敏的数据测量能提高课堂教学效率，并积极促进学生做物理实验的自我效能感。因此，建议一线教师对此物理实验教学方式进行研究并付诸实践。

本书首先介绍了物理学发展的三个时期——古代物理学时期、经典物理学时期及现代物理学时期；其次介绍了中国近代物理学的开创和超导物理学在我国的发展，阐释了物理教学的方法和现状，以及未来物理学研究的几个方向；最后论述了利用人工智能在物理教学中的可行性和成效。本书内容翔实、逻辑合理，注重理论与实践相结合，可供工作在一线的物理教师参考和借鉴。

笔者在写作本书的过程中，借鉴了许多专家和学者的研究成果，在此表示衷心的感谢。本书研究的课题涉及的内容十分宽泛，尽管笔者在写作过程中力求完美，但仍难免存在疏漏，恳请各位专家批评指正。

目录／CONTENTS

第一章　古代物理学和经典物理学时期

第一节　古代物理学时期

在古代，无论是古希腊还是中国，都谈不上有"物理学"。当时人们还不可能自觉地、系统地运用实验方法，也不可能通过严密的逻辑推理和数学形式进行科学的概括，使之成为完整的知识体系。但这一阶段仍是物理学形成和发展的先导和渊源，是物理学发展的孕育和萌芽时期。

在中国，自夏、商、西周起，随着手工技术的发展，物理知识开始积累。春秋战国时期科学技术蓬勃发展，中国古代物理学开始形成；秦汉时期形成一个发展高峰；宋元时期达到鼎盛。至此，在西方近代科学诞生之前，中国的科学技术在各个领域都居世界领先地位。明末清初以后，科学和科学技术的发展逐渐落后于西方，这一时期，西方物理知识开始输入中国。

一、中国古代物理学

（一）元素与原子的观点

1.阴阳学说

阴阳是中国古代哲学的一对范畴。阴阳最初指的是阳光的向背，向日为阳，背日为阴。后来，人们又赋予了它一定的意义，把自然界和社会上一切对立的现象抽象为阴阳，用阴阳概念来解释自然界中相互对立和此消彼长的物质势力，用来解释天文气象、四季变化、万物兴衰等自然现象。如气候的寒暖，方位的上下、左右、内外，运动状态的躁动和宁静，以及天地、男女、昼夜、君臣、夫妻等。阳代表积极、进取、刚强、上升、温热、明亮、雄性、太阳等阳性和具有这些特征的事物，阴代表消极、退让、柔弱、下降、寒冷、晦暗、雌性、月亮等阴性和具有这些特征的事物。

2.五行思想

五行：金、木、水、火、土五种基本物质或元素。"水曰润下，火曰炎上，木曰曲直，金曰从革，土爰稼穑。"(《尚书·洪范》)世界万物皆由上述五种元素构成。"以土与金、木、火、水杂，以成万物。"(《国语·郑语》)相生与相克：土生金、金生水、水生木、木生火、火生金；土克水、水克火、火克金、金克木、木克土。

（二）元气说

1.概念

中国古代的哲人们期望着将世界万物的本源归结为一种统一的物质，认为世界应该是由一种连续分布于整个空间的物质构成的，而不像"五行说"是各种元素的组合。在"道"和"太极"的思想指导下，逐渐形成并发展成为在中国古代自然观中重要的、占主流地位的"元气说"。

春秋战国时期，老子认为由最高范畴的道生出阴阳二气，进而产生万物。庄子继承和发扬老子的学说，提出"通天下一气"的思想。战国末期的荀况也指出气是构成万物的基本元素。

元气说在春秋战国时期出现，在汉代逐渐成熟，经过唐、宋得到相当大的发展，明末清初达到高峰。以汉代的王充、唐代的柳宗元和刘禹锡为代表，形成了"元气自然论"；以宋代张载和明末清初的王夫之为代表，形成了"元气本体论"。

2."元气说"的主要思想

气是充满整个宇宙客观存在的物质，是万物的本原。王充在《论衡·谈天》中说："天地，含气之自然也。""天地合气，万物自生。"《论衡·自然》

王充（27—约97）：东汉时期的唯物主义哲学家和进步思想家，创立了以气为基础的元气自然论。主要著作有《论衡》，共30卷，85篇，涉及力学、声学、光学、热学、电磁学等多方面的知识，是我国中古时期的一部百科全书。

气有聚散两态，太虚为气，气形转化。张载（1020—1077，宋）："太虚者，气之体……形聚为物，形溃反原。"《正蒙·乾称》

王夫之（1619—1692，明末清初）："虚空者，气之量，气弥沦天涯而希微不形，则人见虚空而不见气。凡虚空皆气也。聚则显，显则人谓之有；散则隐，隐则人谓之无。"《张子正蒙注·太和》

气分阴阳，永远处于运动变化之中。

物质不灭思想。王夫之《张子正蒙注·太和》：气"散而归于太虚，复其氤氲之本体，非消灭也。聚而为庶物之生，自氤氲之常性，非幻成也。""聚散变化，而其本体不为之损益。""车薪之火，一烈已尽，而为焰，为烟，为烬，木者仍归木，水者仍归水，土者仍归土，特希微而人不见尔。""一甑之炊，湿热之气，蓬蓬勃勃，必有所归；若盖严密，则郁而不散。"

3.元气说的局限、以太和场

元气学说注重物质连续与不连续的相互统一，强调事物间的相互联系和相互转化，符合自然界的真实变化，与自然本性更接近。但元气说终究是一种思辨理论，没有实验、数学等科学方法的配合，长期停留在推测、玄想阶段，致使中国没有走上诞生近代科学的道路。

中国古代关于的气概念因为一方面在理论上过于宽泛而脱离了自然存在的一种物质形态的范畴，另一方面在抽象程度上又没能达到哲学的高度。在具体运用中，气的内涵也是可以在抽象的元气与具体的空气间漂移。尽管也被中国古人用来解释自然现象，但在中国的文化中，气更多地成为自然哲学层次的概念而不是物理学层次的概念。

二、西方古代物理学

（一）古希腊的三个时期（公元前8世纪—4世纪）

城邦时期（公元前8世纪—前4世纪）：在地中海东岸有10余个不同城邦，这时的雅典为众城邦的盟主，也是科学文化发展的中心。出现了大批著名的哲学家和科学家：泰勒斯、毕达哥拉斯、德谟克利特、苏格拉底、柏拉图和亚里士多德等。

亚历山大时期（公元前4世纪—前2世纪）：以亚历山大为首的马其顿人征服了全希腊，建立了地跨欧亚非大陆的亚历山大帝国，在埃及建立了"亚历山大城"，在城内还建立了博物馆和图书馆（缪斯学院），聚集了大批优秀的科学家。科学文化的中心也自然地转为埃及的亚历山大城。

罗马时期（公元前2世纪—4世纪）：希腊被罗马人征服，开始了罗马时期。初期由于社会动荡，科学开始衰退。当社会稳定后，从公元2世纪到4世纪，亚历山大城的科学再度中兴。这时科学家已经转为重视使用的氛围中，研究活动多与实际生活的需求相关，或者表现为对以往科学的注释上。[1]

（二）中世纪可以细分为三个时期（5世纪—15世纪）

黑暗时代（5—8世纪）：内部奴隶起义，外部日耳曼部落入侵，使得西欧逐渐过渡到封建领主土地所有制。同时，基督教成为罗马国教。当时消灭一切异教文化，对整个社会

---

① 杨海英.物理学史与高中物理规律教学相结合的教学设计研究 [D].云南师范大学，2019.

实行严酷的思想统治和愚昧政策，违背宗教的见解都要受到惩罚。圣经的语句具有法律效力。古希腊学术终结。

阿拉伯文化时代（8—11世纪）：地处东西方贸易交流纽带的阿拉伯，成为沟通东西方文化的桥梁，同时完好地保存了许多古希腊的学术典籍，对后来欧洲文艺复兴乃至近代科学产生重大影响。

经院哲学时代（11—15世纪）：经院哲学是以理论形式装扮起来的为封建统治阶级服务的官方哲学。经院哲学所进行的一切论证均以圣经词句作为出发点和终极真理，根本无视经验和实践，敌视对自然界进行科学研究。其代表人物托马斯·阿奎那（1225—1274）将亚里士多德的学说神话，使其成为不可侵犯的权威。

古代物理学时期大约是从公元前8世纪至公元15世纪，是物理学的萌芽时期。

物理学的发展是人类发展的必然结果，也是任何文明从低级走向高级的必经之路。人类自从具有意识与思维以来，便从未停止过对于外部世界的思考，即这个世界为什么这样存在，它的本质是什么，这大概是古代物理学启蒙的根本原因。因此，最初的物理学是融合在哲学之中的，人们所思考的，更多的是关于哲学方面的问题，而并非具体物质的定量研究。这一时期的物理学有如下特征：在研究方法上主要是表面的观察、直觉的猜测和形式逻辑的演绎；在知识水平上基本上是现象的描述、经验的肤浅总结和思辨性的猜测；在内容上主要有物质本原的探索、天体的运动、静力学和光学等有关知识，其中静力学发展较为完善；在发展速度上比较缓慢。在长达近八个世纪的时间里，物理学没有什么大的进展。

古代物理学发展缓慢的另一个原因，是欧洲黑暗的教皇统治，教会控制着人们的行为，禁锢着人们的思想，不允许极端思想出现，以免威胁其统治权。因此，在欧洲最黑暗的教皇统治时期，物理学几乎处于停滞不前的状态。

直到文艺复兴时期，这种状态才得以改变。文艺复兴时期人文主义思想广泛传播，与当时的科学革命一起冲破了经院哲学的束缚，使唯物主义和辩证法思想重新活跃起来。科学复兴使力学、数学、天文学、化学得到了迅速发展。

第二节　经典物理学时期

一、从阿基米德到伽利略

古希腊时代的阿基米德已经在流体静力学和固体的平衡方面取得辉煌成就，但当时人们只将这些归入应用数学，并没有将他的成果特别是他的精确实验和严格的数学论证方法归入物理学中。从希腊、罗马到漫长的中世纪，自然哲学始终是亚里士多德的一统天下。到了文艺复兴时期，哥白尼、布鲁诺、开普勒和伽利略不顾宗教的迫害，向旧传统发起挑战，其中伽利略把物理理论和定律建立在严格的实验和科学的论证上，因此被尊称为物理学或科学之父。

伽利略的成就是多方面的，仅就力学而言，他以物体从光滑斜面下滑将在另一斜面上升到同一高度，推论出：如另一斜面的倾角极小，为达到同一高度，物体将以匀速运动趋于无限远，从而得出如无外力作用，物体将运动不息的结论。他精确地测定不同重量的物体以同一加速度沿光滑斜面下滑，并推论出物体自由下落时的加速度及其运动方程，驳倒了亚里士多德重物下落比轻物快的结论，并综合水平方向的匀速运动和垂直地面方向的匀加速运动得出抛物线轨迹和45°的最大射程角。伽利略还分析"地常动移而人不知"，提出著名的"伽利略相对性原理"（中国的成书于1800年前的《尚书考灵曜》有类似结论）。但他对力和运动变化关系的分析仍是错误的。全面、正确地概括力和运动关系是牛顿的三条运动定律，牛顿还把地面上的重力外推到月球和整个太阳系，建立了万有引力定律。牛顿以上述的四条定律并运用他创造的"流数法"（今微积分初步），解决了太阳系中的二体问题，推导出开普勒三定律，从理论上解决了地球上的潮汐问题。牛顿是历史上第一个综合天上和地上的机械运动并取得伟大成就的物理学家。与此同时，几何光学也有很大发展，在16世纪末或17世纪初，人们先后发明了显微镜和望远镜，并且开普勒、伽利略和牛顿都对望远镜做了很大的改进。

二、经典机械物理时期到微观物理的开端

法国在大革命的前后，人才辈出，以P.S.M.拉普拉斯为首的法国科学家（史称拉普拉斯学派）将牛顿的力学理论发扬光大，把偏微分方程运用于天体力学，求出了太阳系内三

体和多体问题的近似解，初步探讨并解决了太阳系的起源和稳定性问题，使天体力学达到相当完善的境界。在牛顿和拉普拉斯的太阳系内，主宰天体运动的已经不是造物主，而是万有引力，难怪拿破仑在听完拉普拉斯的太阳系介绍后就问："你把上帝放在什么地位？"无神论者拉普拉斯则直率地回答："我不需要这个假设。"

拉普拉斯学派还将力学规律广泛用于刚体、流体和固体，加上W.R.哈密顿、G.G.斯托克斯等的共同努力，他们完善了分析力学，把经典力学推进到更高阶段。该学派还将各种物理现象如热、光、电、磁甚至化学作用都归于粒子间的吸引和排斥，如用光子受物质的排斥解释反射、光微粒受物质的吸引解释折射和衍射、用光子具有不同的外形以解释偏振以及用热质粒子相互排斥来解释热膨胀、蒸发等，都一度取得成功，从而使机械的唯物世界观统治了数十年。

正当这学派声势煊赫、如日中天时，受到英国物理学家T.杨和这个学派的后院法兰西科学院及科学界的挑战，J.B.V.傅里叶从热传导方面，T.杨、D.F.J.阿拉戈、A.J.菲涅耳从光学方面，特别是光的波动说和粒子说（见光的二象性）的论争在物理史上是一个重大的事件。为了驳倒微粒说，年轻的土木工程师菲涅耳在阿拉戈的支持下，制成了多种之后以他的姓命名的干涉和衍射设备，并将光波的干涉性引入惠更斯的波阵面在介质中传播的理论，形成惠更斯-菲涅耳原理；他还大胆地提出光是横波的假设，并用以研究各种光的偏振及偏振光的干涉；另外，他创造了"菲涅耳波带"法，完满地说明了球面波的衍射，并假设光是以太的机械横波解决了光在不同介质界面上反射、折射的强度和偏振问题，从而完成了经典的波动光学理论。菲涅耳还提出地球自转使表面上的部分以太漂移的假设并给出曳引系数。同时在阿拉戈的支持下，J.B.L.傅科和A.H.L.菲佐测定光速在水中确实比空气中为小，从而确定了波动说的胜利，史称这个实验为光的判决性实验。此后，光的波动说及以太论统治了19世纪的后半世纪，著名物理学家如法拉第、麦克斯韦、开尔文等都对以太论坚信不疑。另外，利用干涉仪内干涉条纹的移动，可以精确地测定长度、速度、曲率的极其细微的变化；利用棱镜和衍射光栅产生的光谱，可以确定地上和天上的物质的成分及原子内部的变化。因此，这些光学仪器已成为物理学、分析化学、物理化学和天体物理学中的重要实验手段。

三、能量守恒定律的发现

蒸汽机的发明推动了热学的发展，18世纪60年代在J.瓦特改进蒸汽机的同时，他的挚友J.布莱克区分了温度和热量，建立了比热容和潜热概念，发展了量温学和量热学，其所形成的热质说和热质守恒概念统治了80多年。在此期间，尽管发现了气体定律，度量了不同物质的比热容和各类潜热，但对蒸汽机的改进帮助不大，蒸汽机始终以很低的效率在运行着。1755年，法国科学院坚定地否决了永动机。1807年，T.杨以"能"代替莱布尼兹的

"活力"，1826年J.V.彭赛列创造了"功"这个词。1798年和1799年，朗福德和H.戴维分析了摩擦生热，向热质说挑战；J.P.焦耳从19世纪40年代起到1878年，花了近40年时间，用电热和机械功等各种方法精确地测定了热功当量；生理学家J.R.迈尔和H.von亥姆霍兹，更从机械能、电能、化学能、生物能和热的转换，全面地说明能量既不能产生也不会消失，确立了热力学第一定律即能量守恒定律。在此前后，1824年，S.卡诺根据他对蒸汽机效率的调查，据热质说推导出理想热机效率由热源和冷却源的温度确定的定律。文章发表后并未引起注意。后经R.克劳修斯和开尔文分别提出两种表述后，才确认为热力学第二定律。克劳修斯还引入新的态函数熵；以后，焓、亥姆霍兹函数、吉布斯函数等态函数相继引入，开创了物理化学中的重要分支——热化学。热力学指明了发明新热机、提高热机效率等的方向，开创了热工学；而且在物理学、化学、机械工程、化学工程、冶金学等方面也有广泛的指向和推动作用。这些使物理化学开创人之一W.奥斯特瓦尔德曾一度否认原子和分子的存在，而宣扬"唯能论"，视能量为世界的最终存在。另外，J.C.麦克斯韦的分子速度分布率（见麦克斯韦分布）和L.玻耳兹曼的能量均分定理把热学和力学综合起来，并将概率规律引入物理学，用以研究大量分子的运动，创建了气体分子动力论（现称气体动理论），确立了气体的压强、内能、比热容等的统计性质，得到了与热力学协调一致的结论。玻耳兹曼还进一步认为热力学第二定律是统计规律，把熵同状态的概率联系起来，建立了统计热力学。任何实际物理现象都不可避免地涉及能量的转换和热量的传递，因此热力学定律就成为综合一切物理现象的基本规律。经过20世纪的物理学革命，这些定律仍然成立，而且平衡和不平衡、可逆和不可逆、有序和无序乃至涨落和混沌等概念，已经从有关的自然科学分支中移植到社会科学中。

在19世纪20年代以前，电和磁始终被认为是两种不同的物质，因此，尽管1600年W.吉伯发表《论磁性》，对磁和地磁现象有较深入的分析；1747年B.富兰克林提出电的单流质理论，阐明了正电和负电，但电学和磁学的发展仍比较缓慢。1800年A.伏打发明伏打电堆，人类才有能长期供电的电源，电开始用于通信；但要使用一个电弧灯，就需连接2000个伏打电池，所以电的应用并不普及。1920年H.C.奥斯特的电流磁效应实验，开始了电和磁的综合，电磁学便迅猛发展；几个月内，A.M.安培通过实验建立平行电流间的安培定律，并提出磁分子学说；J.B.毕奥和F.萨伐尔建立载流导线对磁极的作用力（后称毕萨拉定律）；阿拉戈发明电磁铁并发现磁阻尼效应，这些成就奠定了电磁学的基础。1831年M.法拉第发现电磁感应现象，磁的变化在闭合回路中产生了电流，完成了电和磁的综合，并使人类获得新的电源；1867年W.西门子发明自激发电机，又用变压器完成长距离输电，这些基于电磁感应的设备，改变了世界面貌，创建了新的学科——电工学和电机工程。法拉第还把场的概念引入电磁学；1864年麦克斯韦进一步把场的概念数学化，提出位移电流和有旋电场等假设，建立了麦克斯韦方程组，完善了电磁理论，并预言了存在以光速传播的电磁波。但他的成就并没有即时被理解，直到H.R.赫兹完成这组方程的微分形式，并用实验证明麦克斯韦预言的电磁波，具有光波的传播速度和反射、折射干涉、衍射、偏振等一切性质，从而完成了电磁学和光学的综合，并使人类掌握了最快速的传递各种信息的工具，开创了电子学这门新学科。

直到19世纪后半叶，电荷的本质是什么，人们仍没有搞清楚，盛极一时的以太论认为电荷不过是以太海洋中的涡元。H.A.洛伦兹首先把光的电磁理论与物质的分子论结合起来，认为分子是带电的谐振子，1892年起，他陆续发表"电子论"的文章，认为1859年J.普吕克尔发现的阴极射线就是电子束；1895年提出洛伦兹力公式，它和麦克斯韦方程相结合，构成了经典电动力学的基础；并用电子论解释了正常色散、反常色散（见光的色散）和塞曼效应。1897年J.J.汤姆孙对不同稀薄气体、不同材料电极制成的阴极射线管施加电场和磁场，精确测定构成阴极射线的粒子有同一的荷质比，为电子论提供了确切的实验根据。电子就成了最先发现的亚原子粒子。1895年W.K.伦琴发现X射线，延伸了电磁波谱，它对物质的强穿透力，使它很快就成为诊断疾病和发现金属内部缺陷的工具。1896年A.H.贝可勒尔发现铀的放射性，1898年居里夫妇发现了放射性更强的新元素——钋和镭，但这些发现一时间尚未引起物理学界的广泛注意。

四、爱因斯坦和他的"相对论"时期开端

到19世纪末期，经典物理学已经发展到很完满的阶段，许多物理学家认为物理学已接近尽头，以后的工作只是增加有效数字的位数。开尔文在19世纪最后一个除夕夜的新年祝词中说："物理大厦已经落成……动力理论确定了热和光是运动的两种方式，现在它的美丽而晴朗的天空出现两朵乌云，一朵出现在光的波动理论，另一朵出现在麦克斯韦和玻耳兹曼的能量均分理论。"前者指的是以太漂移和迈克耳孙莫雷测量地球对（绝对静止的）以太速度的实验，后者指用能量均分原理不能解释黑体辐射谱和低温下固体的比热。恰恰是这两个基本问题和开尔文所忽略的放射性，孕育了20世纪的物理学革命。[①]

1905年，A.爱因斯坦为了解决电动力学应用于动体的不对称（后称为电动力学与伽利略相对性原理的不协调），创建了狭义相对论，即适用于一切惯性参考系的相对论。他从真空光速不变性出发，即在一切惯性系中，运动光源所射出的光的速度都是同一值，推出了同时的相对性和动系中尺缩、钟慢的结论，完美地解释了洛伦兹为说明迈克耳孙-莫雷实验提出的洛伦兹变换公式，从而完成了力学和电动力学的综合。另外，狭义相对论还否定了绝对的空间和时间，把时间和空间结合起来，提出统一的相对的时空观构成了四度时

---

① 杨海英. 物理学史与高中物理规律教学相结合的教学设计研究 [D]. 云南师范大学，2019.

空；并彻底否定以太的存在，从根本上动摇了经典力学和经典电磁学的哲学基础，而把伽利略的相对性原理提高到新的阶段，适用于一切动体的力学和电磁学现象。但在动体或动系的速度远小于光速时，相对论力学就和经典力学相一致了。经典力学中的质量、能量和动量在相对论中也有新的定义，所导出的质能关系为核能的释放和利用提供了理论准备。1915年，爱因斯坦又创建了广义相对论，把相对论推广到非惯性系，认为引力场同具有相当加速度的非惯性系在物理上是完全等价的，而且在引力场中时空是弯曲的，其曲率取决于引力场的强度，革新了宇宙空间都是平直的欧几里得空间的旧概念。但对于范围和强度都不是很大的引力场如地球引力场，可以完全不考虑空间的曲率，而对引力场较强的空间如太阳等恒星的周围和范围很大的空间如整个可观测的宇宙空间，就必须考虑空间曲率。因此，广义相对论解释了用牛顿引力理论不能解释的一些天文现象，如水星近日点反常进动、光线的引力偏析等。以广义相对论为基础的宇宙学已成为天文学中发展最快的一个分支。

1900年，M.普朗克提出了符合全波长范围的黑体辐射公式，并用能量量子化假设从理论上导出，首次提出物理量的不连续性。1905年爱因斯坦发表光量子假设，以光的波粒二象性，解释了光电效应；1906年其又发表固体热容的量子理论；1913年N.玻尔（见玻尔父子）发表玻尔氢原子理论，用量子概念准确地地计算出氢原子光谱的巴耳末公式，并预言氢原子存在其他线光谱，后获得了证实。1918年玻尔又提出对应原理，建立了经典理论通向量子理论的桥梁；1924年L.V.德布罗意提出微观粒子具有波粒二象性的假设，预言电子束的衍射作用；1925年W.泡利发表泡利不相容原理，W.K.海森伯在M.玻恩和数学家E.P.约旦的帮助下创立矩阵力学，P.A.M.狄拉克提出非对易代数理论；1926年薛定谔根据波粒二象性发表波动力学的一系列论文，建立了波函数，并证明波动力学和矩阵力学是等价的，随即统称为量子力学。同年6月，玻恩提出了波函数的统计解释，表明单个粒子所遵循的是统计性规律而非经典的确定性规律；1927年海森伯发表不确定性关系；1928年发表相对论电子波动方程，奠定了相对论性量子理论的基础。由于一切微观粒子的运动都遵循量子力学规律，因此它成了研究粒子物理学、原子核物理学、原子物理学、分子物理学和固体物理学的理论基础，也是研究分子结构的重要手段，从而发展了量子化学这个化学新分支。

差不多同时，研究由大量粒子组成的粒子系统的量子统计法也发展起来了，包括1924年建立的玻色—爱因斯坦分布和1926年建立的费米—狄拉克分布，它们分别适应于自旋为整数和半整数的粒子系统。稍后，量子场论也逐渐发展起来了。1927年，狄拉克首先提出将电磁场作为一个具有无穷维自由度的系统进行量子化的方案，以处理原子中光的自发辐射和吸收问题。1929年海森伯和泡利建立了量子场论的普遍形式，奠定了量子电动力学的基础。通过重正化解决了发散困难，并计算各阶的辐射修正，所得的电子磁矩数值与实验值只相差2.5×10^{-10}，其准确度在物理学中是空前的。量子场论还正向统一场论的方向发展，即把电磁相互作用、弱相互作用、强相互作用和引力相互作用统一在一个规范理论中，已取得若干成就的有电弱统一理论、量子色动力学和大统一理论等。

　　"实践是检验真理的唯一标准"，物理学也同样遵循这一标准。一切假说都必须以实验为基础，必须经受住实验的检验。但物理学也是思辨性很强的科学，从诞生之日起就和哲学结下了不解之缘。无论是伽利略的相对性原理，牛顿运动定律、动量和能量守恒定律，麦克斯韦方程乃至相对论、量子力学，无不带有强烈的、科学的思辨性。有些科学家如在19世纪中主编《物理学与化学》杂志的J.C.波根多夫曾经想把思辨性逐出物理学，其先后两次以具有思辨性内容为由，拒绝刊登迈尔和亥姆霍兹论能量守恒的文章，终为后世所诟病。要发现隐藏在实验事实后面的规律，需要深刻的洞察力和丰富的想象力。多少物理学家关注 $\theta - \tau$ 之谜，唯有华裔美国物理学家李政道和杨振宁，经过缜密的思辨，检查大量文献，发现谜后隐藏着未经实验鉴定的弱相互作用的宇称守恒的假设。而从物理学发展史来看，每一次大综合都促使物理学本身和有关学科的很大发展，而每一次综合既建立在大量精确的观察、实验事实基础上，也有深刻的思辨内容。因此，一般的物理工作者和物理教师，为了更好地应用和传授物理知识，也应从物理学的整个体系出发，理解其中的重要概念和规律。

第二章 现代物理学和近代物理学研究趋势

第一节 现代物理学时期

现代物理学时期，即从19世纪末至今，是现代物理学的诞生和取得革命性发展时期。

一、量子力学的兴起

19世纪末，当力学、热力学、统计物理学和电动力学等取得一系列成就后，许多物理学家都认为物理学的大厦已经建成，后辈只要做一些零碎的修补工作就行了。然而，两朵乌云的出现，打破了物理学平静而晴朗的天空。第一朵乌云是迈克尔逊-莫雷实验：在实验中没测到预期的"以太风"，即不存在一个绝对参考系，也就是说，光速与光源运动无关，光速各向同性。第二朵乌云是黑体辐射实验：用经典理论无法解释实验结果。这两朵在平静天空出现的乌云最终导致了物理学翻天覆地的变革。

20世纪初，爱因斯坦大胆地摒弃了传统观念，创造性地提出了狭义相对论，永久性地解决了光速不变的难题。狭义相对论将物质、时间和空间紧密地联系在一起，揭示了三者之间的内在联系，提出了运动物质长度收缩、时间膨胀的观点，彻底颠覆了牛顿的绝对时空观，完成了人类历史上一次伟大的时空革命。十年之后，爱因斯坦提出等效原理和广义协变原理的假设，并在此基础上创立了广义相对论，揭示了万有引力的本质，即物质的存在导致时空弯曲。相对论的创立，为现代宇宙学的研究提供了强有力的武器。

物理学的第二朵乌云——黑体辐射难题，则是在普朗克、爱因斯坦、玻尔等一大批物理学家的努力下，最终导致了量子力学的产生与兴起。普朗克引入了"能量子"的假设，标志着量子物理学的诞生，具有划时代的意义。爱因斯坦对于新生"量子婴儿"，表现出热情支持的态度；并于1905年提出了"光量子"假设，把量子看成辐射粒子，赋予量子实在性，并成功地解释了光电效应实验，捍卫和发展了量子论。随后玻尔在普朗克和爱因斯坦"量子化"概念和卢瑟福的"原子核核式结构"模型的影响下提出了氢原子的玻尔模型。德布罗意把光的"波粒二象性"推广到了所有物质粒子，从而创造描写微观粒子运动的新的力学——量子力学，迈进了革命性的一步。他认为辐射与粒子应是对称的、平等的，辐射有波粒二象性，粒子同样应有波粒二象性，即也赋予微粒波动性。薛定谔则用波动方程完美解释了物质与波的内在联系，量子力学逐渐趋于完善。[①]

量子力学与相对论力学的产生成为现代物理学发展的主要标志，其研究对象由低速到高速、由宏观到微观，深入广袤的宇宙深处和物质结构的内部，对宏观世界的结构、运动规律和微观物质的运动规律的认识，产生了重大影响。其发展导致了整个物理学的巨大变革，奠定了现代物理学的基础。随后的几十年即从1927年至今，是现代物理学的飞速发展阶段，这一期间产生了量子场论、原子核物理学、粒子物理学、半导体物理学、现代宇宙学、现代物理技术等分支学科，物理学日渐趋于成熟。

二、微观力学的快速发展

物理学实验与理论相互推进，并广泛应用于各部门，成为技术革命的重要动力，也是20世纪物理学的一个显著特征。其中开展得最迅速的领域则是原子核物理学和粒子物理学。1905年，E.卢瑟福等发表元素的嬗变理论，说明放射性元素因放射 α 和 β 粒子转变为另一元素，打破元素万古不变的旧观念；1911年，卢瑟福又利用 α 粒子的大角度散射，确立了原子核的概念；1919年，卢瑟福用 α 粒子实现人工核反应。鉴于天然核反应不受外界条件的控制，当时人工核反应所消耗的能量又远大于所获得的核能，因此卢瑟福曾断言核能的利用是不可能的。1932年2月，J.查德威克在约里奥·居里夫妇（1932年1月）和W.博特的实验基础上发现了中子，既解决了构成原子核的一个基本粒子（和质子并称为核子），又因它对原子核只有引力而无库仑斥力，中子特别是慢中子成为诱发核反应、产生人工放射性核素的重要工具。1938年发现核裂变反应；1942年建成第一座裂变反应堆，完成裂变链式反应；1945年爆炸了第一颗原子弹；1954年建成了第一个原子能发电站，至今核裂变能已成为重要的能源。物理学家还从核聚变方向探索新能源：1938年H.A.贝特提出碳氮循环假说以氢聚变解释太阳的能源，成为分析太阳内部结构和恒星演化的重要理论依据；1952年爆炸了第一颗氢弹。许多国家都在惯性约束聚变和磁约束聚变等不同方面探索自控核聚变反应，以解决日趋匮乏的能源问题。

对基本粒子的研究，最初是与研究原子和原子核结合在一起的，先后发现了电子、质子和中子。1931年泡利为了解释 β 衰变的能量守恒，提出中微子假设，于1956年得到证实。1932年C.D.安德森发现第一个反粒子即正电子，证实了狄拉克于1928年做出的一切粒

---

① 谢鑫妍. 核心素养视野下初高中物理教育衔接问题的探究 [D]. 东华理工大学，2021.

子都存在反粒子的预言。在研究核内部结构时，发现核子间普遍存在强相互作用，以克服质子间的电磁相互作用，还了解核内存在数值比电磁作用小的弱相互作用，它是引起 β 衰变的主要作用。1934年汤川秀树用介子交换的假设解释强相互作用，但当时所用的粒子加速器的能量不足以产生介子，因此要在宇宙射线中寻找。1937年C.D.安德森在宇宙线内果然找到了一种质量介于电子和质子之间的粒子（后称 μ 子），一度视之为介子，但之后发现它并无强作用。1947年C.F.鲍威尔在高山顶上利用核乳胶发现 π 介子。从20世纪50年代起，各国都把高频、微波和自动控制技术引入加速器，制成大型高能加速器及对撞机等，成为粒子物理学的主要实验手段，并发现了几百种粒子：将参与电磁、强、弱相互作用的粒子称为强子，如核子、介子和质量超过核子的重子；只参与电磁和弱相互作用的粒子如电子、μ 子、τ 子称为轻子，并开始按对称性分类。1955年发现当时称为 θ 介子和 τ 介子的两种粒子，它们的质量、寿命相同，应属一种粒子，但在弱相互作用下却有两种不同的衰变方式，一种衰变成偶宇称，另一种为奇宇称，究竟是一种或两种粒子，被称为 θ - τ 之谜。李政道和杨振宁仔细检查了以往的弱作用实验，确认这些实验并未证实弱作用中宇称守恒，从而以弱作用中宇称不守恒，确定 θ 和 τ 是一种粒子，合称K粒子。这是首次发现的对称性破缺。对粒子间相互作用的研究还促进了量子电动力学的发展。20世纪60年代中期起，进一步研究强子结构，提出带色的夸克假设，并用对称性及其破缺来分析夸克和粒子的各种性质及各种相互作用；建立了电弱统一理论和量子色动力学，并正在探索将电磁、弱、强三种相互作用统一起来的大统一理论。

此外，基于19世纪末热电子发射现象，1906年发明了具有放大作用的三极电子管，各种电子管纷纷出现，并和基于阴极射线的摄像管相结合，使电子工业、电子技术和电子学都得以迅速发展。1912年M.von劳厄发现X射线通过晶体时的衍射现象，之后布拉格父子发展了研究固体的X射线衍射技术，在发现电子和离子的衍射现象后，鉴于它们的波长可以较X射线更短，发展了各种电子显微镜，其中扫描透射电镜的分辨本领达到3，可以观察到轻元素支持膜上的重原子，这些都成为研究固体结构及其表面状态的重要实验工具。在引入量子理论后，固体物理学及所属的表面物理学迅速发展。在固体的能带理论指导下，对半导体的研究取得很大成功，1947年制成了具有放大作用的晶体三极管，之后又发明了其他类型晶体管和集成电路等半导体器件，使电子设备小型化，促进了电子计算机的发展，并开创了半导体物理学新学科。此外，以爱因斯坦的受激辐射理论为基础，发展了激光技术，因其具有高定向性、高单色性、高相干性和高亮度而得到了广泛的应用；在低温物理学方面，海克·卡末林·昂内斯于1906年和1908年相继液化了氢气和氦气，并于1911年发现了金属在温度4K左右时的超导电性，以后超导物质有所增加，超导温度也逐渐得到了提高。现已证实，超导转变温度可提高到100余K，并已开始应用于超导加速器等。

第二节　近代物理学研究趋势

　　20世纪是科学技术飞速发展的时代。在这个时代，人类目睹了分裂原子、拼接基因、克隆动物、开通信息高速公路、纳米加工和探索太空。很难设想，若没有科学技术的飞速发展，没有原子能、计算机、半导体，现代生活将是什么样子。与科学技术的发展一样，物理学也经历了极其深刻的革命。可以说，物理学每时每刻都在不停地发展，其活跃的前沿领域很多，是最有生命力、成果最多的学科之一。

一、蒸蒸日上的凝聚态物理学

　　自从20世纪80年代中期发现了所谓高临界温度超导体以来，世界上对这种应用潜力很大的新材料的研究热情和乐观情绪此起彼伏、时断时续。这种新材料能在液氮温区下传导电流而没有阻抗。高临界温度超导材料的研究仍是今后凝聚态物理学中活跃的领域之一。目前，许多国家的科学工作者仍在争分夺秒，继续进行竞争，向更高温区，甚至室温温区超导材料的研究和应用努力，可以预计，这个势头今后也不会减弱。此外，高临界温度的超导材料的机械性能、韧性强度和加工成材工艺也需进一步提高和解决。科学家们预测，21世纪初，这些技术问题可以得到解决并将有广泛的应用前景，有可能会引发一场新的工业革命。超导电机、超导磁悬浮列车、超导船、超导计算机等将会面向市场，届时，世界超导材料市场可望达到2000亿美元。

　　由不同材料的薄膜交替组成的超晶格材料可望成为新一代的微电子、光电子材料。超晶格材料诞生于20世纪70年代末，在短短不到30年的时间内，已逐步揭示出其微观机制和物理图像。目前已利用半导体超晶格材料研制成许多新器件，它可以在原子尺度上对半导体的组分掺杂进行人工"设计"，从而可以研究一般半导体中根本不存在的物理现象，并将固态电子器件的应用推向一个新阶段。但目前对于其他类型的超晶格材料的制备尚需做进一步的努力。一些科学家预测，下一代的电子器件可能会被微结构器件替代，从而可能会带来一场电子工业的革命。微结构物理的研究还有许多新的物理现象有待揭示，21世纪可能会硕果累累，它的前景不可低估。

　　近年来，两种与磁阻有关的引起人们强烈兴趣的就是所谓的巨磁阻和超巨磁阻现象。一般磁阻是物质的电阻率在磁场中会发生轻微的变化，而巨磁和超巨磁可以是几倍或数千倍的变化。超巨磁现象中令人吃惊的是，在很强的磁场中某些绝缘体会突变为导体，这种原因尚不清楚，就像高临界温度超导材料超导性的原因难以捉摸一样。目前，巨磁和超巨磁实现应用的主要障碍是强磁场和低温的要求，预计下世纪初在这方面会有很大的进展，并会有诱人的应用前景。

可以预计，新材料的发展是21世纪凝聚态物理学研究重要的发展方向之一。新材料的发展趋势是：复合化、功能特殊化、性能极限化和结构微观化。例如，成分密度和功能不均匀的梯度材料；可随空间、时间条件而变化的智能材料；变形速度快的压电材料及精细陶瓷材料等都将成为下世纪重要的新材料。材料专家预计，21世纪新材料品种可能突破100万种。①

二、等离子体物理与核聚变

海水中含有大量的氢和它的同位素氘和氚。氘即重氢，氧化氘就是重水，每一吨海水中含有140克重水。如果我们将地球海水中所有的氘核能都释放出来，那么它所产生的能量足够人类使用数百亿年。但氘和氚的原子核在高温下才能聚合起来释放能量，这个过程称为热核反应，也叫核聚变。

核聚变反应的温度大约需要几亿度，在这样高的温度下，氘氚混合燃料形成高温等离子体态，所以等离子体物理是核聚变反应的理论基础。1986年美国普林斯顿的核聚变研究取得了令人鼓舞的成绩，他们在TFTR实验装置上进行的超起动放电达到20千电子伏，远远超过了"点火"要求。1991年11月在英国卡拉姆的JET实验装置上首次成功地进行了氘氚等离子体聚变试验。在圆形圈内，2亿度的温度下，氘氚气体相遇爆炸成功，产生了200千瓦的能量，虽然只维持了1.3秒，但这向人类探索新能源——核聚变能的实现迈进了一大步。这是20世纪90年代核能研究最有突破性的工作。但目前核聚变反应距实际应用还有相当大的距离，技术上尚有许多难题需要解决，如怎样将等离子加热到如此高的温度？高温等离子体不能与盛装它的容器壁相接触，否则等离子体要降温，容器也会被烧坏，这就是如何约束问题。然而，21世纪初则有可能在该领域的研究工作中有所突破。

三、纳米技术向我们走来

所谓纳米技术就是在10⁻⁹米（十亿分之一米）水平上，研究应用原子和分子现象及其结构信息的技术。纳米技术的发展使人们有可能在原子分子量级上对物质进行加工，制造出各种东西，使人类开始进入一个可以在纳米尺度范围，人为设计、加工和制造新材料、新器件的时代。可将纳米技术粗略地分为纳米物理、纳米化学、纳米生物、纳米电子、纳

---

① 付超. 基于物理核心素养的高中物理学史教学研究与实践 [D]. 延边大学，2022.

米材料、纳米机械和加工等几方面。

纳米材料具有常规材料所不具备的反常特性，如它的硬度、强度、韧性和导电性等都非常高，被誉为"21世纪最有前途的材料"。美国一研究机构认为：任何经营材料的企业，如果现在还不采取措施研究纳米材料的开发，今后势必会处于竞争的劣势。

纳米电子是纳米技术与电子学交叉形成的，以研究纳米级芯片、器件、超高密度信息存储为主要内容的一门新技术。例如，目前超高密度信息存储的最高存储密度为10^{12}比特/平方厘米，其信息储存量为常规光盘的10^6倍。

纳米机械和加工，也称为分子机器，它可以不用部件制造几乎无任何缝隙的物体，它每秒能完成几十亿次操作，可以做人类想做的任何事情，可以制造出人类想得到的任何产品。目前采用分子机器加工已研制出世界上最小的（米粒大小）蒸汽机、微型汽车、微型发电机、微型马达、微型机器人和微型手术刀。微型机器人可进入血管清理血管壁上的沉积脂肪，杀死癌细胞，修复损坏的组织和基因。微型手术刀只有一根头发丝的百分之一大小，无须开胸破腹就能完成手术。21世纪的生物分子机器将会出现可放在人脑中的纳米计算机，实现人机对话，并且有自身复制的能力。人类还有可能制造出新的智能生命和实现物种再构。

四、"无限大"和"无限小"系统物理学

"无限大"和"无限小"系统物理学是当今物理学发展的一个非常活跃的领域。天体物理和宇宙物理学就属于"无限大"系统物理学的范畴，它从早期对太阳系的研究，逐步发展到银河系，直到对整个宇宙的研究。热大爆炸宇宙模型作为20世纪后半叶自然科学中的四大成就之一是当之无愧的。利用该模型已经成功地解释宇宙观测的最新结果，如宇宙膨胀、宇宙年龄下限、宇宙物质的层次结构、宇宙在大尺度范围是各向同性等重要结果。可以说具有暴胀机制的热大爆炸宇宙模型已为现代宇宙学奠定了一定的基础。但是到目前为止，关于宇宙的起源问题仍未得到解决，暴胀宇宙论也并非十全十美，事实上想一次就得到一个十分完善的宇宙理论是很困难的，这还有待于进一步的努力和探索。

"无限大"系统物理学还有两个比较重要的问题是"类星体"和"暗物质"。"类星体"是于1961年发现的，一个类星体发出的光相当于几千个星云，而每个星云相当于1万亿个太阳所发出的光，所以对类星体的研究具有十分重大的意义。20世纪60年代末，科学家们发现一个编号为3C271的类星体，一天之内它的能量增加了一倍，为什么它的能量增加得如此迅速？这有待于21世纪去解决。"暗物质"是一种具有引力，看不见，什么光也不发射的物质。宇宙中百分之九十以上的物质是所谓的"暗物质"，这种"暗物质"到底是什么？我们至今仍不清楚，也有待于21世纪去解决。

原子核物理和粒子物理学则属于"无限小"系统物理学的范畴，它从早期对原子和

原子核的研究，逐步发展到对粒子的研究。粒子主要包括强子（中子、质子、超子、π介子、K介子等）、轻子（电子、μ子、τ轻子等）和媒介子（光子、胶子等）。强子是对参与强相互作用粒子的总称，其数量几乎占粒子种类的绝大部分；轻子是参与弱相互作用和电磁相互作用的，它们不参与强相互作用；而媒介子是传递相互作用的。目前，人们已经知道参与强相互作用的粒子都是由更小的粒子"夸克"组成的，但至今不能把单个"夸克"分离出来，也没有观察到它们可以自由地存在。为什么"夸克"独立不出来呢？还有一个不能解释的问题是"非对称性"，目前我们已有的定理都是对称的，可世界是非对称的，这是一个有待于解决的矛盾。寻找独立的夸克和电弱统一理论预言的、导致对称性自发破缺的H粒子、解释"对称"与"非对性"的矛盾，是21世纪粒子物理学研究的前沿课题之一。

从表面上看，"无限大"系统物理学与"无限小"系统物理学似乎无必然的联系。其实不然，宇宙和天体物理学家利用广义相对论来描述引力和宇宙的"无限大"结构，即可观察的宇宙范围；而粒子物理学家则利用量子力学来处理一些"无限小"微观区域的现象。其实宇宙系统与原子系统在某些方面有着惊人的相似性。预计21世纪"无限大"系统物理学将会与"无限小"系统物理学结合得更加紧密，即把宏观宇宙物理学和微观粒子物理学整体联系起来。热大爆炸宇宙模型就是这种结合的典范，实际上该模型是在粒子物理学中弱电统一理论的基础上建立起来的。可以预计，这种结合对科技发展和应用都会产生巨大的影响。

五、跨学科科学技术的发展

科学技术能否取得重大突破取决于基础科学的发展。所以，首先必须重视基础科学的研究，不能忽视更不能简单地以当时基础科学成果是否有用来衡量其价值。相对论和量子力学建立时好像与其他学科和日常生活无关，直到20世纪中期相对论和量子力学在许多科学领域引起深刻的变革才引起人们足够的重视。可以说，20世纪几乎所有的重大科技突破，像原子能、半导体、激光、计算机等，都是因为有了相对论和量子力学才得以实现的。可以说，没有基础科学就没有科学技术、社会和人类的发展。

20世纪重大科技成果的成功经验证明，不同学科间的互相交叉、配合和渗透是产生新的发明与发现，解释新现象，取得科学突破的关键条件之一。例如，核物理与军事技术的交叉产生了原子弹；半导体物理与计算技术的交叉产生了计算机。可以预计，21世纪待人类掌握核聚变能的那一天，一定是核物理、等离子体物理、凝聚态物理和激光技术等学科的交叉和配合的结果。这也是21世纪科学技术的发展趋势之一。

跨世纪科学技术发展的另一个趋势是"极端化"研究。所谓"极端化"研究，包含两方面内容，一是要创造或克服某些实验的"极端化"条件才能有所突破。例如，有时实验需要超低温、超高温、超真空、超高压、超细、超净等工作条件，有时又需要克服温度、湿度、重力、磁场等环境的影响。二是科学技术研究已深入接近"极限"与冲破"极限"才能有所突破的艰难时期。例如，高温超导临界温度Tc的提高，每提高一点都是非常困难的。

  跨世纪科学技术发展的另一个趋势是科学与技术的结合，即科学技术化、技术科学化。下世纪，技术突破会越来越困难，必须依靠科学研究和理论的积累，才能有所发明与创造。同时，技术的发展和实验水平的提高又促进了科学的发展。

第三章　中国近代物理学开创

第一节　中国近代物理学成效

一、中国近代物理学的发展

从哥白尼时代起，第一次关于静止与运动相对统一的物理学革命，到牛顿时代结束。第二次物理学革命以数学分析为基础的近代物理学渐显雏形，至麦克斯韦时代结束。物理学大厦基本建成。到了20世纪初，以相对论与量子论为支柱的第三次物理学革命愈演愈烈。那么中国这一阶段在物理学方面扮演着什么角色？我们从中有何认识和反思呢？

（一）16世纪至20世纪初

华夏文明曾经有过辉煌的历史，但科学文明是断裂的、不连续的，没有交流和传承，更没有发扬光大。明清两代延续了这一特征。与此同时，以欧洲为中心的哥白尼革命开始爆发，经伽利略、笛卡尔、牛顿等人传承，静止和运动开始统一。其间，中国虽有明末数学家徐光启与清末的李善兰完成的几何原本的翻译，还有李善兰与英国传教士合作翻译的自然哲学的数学原理，但这一时期，没有专门培养科学人才的机构，也没有什么体制，这一时期的中国脱离世界，故步自封。到了 20 世纪初期，第二次物理学革命已落下帷幕，第三次物理学革命争议以星火燎原之势席卷整个世界。但这时的中国列强横行，军阀混战。中国的留学生开始走出国门，但这时的留学生思想保守，封建思想根深蒂固，没有取得多大的成绩，完全不能融入当时物理学主流。虽然出现了早期的物理学博士，并于 1918 年在北大设立物理门等，但是与当时的欧洲、美洲的庞大的科学院相比，此乃天壤之别。[1]

---

① 呼努斯图 . 民国时期大学物理教科书研究（1912—1949）[D]. 内蒙古师范大学，2022.

（二）叶企孙时期（20世纪20年代至50年代）

叶企孙，中国近代物理学的奠基人，中国物理学界最早的组织者之一，对中国的物理学研究、理科研究，乃至世界科学发展做出了巨大的贡献。

当第二代中国留学生开始西行，并相继回国，中国物理学开始了近三十年的大发展。以叶企孙为代表的中国近代物理学先哲们把近代物理学引入中国这片贫瘠的土壤上。1915年，十七岁的叶企孙这样说："吾国人不好科学，而不知20世纪之文明皆科学家之赐，中国之落后，在于实业之不振，实业之不振，在于科学之不发达。"承载着中国振兴的梦想，远渡重洋到了美国，在美国留学期间，叶企孙及其合作者测定了普朗克常量h的值，并使这一值的精确度领先世界达16年之久，中国人的名字第一次载入物理学的经典著作中。但此时已经是博士的叶企孙却毅然回国，他意识到，如果不建立现代高等教育体系和科学研究体系，一两个人的成绩是无法推动整体进步的。

1925年，他创立清华物理系并开始培养本科生；1918年，胡刚复在南京师范学校创立中国最早的物理实验室；饶毓泰创建南开大学物理系；等等。而且，叶企孙把庚子赔款做了改革，推向全国高校。许多近代著名的物理学家便因此受益，如上海交大的钱学森，清华的王淦昌，联大时期的李政道、杨振宁、邓稼先等。清华第一期物理毕业生王淦昌，后到德国留学，于1941年提出中微子存在的实验方案，并为实验所证实；1953—1956年，建立宇宙线实验室，使中国的宇宙线研究达到世界先进水平；1964年，提出激光打靶实现核聚变，是世界上激光惯性约束核聚变理论和研究的创始人之一。叶企孙还培养出中国力学之父：钱伟长，中国光学之父：王大珩。两弹一星元勋中有半数以上是叶企孙的学生或是他学生的学生。

中国另一位物理学先驱吴有训全面验证了康普顿效应，这一效应也被称为康普顿–吴有训效应，他是公认的首位对物理学做出过重大贡献的华人科学家。1935年，他成为第一个西方国家授予院士的中国人。这一时期的西南联大大师云集，培养出了两位诺贝尔奖得主，两位沃尔夫奖得主，有三位是世界级的物理学家。这一时期，政府忙于战乱，无暇顾及大学。并且大学管理者尊重教育，追求中国学术之独立，抵制当局者，有教授治学，思想自由开放，使这一时期的西南联大的毕业生达到世界一流大学如剑桥大学、巴黎大学的同等水平，为新中国一系列的国防科技成就提供了人才基础。

这一时期的物理学在中国是一个大发展。科学对于20世纪的中国是一片荒地，没有仪器设备，没有学科传统，没有学术环境，更没有教师和学生。但一切在这三十年间完完全全地改变了。并且，世界上著名的物理学家访华，如普朗克、郎之万、玻尔等。1931年郎之万访华，建议建立中国物理学会，次年，中国物理学会成立。从此，中国物理学界生机勃勃，充满活力，有才华的物理学家辈出。其中有许多都是世界著名的，至此，华人共有

6位获得诺贝尔奖得主，其中有五位都是其所培养出来的物理学家。这一时期成就之快，主要有以下原因：

①学术氛围浓厚，学术自由。自由民主之风充斥着整个学界。

②深受欧美学术影响，建立现代物理学教育、科研制度。

③大多数骨干爱国之心强烈，艰苦奋斗。

④除造就科学致用人才外，尚谋树立一科学之中心。

（三）1952年到1977年

1952年，全国大专及其以上院校改革，模仿苏联模式，"重工轻理"。一时间，学术自由被打破，大多数物理学家以国家之需进入工程院校、二机部等。大批爱国科学家陆续回国。此时，大批科学家聚全身之力、举全国之心，创造了举世瞩目的中国近代国防科技。1964年，中国第一颗原子弹爆炸，两年后，氢弹试验成功，导弹技术达到世界先进水平。1970年，中国第一颗人造卫星上天。叶企孙时期积累的学术经验与知识迸发出了巨大的力量。

（四）1977年至今

1977年，恢复高考制度，人才培养经历了十几年的断裂，又一次衔接上了。本科生、研究生数量增长迅速。以清华、北大为龙头的中国大学开始赶超世界一流大学。其间被破坏十几年的中国科学院和物理学会重新开始，经过三十几年的发展，虽取得了一些成绩，但与欧美的国家相比还有相当大的距离。

从近两年涌现出的个别鲜活的年轻科学家的例子中，看到了新世纪中国物理学的曙光。如2009年，潘建伟带领的小组在北京八达岭长城上创造了16km的自由空间量子物传态距离的世界纪录，该实验还对量子穿越大气层的可能性进行了论证并给出肯定的结果，等等。但对于中国物理学的大发展来说，还需要更多的人才。

我们应充分发挥自己的主观能动性，历史告诉我们，中国物理学的大发展需要什么、要求什么、我们应该做什么，这也是笔者写作这篇文章的目的。

二、20世纪上半叶中国物理学家取得的重要成就

21世纪初，一批中国学者到西方国家学习现代物理学知识，开展物理学的研究工作。其中一些人学有所成后，回国兴办教育，出版刊物，组织学会和创办研究机构。由于他们的辛勤劳动、不懈努力，在国内培养了一批优秀的青年物理学人才。这些人再次被派遣出国留学深造，并在物理学研究方面做出了许多出色的工作。20世纪上半叶，中国物理学工作者在国内外进行了大量的研究工作，在物理学的各个领域都取得了一些一流水平的成

果，对现代物理学的发展做出了重要贡献。

力学是研究物质在力的作用下运动和变形规律的一门科学。它以研究天然的或人工的宏观对象为主，也涉及宇宙观或细观甚至微观各层次的对象及有关规律。按照上半世纪我国对于科学的划分，力学也属于物理学范畴，在力学领域取得重大成就的学者也都是物理学家，故将其归之于物理学领域加以记述。我国学者在力学领域所取得的重大成就，主要集中于流体力学和应用力学方面。

流体力学：周培源（1902—1993）1938年在西南联合大学时即开始进行不可压缩黏性流体理论研究，在国际上首先提出了脉动方程（或称涨落方程），建立了普通湍流理论。根据这一理论对一些流动问题做了具体计算，计算结果与当时的实验契合得很好（1940）。他的研究成果曾获当时教育部自然科学类一等奖。张国藩（1905—1975）从20世纪30年代开始从事湍流理论研究，他认为流体力学传统的Navier-Stakes方程不能用于湍流，而必须先把湍流的物理机制搞清楚，按新的物理模型建立基本方程。为此他完成了以下工作：

①类比分子运动论的方法，建立了湍流"温度""压强"和"熵"等物理量，并将它们编入流体力学方程，相当详细地讨论了湍流通过圆管和两个平行面之间的情况，并扼要地讨论了湍流的衰减、湍流结构和关联作用的特性等问题。后来他又发展了上述思想，用量子统计方法求湍流能谱分布式。

②论证了湍流运动是一种非牛顿流体运动，其内部阻力应改用幂数式表示，并依此建立了他自己的湍流运动方程。1950年，卢鹤绂提出流体的容变黏滞性理论，从而推出霍尔假定的容变弛豫方程，并在声传播和吸收现象上取得初步成效。1951年，他又在全部频率范围内将容变黏滞弹性理论应用到超声（及声源前川流）的传播和吸收现象上，得出能够描述实践经验的有概括性的公式。1950年，庄逢甘也研究了湍流的统计理论。1944年，林家翘在美国加州理工学院对二维平行流稳定性的研究取得了突破性进展。他首次运用渐近分析方法求出了完整的中性曲线，从而得出临界雷诺数。他的理论结果被后来的实验和数值计算证实，并第一个获得美国物理学会颁发的流体力学奖金（1979）。李政道于1950—1951年，讨论了湍流。他通过将Heisenberg湍流模型与实验结果相结合，而计算了各向同性湍流的涡流黏滞系数，证明在二维空间中不存在湍流。20世纪40年代，钱学森与Von Karman共同提出跨声速流动相似律和高超声速流动概念，为空气动力学的发展奠定了重要的理论基础。1946年，钱学森与郭永怀共同提出，在跨声速流场中有实际意义的临界马赫数，不是原先被重视的下临界马赫数，而是来流的上临界马赫数。这对航空技术中突破声障碍有着重要意义。以后，郭永怀又把该工作推广到包括有曲率流动和绕儒可夫斯基薄翼流动的情况，研究了绕物体跨声流动的稳定性问题。他对高超声速可压缩黏性流体绕尖劈运动及其离散效应等，也进行了成功的研究。

在应用力学方面，20年代中期，魏嗣銮在德国研究应用力学课题，以变分法探讨了均匀负荷四边固定的矩形板的挠度和弯矩。30年代，丁西林创造了一种可逆摆，用以精确地测定g值，从而避免了过去以摆测定g值的许多实验误差。30年代中期，江仁寿以一种带有惯性棒的双线悬挂装置测定了液态碱金属的黏滞性，他所改进的方法后来被广泛用于其他液态金属黏滞性实验之中。1940年，钱伟长首先以三维弹性理论为基础，用张量分析微分几何为工具，建立了薄壳和薄板的统一内禀理论，其结果证明可以用板壳的中面拉伸应变和曲率变化六个分量表示全部求解方程；并指出在Kirchhoff–Love的通常假定下，可以根据板壳厚度、曲率张量、拉伸应变和曲率变化等四种物理量相对量级，把薄壳问题分为各种类型，它们的一级近似求解方程都各不相同。国际上有关薄壳SS12中的张量方程组，以及从该方程组导出的圆柱浅壳和圆球浅壳方程被称为"钱伟长方程"。[1]

第二节　中国近代物理教学开创

中国作为世界闻名古国，古代物理知识曾取得了辉煌的成就，直到1400年前，中国的科学技术一直领先于西方，但是1600年前后，中国的科学技术已远远落后于西方。仅从物理学来说，1600—1700年正是经典物理学诞生、发展和完成的时期。在这期间，近代自然科学在欧洲诞生了，工业革命开始了，世界发生了翻天覆地的变化，而此时中国的科学却依然停滞不前，外来文化和近代科学在中国的传播举步维艰。中西科技发展水平的巨大势差，决定了16—20世纪科技知识是由西方传向中国的，近代物理学知识在中国的传播和兴起紧跟西学东渐的步伐而进行。

一、明末清初西方科学知识的传入

明末清初，随着西方传教士陆续来到中国，西方近代物理学知识以西学东渐之形式开始传入中国。然而此时的西方近代物理学知识是随着天文学、化学和数学知识而附带传入的，所传播的物理学知识比较零散而未成系统。一方面是因为在古代中国，相比于自然科学其他学科领域，天文历算学向来受到人们更多重视，而作为知识传播的中介者——来华传教士，大多参与朝廷的修改历法活动，在此活动中他们主要传播了以天文历算知识为主

---

① 呼努斯图.民国时期大学物理教科书研究（1912—1949）[D].内蒙古师范大学，2022.

要内容的科技知识，至于其他学科领域知识的传播，则均在其次。另一方面从当时物理学的发展情况来看，16世纪末和17世纪初，即传教士抵达中国时，物理学在西方仍处于逐渐形成的阶段，尚未形成完整的独立的学科。因此，早期来华传教士传入的物理学知识不可能很系统。

二、近代物理学知识的系统输入

18世纪20年代至19世纪40年代的一百余年间，由于清政府实行闭关锁国政策，从17世纪初便已开始的西学东渐潮流几乎完全中断，中西科技发展水平势差越来越大。直至1840年的鸦片战争才又开启了西学东渐的新阶段。然而与明末清初时期不同的是，经过伽利略、牛顿等科学家先后百余年的努力，经典物理学体系的基础已逐渐建立起来，此时的物理学已逐渐发展为一门独立的学科。因此，物理学知识不再是随着天文历算知识的传播而传播，而是与其他学科知识一样自成体系地传入中国。

鸦片战争以来至20世纪初期西方物理学知识在中国的传播，从时间上划分，大致可以分为两次鸦片战争期间、洋务运动期间、戊戌维新前后、学制改革前后四个阶段。每个阶段的传播各有其特点。从总体上看，传播途径逐渐由以翻译书籍为主过渡到以学校教育为主。两次鸦片战争期间，包含物理学知识的科学普及读物开始在中国翻译出版。物理学史学者王冰认为，最早的一本物理学科学读物很可能是美国医师传教士玛高温译述的《博物通书》，随后相继有《博物新编》《智环启蒙塾课初步》。《博物新编》由英国医师传教士合信编译，其第一集包括物理、气象、化学等科学学科的基础知识。《智环启蒙塾课初步》由英国传教士理雅各编译，书中也有一些物理学内容。50年代上海墨海书馆翻译了中国近代史上最早的一批科学译著，其中物理学译著有四本：《光论》《声论》《重学浅说》《重学》。另外，墨海书馆于1859年刊行的《谈天》十八卷，虽然是一部系统介绍近代天文学知识的著作，但也包含相当多的力学知识。两次鸦片战争期间，在中国传播物理学知识的途径是译述，传入的知识以力学为主，还有光学知识及少量的电磁学知识。洋务运动期间，翻译出版物理学书籍是传播物理学知识最主要的途径。在引进近代物理学知识方面，上海江南制造局翻译馆起了最重要的作用。翻译馆从19世纪70年代后的大约十年间，翻译出版物理学书籍十余种。它们是：《声学》《光学》《电学》《格致启蒙·格物学》《电学纲目》《格致小引》《电学测算》《无线电报》《物体遇热改易记》《通物电光》《物理学》等等。此外，一些关于物理学知识的科普读物在此时大量流行于世，这对于物理学知识在中国的传播和普及也有重要的作用。如傅兰雅编译的《格致须知》与《格致图说》即两本物理学知识的启蒙与通俗读物。[①]

---

① 周凯依. 民国时期高中物理教科书研究（1922—1949）[D]. 华东师范大学，2020.

戊戌维新前后，译书和教育两个传播途径开始表现出同等的重要性。江南制造局翻译馆在这一时期陆续有重要的物理学书籍翻译出版，如《无线电报》《物体遇热改易记》（四卷）、《通物电光》（四卷）、《电学测算》（一卷）。这一时期来华传教士译述了很多通俗读物，如广学会曾出版博恒理译的《电学总览》（1896）、李提摩太译的《电学纪要》（1899）及《质学新编》（1904）等等。清末学制改革前后，即20世纪初，由于新式学堂的建立，对物理学教科书的需求大大增加，物理学书籍的翻译基本上是教科书的翻译。此时不仅有欧美著名的物理学教科书陆续被翻译出版，而且根据日文书籍翻译或编译的物理学教科书的数量骤增，种类繁多。其中最著名的是王季烈根据日本物理学家饭盛挺造所编书籍译编的《物理学》（1902—1903年刊行），这是中国第一部全面系统的物理学书籍，也是我国20世纪20年代前最为重要的物理学教科书。据统计，至1911年中国翻译的重要的物理学教科书有20本，如丁匙良编译的《格物入口》（1866）、《格物测算》（1883），赫士编译的《声学揭要》（1893）、《热学揭要》（1897）、《光学揭要》（1898），学部编译图书局编译的《近世物理学教科书》（1906）等等。正是因为一批重要的物理学译著的刊行，近代物理学知识才得以在中国迅速传播，给中国知识界和中国社会带来了新的自然观、宇宙观、认识方法和思维方式，培养了一批了解近代物理学知识的学者。一些中国学者在他们的著述中吸收了西方科技知识，如方以智（1611—1671）的《物理小识》，郑复光（1780—约1853）的《镜镜静痴》、邹伯奇（1819—1869）的《学计一得》和《格术补》等书中，都有不少西方的科学知识。这一时期的士大夫、文人学者都以与西方传教士结交为荣，以谈论天文、历算、地理和"奈端"（牛顿）显示其学问修养。这种风气，促进了包括物理学在内的近代自然科学在中国的传播和发展。

三、二十世纪二三十年代物理学知识的本土化传播

20世纪初中国已经逐步引入近代物理学，但由于受到中国传统科学观念，如"中学为体、西学为用""道本器末"等思想的束缚，近代物理学依然无法在中国这块土地上生根发芽，中国物理学的本土化发展举步维艰。尽管如此，近代以来西方物理学知识的传播却为二十世纪二三十年代物理学知识的本土化提供了可能性，尤其是伴随着清末《癸卯学制》的颁布及1905年科举制度的废除，中国物理学教育正式诞生，这就为物理学最终在中国本土扎根发展打下了坚实的基础。而20世纪20年代前后，新文化运动中科学的提倡及科学救国思潮的兴起，为物理学知识在中国的本王化发展扫清了障碍、奠定了基础。自此，中国近代物理学开始走向本土化的传播与发展道路，所谓"本土化"主要体现在以下几个方面：

首先，在传播的主导力方面，物理学知识的传播不再依赖外国传教士及官方翻译局，而是由一批接受高等教育的海外留学归国的本土科学家去完成。20世纪初，一批欧美

留学生深深感到祖国急需科学，他们抱着科学救国的宗旨，通过物理学教育、物理研究等各种方法向国内传播西方先进科学知识。据学者易安对中国近代232名物理学留学生的统计，其中71.55%的留学生获得了博士学位，13.79%的留学生获得了硕士学位，意即民国时期的物理学留学生在最初的国际交流中均受到了严格而系统的高水平科学研究训练，掌握了近现代物理学精髓，这就为中国近代物理学的本土化传播与发展提供了人才基础。在国外留学的一些高级物理学人才，如何育杰、夏元理、李耀邦、李书华、叶企孙、吴有训、谢玉铭、严济慈等人，他们回国后积极参加物理高校教育及科学研究工作，为中国的物理学高等教育带来了先进的物理学知识和科学的物理学教学方法，为中国近代培养了大批物理学优秀人才，成为近代中国物理学研究与教育的拓荒者。

其次，在传播方式上，物理学知识的传播不再局限于翻译和介绍西方的科学书目，而是一方面通过学校教育传播物理知识、培养物理学人才，另一方面通过物理学研究，消化吸收西方先进的科学知识，从而改变国内物理研究领域一片荒芜的状态。根据前文分析，近代早期物理学知识在中国的传播是以传教士和清末官方翻译局的译书为主要媒介。清末新学制建立后，尽管物理学知识正式植入学校教育体系，但由于此时物理学师资的缺乏及物理教育方法的漏洞，物理学知识的传播途径极为狭小，传播速度稍显缓慢。五四运动后，随着大批物理留学生的回国及民国"壬戌学制"的建立，许多大学都开设了物理学课程，设立了物理系，其中不少大学因为集中了国内一批物理学研究骨干，具备先进的教学仪器和实验设备，引进西方科学的教学方法，教学水平和研究实力已经走在国际物理学前沿，如清华大学、北京大学、燕京大学、南开大学等等。

再次，1928年，中央研究院和北平研究院先后成立，两大研究院均专设物理研究所，其中北平研究院还于1932年与中法大学联合创办了镭学研究所。从此物理学研究有了专门的机构，两大研究院的成立为中国物理学的发展构建了初步的体系框架，中国物理学研究体制初步建立。

最后，在传播范围上，物理学知识的传播不再停留于学校教育，而是通过报纸刊物和科学演讲开展科学的社会化教育，向社会普及物理学知识普及，物理学终于走出了实验室、迈出了学校的高门槛，逐渐向普通民众普及。其间，以中国科学社为代表的一批科学团体起了关键作用。据学者张剑统计，截至中国物理学会成立以前，具有全国影响力的科学社团达二十余个，他们均为中国近代科学的社会化、大众化做出了巨大贡献。其中，中国科学社的科学普及作用最为突出。

1715年，在赵元任、胡明复、秉志、周仁、章元善、金邦正、过探先、杨杏佛等人的组织下，中国科学社正式成立，这标志着近代中国艰难的科学体制化进程进入了探索阶段。1715年1月科学社创办的《科学》月刊正式发行，从宗旨看，其创刊旨在科学救国，向国内传播西方的先进科学知识。这说明《科学》主要的宣传对象即国内科学知识极为缺乏的普通大众，其宣传目的是要提高民众的科学文化水平，从而促进中国科学发展以实现科学救国。从内容看，该刊物尤为重视对科学概念和科学史的普及传播，特设置"通论"和"历史传记"两栏，对"科学"进行多方面阐述和讨论。正是因为这批科学社团的成立及科学刊物的发行，物理学知识在普通民众间得到广泛传播，国人的科学观念发展更为全面，科学文化水平大大提高。随着清末民初物理学知识在中国的广泛传播和中国新式学校的开办，近代物理学开始逐步地渗入中国的学校教育。1866—1894年，我国第一所学习"西文"学校——京师同文馆，增设了算学馆、观象台和格致馆，第一次把物理学列入了中国学校教育，从而揭开了中国近代物理教育的序幕。京师同文馆传教士丁伟良亲自编写了格致学教科书——《格致入门》和《格物测算》，主要介绍物理学、化学及数学知识。1876年化学实验室和博物馆建成，1888年又增设天文台和物理实验室。同文馆将物理学列入基础理论的必修科目，这是中国近代物理教育的起点。

此后，于洋务运动期间开办的"西文"新式学校大多开设物理学科或物理学科中的某一分支科目，就将物理学引入了中国教育体制，物理学在这些新式学校中正式走进了学校教育这个"神圣殿堂"。维新变法期间，通过"广设学堂、提倡西学、废除八股"的教育改革，"中体西用"的教育宗旨得到清政府的认可。各省、府、州、县的大小书院全都改为兼习西学与中学的高等学堂、中等学堂、小学堂，物理学科作为西学之一被列入了新式学堂所授科目。另外，在科举考试中增设"经济特科"，将"声光化电诸学"划归考试内容，即把物理学知识作为科考内容之一。这就促使物理学加速地扩大到各级各类学校中，有力地促进了物理教育的发展。然而就实际情况而论，此时虽然建立了很多新式学校，并开设了物理课程，但是学校中不仅没有统一的物理教本，也没有一套完整的从小学、中学到大学的学校教育系统。同时在"西艺""西文"学校中进行物理教育，其实质是使学生通过学习物理学知识来进行推理、计算，理解"洋机器"各部件的功能。所以这一时期中国并未形成系统的物理教育模式，只能说是中国近代物理教育之萌芽。物理教育的真正诞生是在晚清新学制的建立之后。维新变法虽以失败告终，但其废八股、倡西学的教育改革推动了新学制的建立，从而使中国教育走上了新的道路。

《癸卯学制》颁布后，物理学以法定形式系统地列入了中学及大学的教学科目中。在中学堂，物理学科是规定学习的12种科目之一，是作为学生学习的基础理论课来开设的。在大学堂，格致科大学堂设立了物理学，物理学即后来（1919年后）物理系的前身。新学制根据不同的教学要求编译了不同的物理教材，还对物理教学中的实验教学如仪器设备等方面做了一些原则性的规定。因此，《癸卯学制》的颁布实施，代表着中国近代的物理教育正式诞生。民国时期随着1912年"壬子癸丑学制"和"壬戌学制"的颁布，物理学教育体制在这一时期得到了进一步确立和发展。1912年9—10月，教育部先后颁布了《大学校令》《中学校令》《专门学校令》，对各级学校的课程设置、教学任务和入学条件都做出了具体规定。其中《中学校令》提出中学教育的宗旨为"中学校以完足的普通教育，造成健全的国民"，规定学习的科目有生物、物理、化学等自然科学。在《大学校令》中明确规定，大学的宗旨为"教授高深学术、养成硕学闳才、应国家需要"，并规定大学须设置评议会和教授会管理教学事务，设置大学院（今天的研究生院）以研究学术之奥妙。大学设置专业科：文科、理科、法科、商科、医科、农科，并以文科和理科为主。理科下设9门功课，其中含有"理论物理学"和"实验物理学"。在"工科"的11门中，物理学课程少则2门，多则7门。此外，20世纪二三十年代规定的《物理课程标准》，是我国历史上第一个中学物理教学大纲，合理地制定了初中及高中的教学目标和教学内容，使我国中学物理教育得到质量保证，对我国物理学教育的影响极为深远。从物理学教育的发展来看，从洋务运动时期的"西文""西艺"学校开设格致科，至民国时期大、中学校物理科目的正式建立，我国的物理教育水平在这一阶段得到了很大的提高，特别是1922年颁布的"壬戌学制"，标志着近代科学教育体制已经基本建成，而中国近代物理学教育体制也于二十世纪二三十年代基本确立。

四、大学物理教育的蓬勃兴起

我国最早的大学是前身为京师大学堂的北京大学，然而在大学体制建立之前，一些高等学堂已于清末建立，并在格致科下设立物理学目，如北洋大学堂（1895）、南洋公学（1897）、中西书院（1900）、山西大学堂（1902）、湖南大学堂（1903）等。这些学校培养出我国第一批优秀的物理学教育家，如夏元颂、李复几、卞燮林、何育杰等。此外甲午战争之后，中国掀起一股留学之风，物理学也成为部分留学生所选专业。在20世纪初，以物理学为专业的留学生有李复几、何育杰、吴南薰、张贻惠、胡刚复、李耀邦和梅贻琦八人。20世纪20年代，出国学习物理学人数增多，其中比较著名的有李书华、叶企孙、饶毓泰、杨肇庆、陈茂康、赵元任、温统庆、桂质廷、颜任光、卞燮林等。他们出国深造、学有所成后，陆续回国投身于培养中国物理人才的教学工作中，成为我国物理学事业的开拓者。在1920年前，各大学的物理课堂均只作知识讲授而不作实验研究，绝大多数学校均未成立类似于今天的物理系机构。随着国内各大学毕业生和留学归国人数的增加，20世纪20—30年代，我国高等学校的物理教育初具规模。据统计，到中国物理学会成立时，已有30多所大学设立了物理系或数学系，参加物理学工作的有三四百人。其中属于国立大学的有清华大学、北京大学、中山大学、浙江大学、武汉大学、北京师范大学、北平大学女子文理学院、北平大学工学院、四川大学、交通大学科学学院、山东大学、北洋工学院等；属于省立大学的有河南大学、安徽大学、广西大学、山西大学、湖南大学和云南大学等；属于私立大学的有燕京大学、南开大学、辅仁大学、厦门大学、复旦大学、中法大学、大同大学、光华大学、大夏大学、金陵大学、金陵女子文理学院、齐鲁大学、华中大学、东吴大学、福建协和学院等。不少大学因聚集了国内一批物理学的研究骨干，教学水平与研究实力已走在国际物理学界前沿。最为著名的当数清华大学、北京大学、燕京大学、南开大学、东南大学等等。北京大学的前身为京师大学堂，是戊戌变法的成果之一，是中国近代最早的综合性大学。

1919年北京大学首创物理系，1920年开辟实验室，何育杰、颜任光先后任系主任，30年代又有王守竞、饶统泰主持北大物理系工作，在颜任光、卜變林等人先后的苦心经营下，北大物理系初具规模。当时学校分为预科两年，本科四年，有一套比较完整的课程设置，并集中了国内一批学有专长的知名教授担任教学工作，他们既重视理论基础，又重视实验研究。李书华、叶企孙主讲普通物理，何育杰、颜任光、卜變林、杨肇庆、温统庆、叶企孙等主讲专门物理课程。经过这批物理学者的不懈努力，"到1925年已能开出62个预科实验、69个本科实验和两学年的专门物理实验，教学实验室初具规模"[1]，并且培养了许多优秀的物理学家，如张含英、岳幼恒、王书庄、钟盛标、技江安才、郭永怀、马士俊等。1925年叶企孙在清华大学（1928年前名为清华学校）创办物理系，萨本栋、吴有训、周培源、赵忠尧等一批刚回国的物理学家先后被聘请为清华大学物理系教授。

至1932年，清华大学物理系的规模基本定型，可作为民国时期大学物理系的代表：教授有叶企孙、萨本栋、吴有训、周培源、赵忠尧、施汝为、黄子卿、霍秉全、任之恭等，除四个年级的本科生外，已有研究生4人；该系实验室除了有力学、热学、声学、光学、电磁学一般的实验设备外，还有一些重要的设备，如X射线设备、电磁铁、示波器、晶体光谱仪及无线电设备；图书方面，物理各科的重要书籍、重要物理学杂志及名家的旧本均齐备，这就为物理教学和研究提供了丰富的资源。正是其强大的师资力量和完备先进的实验设备促使其培养出不少优秀的理工科人才和杰出的物理学家，故有"我国物理学界栋梁，多出于清华大学"之言，如周同庆、施士元、赫崇本、王竹溪、陆学善、赵九章、翁文波、彭恒武、钱伟长等著名物理学家均毕业于清华大学物理系。谢玉铭登坛于燕京大学物理系，在他的领导下，燕京大学物理系也取得了较快发展，培养出许多优秀的物理学毕业生，如褚圣麟、孟昭英、张文裕、冯秉全、毕德显、王承书、戴文赛、陈尚义、黄昆、谢家麟等物理学家。

五、物理学研究的发展

（一）官方研究机构的创建

随着当时政府对科学研究的重视，大批海外留学生归国和大学物理教育的发展，使20

---

① 董文凯.超导物理学在中国的建立与发展（1949-2008）[D].中国科学技术大学，2022.

世纪20年代后期专门的物理学研究机构逐步在中国建立起来。1928年3月，理化实业研究所率先在上海成立；6月9日，中央研究院正式成立，蔡元培任院长。理化实业研究所分为物理、化学、工程3个研究所，均隶属于研究院，卞燮林任物理研究所所长。该研究所经几年筹建至1932年已初具规模，有物性研究室、X射线及高压研究室、大地物理研究室、光学研究室、无线电研究室、色谱分析研究室、大气物理研究室地磁台等。研究所还制造理化仪器供大中学校和研究机构使用。仅中学仪器就制造2600多套，为促进我国物理事业的发展做出了贡献。此时研究人员有卞燮林、胡刚复、杨肇庆、陈茂康、康清桂、施汝为等十余人。

至20世纪40年代，物理研究所业初具规模，设有分光摄谱仪实验室、分光镜实验室、显微光度计实验室、高真空实验室、地文实验室、电学实验及图书馆和附属工厂等，此时的研究人员有严济慈、饶轮泰、朱广才、钱临照、鲁若愚等。该所开展了光谱、感光材料、水晶侵蚀国像、重为加速度、经确度测量与物理探矿等研究工作，尤以应用化学、应用地球物理等方面的研究成绩最为卓著。北平研究院物理研究所成立后不久，该所又与中法大学合作创办了钟学研究所，严济慈任所长。该所主要进行放射性X射线学的研究。1925年由物理学家颜任光、佐臣主持成立了大华科学仪器公司，二人分别担任总工程师和经理之职，这是我国第一个专门从事制作物理教学和实验仪器的机构。[①]

（二）高校物理研究工作的开展

这一时期的大学物理系研究院也是物理学研究的重要阵地，清华大学、燕京大学、北京大学、浙江大学、中央大学、南开大学、金陵大学等高等学校相继成立研究部，招收研究生，开展物理学研究工作。清华大学物理系是由叶企孙教授创建的，一方面，他聘请了一批杰出的物理学家来清华任教，为清华物理系建立了一支高质量、高水平的师资队伍；另一方面，他十分重视实验教学和实验研究，主张教学与研究并重。在此基础上，清华大学形成了浓厚的学术研究氛围。清华大学率先在大学中成立物理研究所，开展物理研究工作，成为我国大学办研究所之肇始。叶企孙在仪器设备简陋的情况下，带领赵忠尧、施汝为几位青年助教，开展了声学方面的研究工作，做了清华学校大礼堂的声学问题测试。在其带领之下，清华其他教授也积极从事研究工作，取得了一些很好的成绩。例如，吴有训的X射线研究，周培源的理论物理研究，萨本栋关于交流电路、无线电和电子学的研究，黄子卿的热力学研究，赵忠尧的硬y射线研究；为了进行核物理研究，霍秉全研制了威尔逊实验室。清华大学还创办了物理研究刊物及时报道并鼓励理学院的研究成果，如《国立清华大学理科报告》（英文）在国内外科学界均有一定的影响力。

---

① 周凯依.民国时期高中物理教科书研究（1922—1949）[D].华东师范大学，2020.

吴有训于1930年发表在英国《自然》杂志上的《单原子气体所散射之X射线》开创了在国际著名期刊上发表论文的先例。在20世纪的起初30年间，中国物理学者在国内外进行了一些研究工作，取得了一些有价值的研究成果。但是此时的物理学工作者限于国内研究条件落后，只是在国外研究和发表论文。直至1930年吴有训将其关于X射线散射的研究成果寄往英国《自然》杂志发表，从而开创了在国内研究的先河，这是我国物理学发展的一个重要标志。此后物理学工作者的不少研究成果载于国内物理研究刊物上，如《清华大学理科报告（甲种）》《物理研究所集刊》及后来由物理学会创办的《物理学报》上。中国物理学界在二十世纪二三十年代所从事的物理研究包括无线电、地磁测量、光谱学、放射性物质、金属学研究、相对论理论物理、粒子物理学等各个前沿领域，其成果获得国内外物理学界的一致赞扬。如叶企孙于1921年"对普朗克常数h值的精确测定"，还有他"对高压下磁体磁导率的研究是当时磁学领域最先进的工作之一"。吴有训关于"康普顿效应"中X射线散射的研究，促进了物理学界对康普顿效应的广泛承认。王守竞因其量子力学的研究闻名于世。而被加利福尼亚理工学院院长、诺贝尔奖获得者、闻名的物理学家密立根誉称为加利福尼亚中国杰出物理学者的周培源、赵忠尧、何增禄，也在物理研究中取得了可喜的成绩。如周培源关于相对论和流体力学的研究；赵忠尧对正电子的发现；何增禄关于"何氏粟"的发明，他们的研究成果在今日之物理科学史中仍具有重要地位。

（三）创办《中国物理学报》

1.《中国物理学报》的创刊

1932年中国物理学会成立后，为了在国内外进行学术交流，决定创办《中国物理学报》，起初暂定年出两期，于四月及十月出版。内容专刊国内各方之物理学之研究结果，为该科代表刊物。希望国内各方之物理学创作，均在学报上发表。学报文字，以英法德文为限，但每篇论文须有一中文摘要，关于学报编辑及发行事宜，由学报委员会主持。作为学术的载体，中国物理学报以西文成文，这一方面是留学归国之物理学家极力与国际物理学界加强联系、紧跟世界科学前沿的要求，但另一方面也反映了中国物理学研究本土化趋势仍处于起步阶段，科学研究的西化是后发展国家科学进入世界科学共同体的必由之路，也是中国科学发展的独特道路。20世纪30年代，随着中央研究院及北平研究院中两大物理研究所的成立，以及高校物理学研究的开展，物理科学研究在中国蓬勃兴起。然而由于中国物理学基础薄弱，发展远远滞后于世界，故此时中国物理学家最重要的任务即是发表有较影响力之研究成果，打破中国物理界一片"荒芜"的状态，实现从"无"到"有"的突破。即如著名物理学家严济慈所说："能做出结果，写成论文，在国际有地位的杂志上发表出来，就是最大的收获，也是唯一的希冀。"中国物理学会发刊物理学报则是立足于这一目的，力图《中国物理学报》为中国物理学界的代表刊物，鼓励国内物理学家自主研究，将其创作在学报上发表。《中国物理学报》创刊前，中国物理学者的研究成果只能通过在国外期刊发表，但自从学报创刊后，中国物理学工作者有了自己的学术平台，可直接在国内进行研究和发表论文，这是近代中国物理学发展的一个重要标志。

2.《中国物理学报》发刊论文

从《中国物理学报》所载文章可知20世纪20，30年代，我国物理学主要在应用光学、光谱学、电学和磁学领域、原子和原子核物理方面、相对论、瑞流理论和统计物理学等理论和实验研究方面取得巨大突破。抗日战争爆发后，学报停刊了两年，1939年出版第 H 卷的第二期。1940年出版第四卷的第一期，而后受到太平洋战争的影响而停刊。后来在部分会员的坚持下，《中国物理学报》于1944年复刊，改在成都印刷。这一时期由于资源匮芝，学报均采用主纸发刊。1944年出版了第五卷的第一期和第二期；1945年出版了第六卷的第一期。截至1950年《中国物理学报，论文均用英德法文发表，附以中文摘要。据历年出版的论文种类，理论物理与实验物理兼容并蓄，尤其以无线电的论文最多，从中可知中国近代物理学者的研究方向。《中国物理学报》从一开始就受到国际物理学界的注意，从20世纪30年代起，学报的论文摘要就被美国的《物理文摘》收录。在抗日战争期间，学报共出版了6期。由于出于战争的环境下，物匮乏，供给困难，不只是学报不能按时出版和发行，所使用的纸张也不能保证质量，特别是后3期的印刷纸张只能使用粗糙的主纸。印刷上的困难也非常突出。由于资金上的困难，原来承印的印刷厂不能继续承担印刷的任务。后来，学会会员李衍自告奋勇，联系到成都的一家小印刷广。当时学报的编辑、出版和发行人员都远在昆明，往来不便，因此，李衍就将定稿校对、出版和发行工作中的一切琐碎之事都承担下来，克服了种种困难，使学报的出版工作得以继续，并且为今天的研究人员留下了珍贵的历史资斜。

（四）审查物理学名词

在学习和吸收近代科技知识的过程中，名词术语的觀译定名相当重要，因为这是科技翻译和近代教育不可避免的问题。随着时间的推移和译著书籍数量的增多，译名之间不可避免地出现错乱，同一术语可能有数种不同的译名，而不同术语又可能有同一种译名。这就要求对术语名词进行系统的审定和统一。物理学名词在中国的审定和统一，发端于一些来华西方人土的工作，19世纪70年代，西方传教土便成立益智书会开展科学名词审查工作，其集大成么作便是狄考文汇集编纂的《术语辞汇》，图尔修订后再版刊印。至此，来华西方人土在物理学名词方面的工作基本结束，但仍没有单独成册的物理学名词问世。直至清末学部审定科编纂的《物理学语汇》，才有了中国第一部成书的物理学名词汇集。经过数十年的翻译定名和变化沿革，中国教育界和科学界迫于当前学术名词么奈乱，深感审查统一科技术语译名么紧迫与重要，故物理学名词的审订与统一工作逐步得到政府部口和学术组织的支持。20世纪20~30年代，科学名词审查会、中国科学社、中华教育文化基金董事会、国立编译馆等机构，先后积极组织物理学名词的审订。1920年，由中国科学社起草的《物理学名词（第一次审查本）》编制完成。1931年，教育部将该书加以订正，成为《物理学名词（教育部增订本）》，分发国内物理学家征求意见。这两种审定本均未正式颁布施行。清华大学教授、留美物理学家萨本栋以中国科学社及教育部之两版《物理学名词》为蓝本，并从其它书报等渠道做了补充，编成《物理学名词汇》，该书由中华教育文化基金董事会编译委员会于1932年出版发行。然而被物理学界和广大科学工作者共同接受的版本是由1934年中国物理学会与国立编译馆合作审订颁布的《物理学名词》。

1.《物理学名词》审查与增修

1932年8月，在中国物理学会的成立大会暨第一次年会上，组织名词审查委员会的决议被通过，成立了由吴有训、周昌寿、何育杰、裴维裕、王守竞、严济慈、杨肇庆等7位留学归国的物理学家组成的"译名委员会"，1935年改称"物理学名词审查委员会"。国立编译馆1932年6月成立后即开始着手搜集整理工作，参考科学名词审查会、中央研究院、中华文化教育基金董事会、商务印书馆周昌寿等各稿讲义及其他各方意见，整理出物理学名词的初稿。中国物理学会成立大会之际特派陈可忠、张娃哲代表出席，提请物理学会组织名词审查委员会，专口负责厘定名词事宜。然而因会期短促，未能论及译名问题。1935年4月教育部在南京召开天文数学物理讨论会，会中通过了物理学名词定名原则十条，并决定委托中国物理学会审查物理学名词。天文数理讨论会结束后，国立编译馆将所编巧稿重新增修。1933年8月中国物理学会第二届年会在上海交通大学召开，编译馆派康清桂、萨本栋、徐仁锐出席，将初稿提交大会审查。会上译名委员会改名为物理学名词审查委员会，推举出吴有训、周昌寿、何育杰、裴维裕、王守竞、严济慈等屯人为委员，限一个月内完成审查工作。在留美物理学家杨肇庆主持下，名词审查委员会于1933年8月15日至20日着手作初步整理，21日起正式开会，至9月2日共集会9次，将所列名词逐条讨论，总计完成物理学名词5000余则的审定工作。审查完竣后，立即送交国立编译馆，由编译略加整理后，于1934年1月31日由教育部核定公布，158206条名词，后由国立编译馆印巧，是为《物理学名词》。《物理学名词》出版后，名词审查委员会为了使其于再版之前更加完善，垂诸久远，多次向年会提案，征求会员之修改意见。

《物理学名词》虽然较为妥善地解决了中英名词译本的冲突，但其中不少名词与其他学科团体通用么学术名词有诸多冲突。为此委员会决议《物理学名词》在规定时冲突于其他学术名词，无论该学术已否规定，均注明从其他学科。此外，委员会还转请国立编译馆召集天文学会及本会代表各H人开会解决《天文学名词》与《物理学名词》之异同之处。天文学会所定名词其与物理学会所定者出入不多，尚易解决。但中国工程师学会及中国电机工程师学会所拟名词么与《物理学名词》冲突者不在少数，故物理学会竭为与其磋商订正。针对其名词中极为妥善者。

1947年9月18日，中国物理学会物理学名词审查委员会在上海交通大学哲学楼召开历时十余日的工作会议，增订物理学名词数千则。解放后，名词审查委员会将增订后的《物理学名词》编印成书。《物理学名词》奠定了我国汉文物理名词术语的基础，建国以来我国文献、书籍所用名词均以此为蓝本。由中国物理学会审定成书的《物理学名词》的核准公布，是我国近代物理学名词审定工作最终完成的标志，至此物理学名词在我国基本得到确定和统一。学术名词的统一为中国物理科学的研究与教育事业奠定了基础，而在此物理学名词统一过程中，物理学会名词审查委员会实乃功不可没。

2.德法日文物理名词之审查

与物理名词定义工作审查《物理学名词》的工作完成之后，国立编译馆考虑到德法日文物理学名词与《物理学名词》颇多冲突，于是委托物理学会审查中英文名词对照之德法日文物理名词，由名词审查委员会负责。

审查委员会原拟在1934年年会前将德法日文名词审查完竣，但事实上未能如期毕事，后经开会议决延期，并预定于1以5年1月15日至2月15日开全体委员会完成此项工作。然而直至19%年年会召开时，此项工作仍未能全部完成，除德文名词及日文名词业已交齐外，法文名词尚在胡即复委员最后审查中。物理学教材版本众多，物理学名词定义不统一，严重影响了物理教科书之编制，为此名词审查委员会决议对重要物理名词加以定义。因为物理学名词范围太大，初步工作以中学物理学上所用名词为范围，将名词分为六类制成卡片，再将本委员会各委员分为五组，每组担任一类或二类名词之定义。物理学会统一名词的定义，不仅能大有利于物理学之教学及教科书之编制，又可借此机会试用《物理学名词》，发现其优劣得失而加修正。

第四章　超导物理学在中国的建立和发展

第一节　低温物理与低温技术在中国的兴起

一、洪朝生与中国第一个低温物理组的建立

洪朝生是我国低温物理和低温技术的首要奠基人。1940年6月，他从西南联合大学电机工程系毕业，获工学学士学位。1945年12月，他通过中美"庚款留学"进入麻省理工学院物理系学习物理电子学，师从诺丁汉姆教授，并于1948年9月获麻省理工学院的博士学位。同年10月，他因成绩优异被诺丁汉姆推荐到美国普渡大学物理系，在系主任哈洛维兹的指导下从事半导体低温电导方面的研究，自此与低温物理学结下了不解之缘。洪朝生虽然在普渡大学仅待了一年半的时间，但却做出了他生平最重要的成果之一，即发现低温下半导体锗的导电性和霍尔效应的反常现象，并提出禁带杂质能级导电的唯象模型。该工作成为国际上固体无序系统中电子输运机制研究的开端。受此工作的启发，莫特（Mott）和范（Van）对无序系统展开了系统研究，并于1977年获得诺贝尔物理学奖。1956年，洪朝生随中科院代表团访问苏联时，被中方安排代表中国科学家作学术报告，他选择的即普渡大学时期所从事的研究课题。该报告得到著名物理学家朗道的称赞。

1949年秋天，因已与清华大学签订工作协议，洪朝生与清华大学物理系王竹溪联系，询问回国后从事哪方面的研究为宜。钱三强和彭桓武于翌年初获悉此事后，联名复信建议："低温物理很重要，我国也应开展这方面研究，建议再赴西欧学习一年。"当时欧洲低温物理的研究中心位于荷兰的莱顿大学，这也是世界上首个将气体氦液化成功和发现超导态现象的地方。经普渡大学哈洛维兹教授的引荐，洪朝生随后顺利地进入了这个低温物理学的"殿堂"。在欧洲期间，时任物理所副所长的陆学善去信告诉洪朝生，在钱三强等人的支持下，物理所已决定建立低温实验室，并与清华大学商妥邀请他到物理所兼职。

1951年5月，中科院批准物理所组建低温实验室，并拨专款10万元用于购买仪器设备。之后，洪朝生相继到民主德国、比利时等国开展低温设备调研。7月，洪朝生结束莱顿大学的实验工作，赴民主德国订购低温设备，主要包括小型液化空气机，氢、氦压缩机等机械设备和有关仪表。1952年初，洪朝生回国后即到物理所报到，担任副研究员。

在国内低温物理一片空白的情况下，洪朝生接受的首要任务是组建一支低温物理的研究队伍，把低温技术建立起来。直到1953年，他才在物理所组建了低温物理组。低温物理组第一年的工作计划也比较明确，就是建立低温物理实验室基本设备。自此，我国的低温技术进入了起步阶段。[1]

二、低温技术在中国的初步建立

低温技术是当前人们研究原子核物理、半导体物理、超导物理等基础学科，以及开展航空航天、火箭发射、粒子加速器等大型工程的重要手段。1949年以前，低温技术在中国完全处于空白状态。中华人民共和国成立后，我国的低温技术逐渐建立起来，主要包括三部分：空气液化器的安装、氢液化器的研制和氦液化器的研制。其中，氦液化器又包括林德型氦液化器和膨胀机型氦液化器。

（一）1953—1954：空气液化器的安装和运转

空气液化器是洪朝生于1951年在民主德国购进的设备。在他回国后，这方面的主要工作是安装和调试机器。由于洪朝生先前曾在欧洲做过一番考察，并且在美国和荷兰从事过两年左右的低温研究，积累了低温技术方面丰富的工作经验，因而这项工作进展很快。从1953年的第一季度开始，经过装备配件、连接管路、开车试验等几个阶段，于第二季度即完成了机器的运转。但液态空气的生产直到1954年的第三季度才做到（产率为每小时10升液化空气）。之所以进展缓慢，除教书、会议等占用了洪朝生不少时间外，还由于他同期开展了氢液化器的研制。当然，更主要的还是高级技术人员的缺乏。前后参与这项工作的人员有洪朝生、白伟民、朱元贞、陈桂玉等，除洪朝生外，其余均为实习生或练习生。

相比空气液化器的安装，氢液化器的研制工作更加复杂。其工序不仅有氢液化器本身的设计，还包括氢气发生装置和纯化装置的设计，以及相应的部件制造。而且由于氢气属于危险气体，进行这项工作时需要花费更多的精力。当时，无论从人力上还是技术经验上，这项工作都存在较大困难。从1953年起，在洪朝生的指导下，白伟民、朱元贞等人首先进行了传热和管道压力降的计算，对热交换器进行了设计和绘图。部分零部件交由物理所附属工厂加工，热交换器等特殊部件则在实验室内自行研制。1954年春天，低温物理组

---

[1] 董文凯. 超导物理学在中国的建立与发展（1949—2008）[D]. 中国科学技术大学，2022.

迁入新建的实验室。第一季度开始安装空气压机、氢压机、空气抽机等设备。第三季度装备了氢发生器、纯化器、滤化器、控制装备，随后在第四季度对氢液化器进行试车。到1955年，氢液化系统已装配就绪，等待各部分最后经过检验即可试行液化。

由于氢液化器是低温物理组独立自主地从头做起，其间不免出现一些细节问题。如储气筒、高压阀门等的配置试验是项目中原没有考虑但又必要的工作；设计过程中过于强调高真空环境，导致进度缓慢；液化器的外筒设计与实际需求不匹配等。再者，部分人员经验不足，使得一些可以由练习生或技工做的工作占用了实习员的时间。此外，由于工厂的生产水平有限，制造的零件无法满足设备需求，试车后的氢液化器存在漏气和运转不畅等问题，往往需要对其进行二次加工。洪朝生和低温物理组其他科研人员对相关问题反复研究、分析，使之逐步完善。最终，低温物理组于1956年11月2日成功获得了液氢。

氢气于1898年由杜瓦第一次液化成功。由于设备复杂，安全性要求较高，即使到了1956年，各国实验室中有液氢的仍不太多（社会主义国家仅苏联建有五六处）。而中国从器件设计（部分）到设备安装，基本靠自力更生完成了这项工作，因而意义重大，标志着我国开启了现代意义上的低温实验工作。《光明日报》曾在头版对此进行了专门报道，物理所也针对液氢在火箭发动机中的应用可能专门向中科院领导作了汇报。此外，氢液化器的研制成功也为接下来氦液化器的研制提供了预冷保障和设计、安装经验。

（二）1953—1959：林德型氦液化器的设计和安装

林德型氦液化器是一种以液氢为制冷剂的氦气液化装置。物理所早在1953年就已开始部署这方面的工作，但后来该项目停顿了较长一段时间，直到1957年后才逐渐有所进展。被耽搁的原因主要是液氢和氦气的来源迟迟无法解决。事实上，物理所在得到液氢后，很快就氦的液化工作请示了上级，希望"尽快得到液体氦"。早在1955年时，物理所就曾多次向上级汇报氦气的来源问题和解决方案：如果不能由国外订货解决，而国内能找到含氦量适当的天然气，则必须在实验室内进行提取。氦的工作还曾呈请科学院，希望向苏联科学院请求协助提供氦气10立方米。

1957年，中、苏两国科学院有一次友好的交流合作。趁此机会，物理所再次向上级呈报，请求苏联援助20立方米工业纯度的氦气。物理所之所以多次请求外援，是因为氦气在大气中的含量极低；工业生产使用的氦气主要来自富氦的天然气，但当时中国尚未发现这样的天然气；即使发现了，也没有成熟的分离技术。多次争取外援未果，他们只能自谋出路。物理所帮助低温物理组联系了北京市副市长，希望能通过他从北京市氧气厂得到含氦气的混合气，再利用自制的分离和纯化装置，得到高纯氦。进入1959年后，氦液化器的研制工作取得较大进展，低温物理组开始对初步设计好的氦液化器进行开车试验和改进。在洪朝生的带领下，低温物理组的科研人员进行了多次开车试验。为了提高工作效率，在每次试验前，洪朝生会对本次试验目的加以明确，列出需要通过试验解决的各项问题。如在4月27日试车前，他明确提出此次试车的目标是检查液氮产量、液氢消耗量、液体空气、液氢预冷操作等8个方面的问题。同时，在氦液化器和液氢温度活性炭纯化器的专项试验中，他先后发现了液化器漏气、预冷管路堵塞、管路真空密封性不良、杜瓦瓶真空度不高、液氢和液体空气消耗量过大等一系列问题。每一次试验后，洪朝生会及时写出试验报告，总结试验的成功经验和存在的问题，并在此基础上进行改善和方案调整。氦液化器的研制工作异常繁杂，也并非洪朝生一人所能考虑周全。如在氦液化器的开车试验过程中，曾出现过氦气震荡的现象，这种现象会使氦气在管道内失去大量"冷量"，从而造成氦气无法液化的后果。低温物理组根据曾泽培的建议，及时地采取了改变管道长度的措施，从而保障了氦液化器的正常开车试验。

经过以上反复的试验和完善，低温物理组最终于1959年5月完成了我国第一套氦液化器设备，每小时能产出4~5升液氦气。当时，除美国一些实验室有一百多部氦液化器，苏联有十多个实验室有此设备外，其他国家罕有具备氦液化技术者。显而易见该工作的突破意义之重大。在当时拥有这项技术的国家尚不多见的情况下，我国基本靠手头有限的资料和工作中摸索出的经验，独立地完成了这项工作，这极大地鼓舞了低温工作者的士气。同时，氦液化器的成功自主研制，也打破了包括苏联在内的诸多国家对我国重大科学技术的封锁，并为后来超导物理和空间低温技术等方向的发展奠定了物质基础。

（三）1959—1964：膨胀机型氦液化器的研制

1959年，物理所成功试车林德型氦液化器后，获得了液氦。然而，由于液氢易燃、易爆的特点，使得这种使用液氢预冷的氦液化装置具有较大的危险性。为此，从1960年开始，公安部门多次找到物理所，督促其将低温实验室由城内搬往郊区（中关村）。到1961年底时，物理所的液氢和液氦已不得不停止正常生产，从而影响了相关的科研任务进展。此外，这种存在安全隐患的设备也极不利于液氦技术的大规模推广，限制了低温物理学科的发展。据洪朝生回忆，"由于这种系统的复杂性与不安全性，其后几年内仍只有一个实验室具备液氦条件"。鉴于以上原因，在1959年完成林德型氦液化器研制工作后，低温物理室（1959年由低温物理组扩建而成）就提出了制造无须液氢预冷即可进行氦气液化的膨胀机型氦液化器的计划。膨胀机型氦液化器最早于1934年由苏联低温物理学家卡皮查提出设计构想并完成实验室研制，但真正实现商品化则是到了20世纪50年代，由美国人柯林斯完成。随后，该产品销售到了多个国家（但对中国禁售）。

1960年，恰逢中科院与苏联科学院进行科学技术合作，低温物理也在规划内，洪朝生为访苏的四位科学家之一。低温物理室根据当时的需求提出了希望获得苏方援助的三点事项，其主要内容就是氦技术。苏联当时确已掌握了膨胀机型氦液化器的制造技术，并已将其用于工业生产，但中方关于技术层面的请求被苏方婉拒。争取外援未果，低温物理室决定自力更生解决膨胀机型氦液化器的问题。从苏联回来后，洪朝生即开始部署相关的研制工作。同时，物理所也将其作为所内的重大科研项目予以支持。"膨胀机型氦液化器的试制"项目主要包括3个部分：一是膨胀机的活塞与气缸材料试验，二是膨胀机的设计，三是整个液化器的设计与制造。项目实施过程中困难重重，如氦气的来源问题一直没能很好地解决。在研制林德型氦液化器时，北京氧气厂曾支援过一瓶混合气，但后来该厂计划自己动手制备纯的氦氖混合气，不愿再供给物理所。1960年，中科院成立新技术局，专门负责管理国防尖端的科研任务。低温物理室因承担了新型材料低温性能测试的国防任务，使氦气的来源问题才得以解决。与此同时，低温物理室还面临另一项困难——实验场所的问题。如前文所述，因存在安全隐患，1961年底，低温物理室停止了液氢、液氦的生产，并受命迁往中关村。但搬迁事关中科院基建工程计划和兄弟院所的项目合作等问题，直到1963年6月才得到妥善解决，膨胀机型氦液化器的研制工作也因此被推迟了近两年。

随后，在1964年的工作计划中，中科院和物理所均加强了对膨胀机型氦液化器研制工作的重视。根据中科院1964—1965年的规划，膨胀机型氦液化器的研制属于中科院5个重点打歼灭战项目之一。物理所也将膨胀机型氦液化器的研制工作作为1964年低温物理室的主要工作，并为此专门制订了该项目的详细执行计划（包括负责人、各成员分工及各季度的具体工作安排）。值得一提的是，负责人之一的周远，当时还只是一名刚刚毕业的大学生。1961年，他从清华大学毕业后，被分配到中科院半导体研究所（以下简称半导体所）参加工作，由于当时半导体研究离不开低温条件，半导体所领导就安排他到物理所实习2年。1962年，周远以研究实习员身份参加膨胀机型氦液化器的研制工作。当时，柯林斯公司生产的膨胀机采用的是氦气润滑原理——活塞与气缸之间留有几微米的空隙，而受限于当时我国的工业生产水平，零件加工尚达不到柯林斯型产品所要求的精度。此外，柯林斯型膨胀机的设计还存在一个问题，即固体空气颗粒会通过空隙进入气缸内，造成活塞和气缸壁磨损，以致活塞与气缸在运转过程中会出现卡住的状况。在这种情况下，周远受到内燃机和小型斯特林制冷机活塞结构的启发，独辟蹊径地提出了用室温密封长活塞结构代替原杠杆结构的设想。但由于他此时只是一名刚刚毕业的大学生，该方案遭到众人的反对，组长洪朝生在经过一番审慎的考虑后，拍板给予支持，后来，众人根据周远的方案制出的膨胀机成功解决了加工精度和柯林斯型膨胀机的工作稳定性问题，而周远也因此赢得了洪朝生的重视，留在物理所继续从事低温技术的研究。2003年，周远当选中国科学院院士，膨胀机型氦液化器的研制是他主要的贡献之一。

三、我国超导物理的早期探索

早在1953年，洪朝生就提出超导材料的研究课题，但当时限于低温条件，未能开展相关工作。1956年上半年，我国成立了以聂荣臻副总理为主任的科学规划委员会，协调有关部门和数百位科学家制订"十二年科技规划"。在此之前，中科院各学部的科学家曾商讨形成一份学科规划草案初稿。其中，《物理学十二年远景规划草案（初稿）》中明确了超导物理作为低温物理学发展的一个重要中心问题："固体的电子理论基础的理论与实验研究（半导体与金属的低温电学与磁学性质；金属与合金的超导电性）。"不过，在正式的《十二年科技规划纲要》文件中，鉴于当时"以任务带学科"的发展理念，仅有原子核物理与基本粒子物理、无线电物理与电子学、半导体物理三门学科被作为物理学发展重点，低温物理等其他物理学分支只是"适当地发展"。

1957年，在前人大量实验和理论研究的基础上，美国的巴丁、库柏和施瑞弗提出了电声子耦合理论，至此，常规超导体的超导电性微观机理问题得到较好的解决。同年，物理所根据"十二年科技规划"制定了《物理所研究工作发展方向第二、三个五年计划纲要（草案）》，其中指出，低温物理学第二、三个五年计划的中心问题包括：①半导体与金属在极低温度下的电学、磁学与热学性质；②金属与合金的超导电性；③量热学；④低温技术——绝热去磁技术（1 K以下）。该草案明确了超导物理作为低温物理室接下来十年的重点研究方向。它的具体研究内容包括超导态本质的研究、合金的组成与结构对超导电性的关系、晶体缺陷与超导电性的关系，以及超导态到非超导态的过渡等。洪朝生作为物理所低温物理室的负责人，也是我国超导物理学的首位开拓者。他带领低温物理室的科研人员在国内率先进行了计算机超导元件的研究和液态空气温区超导体的探索。

（一）计算机超导元件的研究

在电路中，超导材料元件因具有零电阻特性，比常规元件的功率损耗更低。1956年，美国科学家巴克提出，可以利用超导材料制成冷子管，再将其用于计算机电路中的开关元件。之后，有科学家试制了这种元件并将其用在计算机上，结果表明，它们的开关速度与当时最快速的磁膜开关元件相当，并且制备工艺较为简单。因此，计算机超导元件成为当时超导材料研究的一个重要应用方向。1958年6月，在洪朝生的带领下，该小组提出任务指标并进入研究阶段。冷子管的原理是通过磁场控制超导体的超导态和正常态之间的转换来达到"开"和"关"的状态。曾先后出现绕线冷子管、交叉膜冷子管和平行冷子管等类型。物理所冷子管研究小组试制的是早期的交叉膜冷子管。这种冷子管的性能与使用的超导薄膜性能有很大关系，因此，该小组的首要工作是制备性能良好的超导薄膜。

为了摸索薄膜制备工艺，超导元件小组试制了金属单质铅、锡、银及化合物铌三锡、铅锡、氧化钼等多种材质的薄膜。在制备过程中，研究人员遇到的第一个棘手问题是，试制的大部分样品总是出现发脆的现象。"发脆的膜，结构疏松，硬度较低，同时样品的电阻率增大，较大地影响了薄膜的质量。"之后，他们通过多种方式寻找薄膜发脆的原因，如改变薄膜厚度、改变喷镀频率等，最终认识到薄膜发脆的现象可能与薄膜厚度及喷镀环境有关。此外，在一些工艺的细节问题上，超导研究小组也有一些收获，比如薄膜原料与坩埚的材质反映问题、低温下底板破裂问题、多层膜的重叠现象等。由于1958年氦液化器尚未研制成功，缺乏必要的低温条件，这些工作都比较基础、琐碎，但对建立设备、人员培养和薄膜制备均奠定了一定基础。

1959年上半年，由于液氦工作的紧迫性，相关人员出现调动，使冷子管研究工作受到一定影响。7月之后，超导元件小组开始比较集中地开展研究工作，到当年年底时，按原计划建立了改进的薄膜制备和测试装置，如高真空蒸发室、低温测试用的恒温器；同时解决了部分工艺问题，如提纯、焊线、蒸发等工序，得到比较满意的结果，使制备的薄膜的临界电流密度和剩余电阻均可以维持在相同水平。此外，薄膜发脆问题得到基本解决（与薄膜厚度和蒸发时间有关）。最后，研究小组对制备的薄膜冷子管元件进行了性能检测，开关时间达到4秒，与国外报道处于同等水平。

（二）液态空气温区超导体的探索

在开展计算机超导元件研究的同时，由于当时超导体的T_c较低，只能在昂贵的液氦中发挥作用，洪朝生于1959年7月又提出"获得T_c在80 K（液态空气的温度）以上的超导体"的研究计划。该计划预定在1961年10月前完成。为达到该目标，洪朝生提出从以下三方面入手：首先是参考国外工作已获得的初步经验规律，通过制备大量超导材料探索进一步提高T_c的经验规律；其次是利用高压、热处理等手段找出影响超导体T_c的工艺条件；最后在上述研究基础上，进一步发展和完善超导体的量子理论，解决超导体的T_c上限等基本问题，以达到用理论来指导新超导材料的制备。寻找T_c在80 K以上的超导体属于超导领域比较有挑战性的课题，需要一定的理论基础和材料合成经验，低温物理室当时在这方面的研究力量较为薄弱。比如，该室有低温实验工作经验的高级研究人员3人，但他们在超导体的研究方面都是新手，其他的刚毕业的大学生也均属于"门外汉"。这种情况使得低温物理室的研究进展较为缓慢。1959年下半年，物理所低温物理室联合晶体室和理论室的研究人员试制了国外报道的高T_c超导材料。国内这方面的研究工作除物理所外，北大和北京师范大学也正在物理所的帮助下积极展开筹备。到1959年底，低温物理室为研究不同超导体的T_c经验规律做了一定的基础工作，如重复制备了国外已有的超导化合物、搭建测试装置进行超导性能的测试。但相关工作仍处于初步阶段，尚未达到国外一般水平。进展缓慢的主要原因：一方面是因为我国科研人员缺乏超导研究基础，使得他们对研究课题尚没有形成清晰的认识；另一方面则是低温物理室在超导领域的人员力量不足。

按照原定指标，1960年10月之前要得到T_c在80 K以上的超导体。但到1959年下半年时，洪朝生已意识到超导研究将是一项需要长期探索的工作，而物理所当前各方面的条件仍比较欠缺，先前的指标多有不符合实际之处。因此，他提出当前应把基础性的工作放在更重要的位置，先通过系统地查阅文献，"把方向摸得更清楚些，把现有研究人员的水平再提高些"。同时，他向上级领导反映，希望最近两三年内，经常派一位苏联专家过来指导超导研究的实验工作；每年派遣两三位研究生或实习员到苏联进修，并了解那边的低温物理进展；最后是尽快分配一批大学毕业生过来以增强研究力量。1960年，物理所对相关研究做出重新部署：首先继续完成已知Tc超导化合物的制备工作；其次试制新超导化合物；最后在已制备的超导体中进行掺杂研究，进一步提高其质量，使它们接近理想超导体，以供测试临界磁场及其他实验之用。钱三强等科技部门领导从1949年即开始在我国部署低温物理研究方向，并计划将其用于原子能事业。1953年物理所建立我国第一个低温物理组，标志着我国关于低温技术的研究正式起步。在此之后，物理所分别于1954年、1956年、1959年以及1964年完成空气液化器、氢气液化器、林德型氦液化器和膨胀机氦液化器的安装和调试，成功获得液态空气、液氢和液氦。其中，1964年建立的膨胀机型氦液化器有效地将氦液化技术扩大到全国多家单位（在此之前只有物理所一家单位拥有氦液化技术）。低温技术的建立对我国的国防工程产生了重要影响：包括导弹研制过程中液氧、液氢高能燃料的研究；原子弹研制过程中铀材料的低温性能测试；以及为国防任务中材料性能测试服务的低温测试基地的运行。1961年，物理所主持召开的低温测试基地讨论会是我国低温技术和低温工程发展的一座里程碑，它在全国范围内首次组建了我国低温技术与低温工程的研究队伍。在低温工程与技术专业小组的统一领导和组织下，1964年，我国的低温技术事业无论从队伍规模上，还是技术水平上，均已初步建立。在此期间，为缓解我国低温领域人才短缺问题，1958年，中科大创办了我国第一个低温物理专业。在"所系结合"的办学方针下，物理所低温物理组负责协助中科大低温物理专业的建设。物理所对中科大低温实验室的建设和人才培养做出了重要贡献，包括提供实验室场地、支援低温物资、为前几届学生开设专业课和低温实验课，以及帮助他们完成具有科研性质的毕业设计。这种方式使中科大的低温物理专业迅速崛起，成为我国早期低温学科人才培养的主要基地，有效缓解了我国当时低温领域人才短缺的问题。此外，1961年，北大物理系也建立了低温物理研究小组，并于1965年完成氢液化器的设计和安装，成功获得液氢。在这一过程中，他们也得到了物理所低温物理组的重要支持。整体来看，1949—1964年低温技术和低温物理的兴起为我国接下来超导学科的快速起步奠定了重要的物质基础和人才基础。

第二节　超导物理学在中国的起步和建制化

一、超导物理学在中国的起步

（一）第二类超导体的研究

1960年，管惟炎回国后，为了契合国内的科研条件和国家需求，遂将自己的研究方向转移到第二类实用超导材料上。他带领自己的研究组在强磁场超导材料的研究上取得一系列重要成果。在前期，相关研究得到工厂和科研院所的进一步发展。

1911年，昂内斯在发现超导现象后不久，就提出超导体可能实用化的一个方向，即利用超导体的零电阻特性（在通电时不会产生热量），通过制备超导线材来绕制高场强的磁体。然而，由于早期发现的超导体的临界电流密度和临界磁场强度普遍不高（给超导材料通电流或外加磁场时，超导态很容易就被破坏），使得这种设想一直未能实现。第二类超导体主要包括个别金属单质和大部分金属合金、化合物。2003年，阿布里科索夫因第二类超导体的理论研究获得诺贝尔物理学奖。

1962年，剑桥大学研究生约瑟夫森在BCS理论的基础上提出猜想：根据量子隧穿效应，库珀电子对可以透过很薄的绝缘层。经过他的理论计算，只要电流小于某一临界值，SJS2超导结（也称"约瑟夫森结"）就可以通过无阻电流。不到一年后，安德森和罗厄耳等人从实验上就证实了约瑟夫森的预言。这种超导体的量子隧穿效应后来被称为"约瑟夫森效应"，约瑟夫森结也成为超导弱电应用的基本元件。物理所低温物理室的冉启泽、王昌衡等人从1964年相继开始从事这方面的理论和实验工作。1964年8月，王昌衡等人提出了一种制备大块超导体间隧道结构的方法，经过试验证实可行，为今后这方面的工作奠定了一定基础。极低温技术是低温物理的重要研究方向，我国早在1956年获得液氢后就部署了这一研究方向。从1964年开始，曾泽培、陈桂玉等人结合中科大毕业生的毕业论文，发展了利用超导体冻结脉冲场磁通进行绝热去磁的实验技术。[1]

---

[1]　董文凯. 超导物理学在中国的建立与发展（1949—2008）[D]. 中国科学技术大学，2022.

（二）超导电性理论的研究

1957年巴丁等人提出BCS理论后，有关超导电性理论的进一步研究在国际上引起较大重视。在1966之前，除了物理所外，北大、南大也成立了超导物理研究室，由于受低温条件的限制，他们进行的多是超导电性理论方面的工作。

1.吴杭生与超导薄膜电性理论的研究

1956年，吴杭生从北大理论物理研究生毕业后留校任教，主要从事理论物理研究。他在第一项研究工作中分析了超导体的临界磁场对于铁磁体超导电性的影响，并认为，在铁磁体的超导基态中，仍存在电子配对的情形，便驳斥了国外两位科学家对于BCS理论无法适用于铁磁体的看法。在这之后，吴杭生又转向对超导薄膜的电性理论研究。Hc是超导体的一个重要参数。薄膜材料因具有比块材更灵敏的Hc，一直是超导电性理论和实验研究的重点。20世纪50年代后，苏联几位实验物理学家相继对Sn、Tl、In等薄膜进行了研究，得出临界磁场与薄膜厚度的关系符合GL理论的结论。由于GL理论先前在解决其他超导电性问题时均较为成功，再加上这几位苏联科学家的实验支撑，使得很长时间内没有人对它在超导薄膜上的适用性产生怀疑。吴杭生首先考察了薄膜厚度与其临界温度、能隙及热力学性质的关系，指出当超导薄膜足够薄时，它的这些性质会随着薄膜厚度的变化而出现周期性改变。

这一研究是在弱临界磁场下讨论的。1962—1963年，吴杭生指导本科生雷啸霖在做本科毕业设计时，又将超导薄膜厚度与其性质的关系推广到强磁场的情况下。当时只是本科生的雷啸霖并没有盲目地相信实验报道中对GL理论的完美诠释，他仔细检查了苏联科学家所报道的实验数据及文献中将理论与实验进行比较的细节，发现"文章的作者在引用GL理论时，把其中一个本来只与体材料有关的参量不自觉地换成了一个依赖于薄膜厚度的量"。这一变动恰恰证明了当时的GL理论无法与实验较好地吻合。为了描述超导薄膜在强磁场下的厚度与其性能的关系，他们必须突破GL理论的局域性质，这也成为他们发展新理论的突破口。紧接着，他们在另一篇文章中对超导薄膜的临界磁场问题做了进一步探讨，并将理论与最新的实验结果进行比较，最终成功地将非局域效应引入GL理论，完善了GL理论对薄膜的适用性。同时，他们也建立了超导薄膜临界磁场随膜厚度变化的负二分之三次方的规律。1965年，吴杭生又将上述理论从超导单质薄膜推广到第二类超导体的合金薄膜上，结果表明，杂质（合金中的第二相）的出现会使之前引入的非局域效应减弱。此外，超导薄膜的临界磁场与薄膜的厚度和杂质浓度均存在一定的依赖关系，不同情况下需要对理论进行不同的修正。

2.张裕恒与超导薄膜电性理论的实验研究

在吴杭生和雷啸霖的工作基础上，物理所的张裕恒对相关工作做了进一步的实验验证，证实了吴杭生等人对GL理论进行修正的必要性。后来，张裕恒通过对不同厚度和不同配比的铟锡超导合金薄膜样品进行Tc、Hc等参数的测量和研究，在理论上用非线性、非定域效应进一步改进了朗道的线性定域理论，成功解决了这个问题。在研究过程中，他也曾与吴杭生进行相关讨论。这篇论文在1965年发表时约为24000字，远远超出了当时《物理学报》8000字的要求，之所以能够全文发表，是因为当时参加张裕恒学位论文答辩的主席是《物理学报》的主编李荫远。张裕恒答辩完后，李荫远对他的工作评价道："这篇不用审了，你叫编辑直接发给我。"在这之后，吴杭生和雷啸霖就相关问题各自继续了深入研究和探讨，并在《物理学报》《山东大学学报（自然科学版）》上发表多篇研究论文。这是我国超导电性理论研究的开端，它一开始就瞄准了该领域的研究前沿，而且敢于质疑当时像朗道这样大科学家的研究成果，从而使人们对超导薄膜电动力学的理解迈出了重要的一步。

除上述关于超导薄膜的电性理论研究外，吴杭生在1964年还发表了一篇关于过渡金属超导电性理论的研究论文，对BCS理论的一些细节性问题进行了优化。南大的蔡建华和龚昌德等人从1963年起也进行了一些超导电性的理论工作，主要方向是超导金属的电磁性质研究。

（三）汉中低温与超导研究所的筹建

1965年，中科院根据当时国际上物理学的发展趋势和国内应用物理的发展情况，提出组建一个技术物理研究的专门机构——技术物理中心。该机构最初计划包括6个部门，分别为低温技术、超导物理与超导应用、强磁场、超高压、固体物理和等离子体。这个项目由国家科委下达，物理所负责承建。同年，考虑到当时严峻的国际环境，中央军委国防工业办经多方勘察，确定H市为国家"三线建设"的重点地区之一。1965年3月21日，党中央批准了《国防工业在二、三线地区新建项目布局方案的报告》。自此，H市的"三线建设"正式启动。

1965年6月，洪朝生与施汝为、何寿安等人赶赴H市L县，进行项目考察和实地调研。翌年5月，物理所在H市M县成立了技术物理实验中心筹备处。1967年9月，按照聂荣臻副总理"成熟一个部，建设一个部"的指示，经国家科委和国防科委批准，物理所决定先组建低温技术与超导两个部。此项建设由物理所业务处白伟民负责。项目批准后，物理所迅速组织低温与超导方面的骨干科技人员开展调研、论证、初步方案设计等工作，在此基础上形成该项目的建设报告。王听元、洪朝生、管惟炎、曾泽培等人参加了相关工作，并为项目建设提出许多重要建议。1967年10月至11月，洪朝生等人赴西安参加H市低温技术与超导项目的建设会议，集中讨论和编写了调研报告。他们根据实地勘测，经反复研究和完善后，形成工程设计的总体思路和初步方案。相关报告递交国家科委并经聂荣臻批准后，国家科委召开方案论证会，邀请全国各低温、超导科研单位和国防科委系统有应用需求的部门，共计数百人参加了该建设工程的论证。会上，钱学森受邀做了大会报告，朱元贞代表物理所做了该项目的调研报告。会议代表一致认为应及时建立一个低温与超导的综合性研究机构。

国家科委很快便批准了此项工程建设，并一次性投入人民币2250万元，该机构被命名为"低温与超导研究所"，项目建设代号为"325工程"。325工程建设项目于1972年10月竣工并投入使用，基建总投资3500万元，建筑面积约6万平方米。低温与超导研究所的预期规模在1000人左右，机加工设备约500件，这在当时的中科院内也是少有的。1976年，洪朝生在给郁文的一封信中对此评价道："那里低温条件已建立，规模较大，一般加工设备较齐全，低温实验条件较好，也有一批技术工人与技术人员。如果加强领导，并适当加强技术力量是可以发挥不小的作用。国内还没有另一处有这样规模的。"然而，H市低温与超导技术研究所建成后，因归属原因（1968年移交给电子工业部十院），物理所的科研和技术人员去得很少，研究方向也有所变动。1985年，该所迁至安徽合肥，并改名为"合肥低温电子研究所"（现名为"中国电子科技集团有限公司第十六研究所"），成为国内从事低温电子技术工程应用的唯一一家研究所。此外，该所主办的《低温与超导》杂志创刊于1973年，由钱学森倡议创办，它为推动我国早期低温与超导技术的发展也起到了一定作用。

1960年，洪朝生曾作为中科院四位访苏的代表团之一，到苏联科学院参观交流，苏联超导理学家对我国的超导学科提出了切实友好的发展建议。1961—1962年，国际上第二类实用超导体研究取得重要突破。受此影响，从苏联留学归国的管惟炎提出研究第二类超导体的课题，并得到吴有训院长的大力支持。之后，管惟炎带领研究小组在第二类超导体的超导电性、强磁场超导磁体、超导体临界特性曲线测量方法等领域系统开展了研究工作，并取得重要成果。1963年，为了进一步开展第二类超导体的应用研究，研制实用化的强磁场超导磁体，管惟炎主动找到冶金部门单位寻求合作，并亲自到这些单位展开游说，派遣组员和研究生到相关单位进行超导知识的宣传，同时也让他们学习冶金领域的专业知识，从而较好地推动了我国的强磁场超导磁体研究。1965年底，物理所管惟炎小组利用上海冶金所提供的铌锆线材成功绕制我国第一个实用强磁场超导磁体——可产生四万高斯的强磁场。它标志着我国在实用超导材料研究领域达到国际先进水平。

其间，北大和南大物理系相继开展超导电性理论研究。以吴杭生为代表的一批物理学家在超导电性理论领域取得了较好的成果，为我国的超导电性理论领域培养了一批重要人才。1965—1972年，我国花费大量的人力、物力筹建了H市低温与超导研究所；1973年，在钱学森的倡议下，还创办了《低温与超导》杂志。这些现象展现了科技部门领导对低温和超导学科的关注、重视。

1958—1973年，我国的超导学科起步较快，在超导电性理论、超导薄膜研究，以及第二类超导体的基础和应用研究方面，均取得一些卓有成效的成绩，并在强磁场超导磁体研制方面达到国际先进水平。同时，由于前期洪朝生和管惟炎在低温和超导领域的广泛宣传和组织，中科院、教育部和工业生产部门已形成了一支重要的低温和超导研究力量，他们成为1973年后我国超导学科第一次大发展的主力，并为超导学科在我国完成建制化奠定了重要基础。

二、超导物理学在中国的建制化（1973—1986）

西方科学在发展过程中，逐渐摆脱了那种只凭兴趣爱好从事业余科研活动的情况，"开始建立科学的专门组织和机构，有了交流、发表科学成果的学术期刊，科学研究已成为专门的职业，并且创办了培养科学家和工程师的专门学校。这是科学的建制化过程"。通常，一门学科的建制化是否充分，须同时考虑内在标志和外在标志两方面。内在标志方面，着重考虑学术研究传统的形成，学术规范的自主性、创造性及解决问题的能力。而外在标志方面，则考虑建制化实施的规模与范围。如西方学者强调的教育系统与管理系统方面的指标（如博士培养计划的设立，学术权威机构的效力等）。在更广泛的意义上，还应考虑学术是否满足社会发展的需求，是否为社会所认同并赢得较为充分的社会支持。从以上两方面考虑，我国的超导物理学在1949—1973年属于学科的初创阶段，包括奠定了超导研究的技术基础，创办了培养超导学科人才的高等院校专业，建立了从事超导研究的专门机构，开展了初步的学术研究等。而1973—1986年则属于学科建制化的完成阶段。其间，在国家需求的牵引下，从1973年起，我国超导学科的带头人组织了一批专职的超导研究队伍，召开了超导研究专题的一系列学术会议，创办了超导物理学的学术期刊，扩大了对外学术交流规模，到1986年，已有多所高等院校相继建立低温物理专业、开设超导物理学的专业课程等。

（一）武汉全国低温与超导学术会议的召开

1972年后，我国预备发展高能物理学科，而建立粒子加速器成为迫在眉睫的一项任务。国际上高能量的粒子加速器通常需要用到超导磁体，这给我国的超导物理学发展带来了契机。国内的超导学者借此机会，在武汉举办了第一届全国低温与超导学术会议，成为我国超导物理学界的盛事，对该学科的发展产生了深远影响。

1972年10月6日至12月16日，我国派出一个科学家代表团到英国、瑞典、加拿大、美国四个国家进行友好访问。在此次访问中，代表团相继考察了这四个国家二十多个高、中、低能的加速器。回国后，他们向中科院提交了《中国科学家代表团出访四国情况的报告》。1973年3月5日，该报告经中科院转呈国务院。报告中提到，国外在加速器中已开始广泛使用超导磁体："这些设备中凡是有磁场的地方，都尽量在采用超导磁场，特别是恒定超导磁场。"此外，他们还注意到，超导技术不仅已在高能加速器中得到广泛应用，对其他科研领域的作用也日益凸显。如超导在电子显微镜的应用，使其分辨能力达到分子和原子级的水平；研究可控核聚变反应所需的等离子体磁约束器同样离不开超导磁体。为此，代表团在报告中专门提到了发展超导技术的必要性。

1973年2月，中科院高能物理研究所正式成立，张文裕担任首任所长。同年3月13日至4月7日，中科院在北京香山召开高能物理研究和高能加速器预制研究工作会议，物理所派出洪朝生参加。此次会议明确提出要发展高能加速器所需的低温和超导技术，并由洪朝生负责相关项目的编制。为了统一组织全国的低温和超导物理研究，明确今后的研究方向，4月16日至24日，物理所和上海冶金所等单位发起第一届全国低温与超导学术会议。该会议因在武汉召开，所以也被称为"武汉会议"。

武汉会议由物理所负责筹办。国内有60多家单位派人参加，共200多名代表。在会议上，洪朝生介绍了国内外超导应用的研究情况，分析了国内低温技术与超导研究的现状，提出"当前的任务应当是根据我国技术发展的需要，选择关键应用项目，适当集中力量，大力协同来突破"。他建议，在确定低温、超导围绕加速器预制任务的同时，也应根据我国迅速发展的电力工业需要，研制大型超导发电机，使我国早日进入超导电工时代。同时，在谈到低温技术的发展时，他建议工业生产部门要加强低温设备的研制和生产，为超导应用的大发展奠定基础。武汉会议是我国超导物理学发展过程中的一次重要会议。在当时我国超导研究相对混乱的局面下，各单位经过充分交流和商讨，统一了全国低温和超导研究的目标和方向，确定了超导研究接下来应主要围绕高能加速器展开的基本思路。同时，它也带动了我国超导材料的基础研究和应用技术的研究，使我国的超导研究进入一个繁荣发展阶段。

通过高能加速器预制研究会议和武汉会议，中科院确定把低温、超导技术作为发展新技术的一项重点任务，随后与北京市科技局联合组织各有关研究单位，共同制订具体的科研计划。洪朝生作为代表于当年6月完成《北京地区发展低温、超导技术的报告》的起草工作。报告中提出，1973—1980年发展低温、超导技术的主要任务包括：①完成超导高能环形与直线加速器的预制；②研制可控核聚变反应的超导实验装置；③开展超导电工应用研究；④利用低温、超导技术解决精密实验设备和国家计量基准项目。

1973年5月中旬至7月上旬，中科院又组织了由13名科学家组成的高能物理考察团赴美国和欧洲考察国际高能加速器的建设情况。"考察团中需要有懂超导磁体的人，所以就指派了我（管惟炎）参加。"该考察团由张文裕担任团长，管惟炎任副团长。同年9月，中科院向国务院正式提交关于高能物理和高能加速器预制研究的报告。国家计委随后为高能加速器的预研和建设立项，命名为"753工程"。然而，由于此后受特殊时期的影响，我国加速器的预研项目被迫停止。武汉会议后，我国的超导学者开辟了多个超导研究方向。因此，尽管加速器项目中途受阻，但我国的超导研究并未完全中断。洪朝生在1973年6月完成的《北京地区发展低温、超导技术的报告》中，提出了五项急需进行的关键课题，即低温技术，如普及液氦实验设备条件，进行大体积、高精度低温容器与低温系统的研究；超导材料，如提高超导材料与Hc、降低超导低频交流损耗，探索新超导材料；超导磁体，如研究大体积、强磁场的超导磁体，提高现有超导磁体的稳定性、脉冲与交流性能；超导微波腔，如降低微波吸收，提高破坏场强等；以及超导理论研究，如研究超导电性的基本机制、超导隧道效应与相关现象、交流与微波吸收机理等。根据这些急需的关键课题，参加协作的各单位进行了分工。根据超导体的基本物理性质，超导应用包括超导强电应用和超导弱电应用。强电应用以超导线材绕制的强磁场超导磁体为代表，弱电应用则以1962年约瑟夫森提出的约瑟夫森结为代表。我国在这两个方面均展开了一些初步研究。

（二）超导强电应用研究的探索

超导强电应用研究具体包括加速器装置的研究、可控核聚变反应装置的研究、超导电机的研制，以及磁流体发电的研究。

1.超导材料在加速器中的研究

超导材料在高能加速器中的应用主要包括高场强的超导磁体及超导微波谐振腔。前者的研究在上述章节已有所涉及，这里主要梳理我国早期超导微波谐振腔的研究情况。超导微波谐振腔是加速器装置的重要组成部分，在直线加速器、圆形加速器及束流分离器系统中均有重要的应用价值。高能物理考察团在访问的过程中，就已注意到相关情况，他们在提交给中科院领导的报告中提道："美国布鲁克哈文实验室、国家加速器实验室和斯坦福大学等处，以及西欧高能物理研究中心都在研究超导材料在高能物理研究中的各种应用。"超导微波谐振腔已在斯坦福大学试制成功。其中，在超导直线加速器的研究工作中，有两个最主要的指标，即超导微波谐振腔的品质因数（以下简称Q）和峰值电场。前者与超导微波谐振腔的发热程度紧密相关（发热会导致电功率消耗过大，对设备制冷提出更高要求）；后者则决定着直线加速器每米所能获得的加速能量。Q取决于材料本身的剩余损耗，Q值越大，剩余损耗越小。而峰值电场取决于电或磁场机理。二者又是相互关联的，因为过多的损耗发热将会导致超导态向正常态转变，从而破坏磁场。因此，如何有效提升超导微波谐振腔的Q值及探索超导材料的剩余损耗机理就成了超导物理学家的研究重点。

1972—1976年，物理所的陶宏杰、王昌衡等人探索了超导微波铌腔的研制工艺，建立了铌腔Q值的测量装置。首先，他们对超导体表面剩余损耗及破坏场机理的研究现状展开调研，并写出总结报告。之后，他们对各种剩余损耗及破坏场的实验和理论进行比较和分析。接着，他们建立一套X波段扫频衰减法测量超导微波谐振腔Q值的实验设备，并设计制作了在无氧铜腔内电镀铅的超导铌腔。

在上述工作基础上，他们研制了X波段的超导铌腔，摸索出一套完整的制备工艺，包括精车、研磨、机械抛光、化学抛光和电抛光，并利用建立的相关实验设备对铌腔的Q值进行测量，实验值达到2×10^8。这样的铌腔可用于超导体射频磁阻及磁通流阻的研究。相关工作于1981年发表在《低温物理》上。此外，从1974年开始，物理所的邵立勤等人也进行了大量超导微波铌腔微波吸收与破坏场强机理的研究，包括制备具备低介电常数和低临界磁场强度的超导材料，测试其在高场下的破坏场情况，并对其进行理论分析；完善超导微波铌腔Q值和破坏场的测量装置，建立低噪声接收设备；开展用超导微波铌腔实现极高稳定度的超导稳频系统等工作。不过，以上工作在1976年后随着高能加速器项目的下马而终止。

2.超导材料在可控核聚变中的应用

超导材料在可控核聚变中的应用主要包括两部分：一个是利用超导材料制成超导储能装置，该装置可通过大功率放电将物质加热成高温等离子体；另一个是超导磁体生成的强磁场可用来约束高温等离子体（"磁笼"）。后者与高能加速器属于同类研究。以超导储能装置的研究情况为例。由于超导体具有较大的载流能力、较高的电流密度和磁通密度，因而可以在短时间内获得极高的能量密度，每单位体积的储能量可比常规电容器高几个数量级。作为特种电源，超导储能装置有望用于风洞电源、激光武器电源和电磁炮电源等领域。1971年，七机部、国防二院委托物理所进行超导电感储能装置的研究，要求能量达到10万焦耳，放电时间为40毫秒。翌年，李世恕等人在改进已有装置的基础上，进行了低温储能的"点灯"试验，摸索充放电规律，为此类装置用于激光能源做了可行性论证。1973年，他们再次对10万焦耳储能器进行原理性验证，解决了储放能量的部分技术问题。1974—1975年，物理所和电工所合作完成5号超导储能装置（10万焦耳超导储能线圈）的各项试验和技术总结。1976年，物理所、电工所与略阳技术物理所协作，计划开始设计与研制小型的低温超导磁场环形放电模拟实验装置，并探索其在可控核聚变装置上的应用可能（该项目之后可能被搁置，未再看到相关研究计划）。

3.超导电机的研制

超导电机可分为交流机和直流机两大类型。超导交流电机主要用于大功率发电领域，从理论上讲可将发电机的单机容量提高5~10倍，其体积仅为常规电机的1/2，重量为常规电机的1/3，效率可达99.5%。一台100万千瓦的超导电机，预计可节约电力1万千瓦。美国、苏联、日本和联邦德国等国家当时都已在开展这方面的研究。1967年，六机部武汉二十二所提出超导交流电机的研制项目，物理所与电工所合作研究。物理所负责用超导线圈制造超导电机中的定子，设计功率为20千瓦。这项工作于1970年完成，相关成果获得

1978年科学大会奖。与常规直流电机相比，超导直流电机具有体积小、重量轻和噪声低等优点，可作为低电压、大电流的恒定直流电源或脉冲直流电源，理想的用途是船舶电力推进装置，为建造高航速、低噪声的船舶创造了条件。因此，在军事上也极具应用价值。我国在这方面也开展了一些初步研究。

4.磁流体发电机

磁流体发电是将热能直接转换成电能的一种新型发电方式。将汽油、天然气和煤等燃料燃烧后产生的高温等离子导电气体，高速通过磁流体发电机的发电通道，即可进行发电。它与常规火力发电装置联合运行时，可将现有火电站的热电效率从最高36%提高到50%左右。其中，磁流体发电机所产生的磁场强度与该装置的输出功率呈正相关关系（因此需要高场强的磁体）。我国从1974年开始部署用于磁流体发电的强磁场超导磁体研究。相关研究由中科院电工所、物理所、上海冶金所、长沙矿冶院共同协作。

（三）超导弱电应用研究的探索

超导弱电应用是超导应用的另一重要分支。1962年，科学家提出约瑟夫森结以后，很快在此基础上发现该元件的J_c对外界磁场极其敏感的现象；接着，1964年默希罗等人发现超导量子干涉效应，这是制作超导量子干涉仪的基础；1965年，严森等人发现超导约瑟夫森结具有微波发射功能；1967年，沙皮罗又发现它的倍频功能。约瑟夫森结上显现的这些特征和功能逐渐发展成今日的超导电子学学科。这也是超导弱电应用的基础。超导弱电应用领域最受人们关注的是SQUID器件。它对磁场和电磁辐射有极高的灵敏度，比常规器件高出千倍以上，因而在科学实验、计量标准、军事侦察、地质勘探及生物医学等方面拥有着广泛的应用前景，这是常规技术所无法比拟的。

1.超导重力仪的研制

1970年，为解决地球物理研究中地球重力长周期变化的测量问题，同时为地震预报提供参考信息，国家科委和国家地震局委托物理所低温物理室研制超导重力仪。为此，物理所成立了专门的研究小组承担这一任务，组长为钟锁林，合作单位是中科院地质所和河北地震大队。随后，物理所郑家祺等人负责的重力仪总体组设计并制作了超导重力仪装置。该装置主要由铌线绕制的超导磁体和基于迈斯纳效应的超导磁悬浮系统两部分组成。超导重力仪的测量系统由以约瑟夫森结为原理的超导磁强计（李宏成等人负责）和电容电桥静电反馈检测系统（容锡燊等人负责）组成。但后来，因研制时间较长和国外禁运，超导磁强计未能按时完成，电容电桥静电反馈检测系统则作为超导重力仪的实际检测系统得到应用。在研究期间，该小组还解决了气压变化和漏热造成的温度波动对超导重力仪造成的不稳定性问题。1976年，他们研制的超导重力仪能够不少于两天连续观测到地球固体潮汐的轮廓。

2.超长波超导天线的研制

1969—1972年，中国人民解放海军司令部组织了天线小型化会战任务。该任务包括超长波发射台、超长波发射天线超导体延长线圈的可行性，以及超长波超导接收天线的可行性研究。此会战主要由761厂负责，物理所派出了杨乾声、邵立勤等人进行协助。杨乾声小组参与了用铜线圈制作20千瓦可控硅超长波发射机，该仪器比室温工作的发射机的体积小70倍。邵立勤小组参与了超长波超导接收天线的研制，他们采用铌线制成了超长波接收天线和超长波接收机输入回路，使接收机的灵敏度比常规接收天线提高25分贝。

3.超导体的交流损耗机理研究

高频超导隧道器件可用于短毫米、亚毫米和远红外波段，并具有噪声低、功率小、响应快、频带宽等优点，在射电天文仪器和遥感装置中有比较重要的应用价值。然而，在高频情况下，非理想第二类超导体内磁通格子的往返运动会造成能量损耗，即交流损耗。从1972年开始，物理所杨乾声小组开展了非理想第二类超导体的交流损耗研究，并在国内首次测出铌在临界磁场（1000 G）附近损耗与交变磁场的关系。他们还发展了以磁化曲线法测量交流损耗的方法，测出铌钛线的磁滞回线和磁滞损耗，并在1973年的武汉会议上介绍了超导体交流损耗的理论模型和测量结果。

1973—1986年，我国的超导学科基本完成了建制化。在此期间，利用1973年国家发展高能物理学的契机，超导学科带头人组织召开了第一届全国低温与超导学术会议，通过这次会议组织了一支超导研究队伍，对我国的超导学科短期发展方向做出了规划。1976年，为了检查我国超导研究的阶段性成果和存在的问题，并规划下一阶段的研究方向，在中科院的支持下，超导学科带头人组织召开第二届全国低温与超导学术会议。这次会议对"文革"结束后我国超导学科的快速发展产生了重要影响。它促成了一系列高温超导专题讨论会的召开和《低温物理》学术期刊的创办。在这之后，由于低温物理和超导物理的学科地位日益提升，中科大、北大、南大、复旦大学等多所高等院校相继恢复和建立相关专业，开设超导物理学的专业课程。此外，我国的超导学者与国际同行的交流也日益频繁和深入，他们的交流方式从最初的派遣访问学者、邀请专家作学术报告，到后来的自由参加国际学术会议、研究生、联合举办双边国际学术会议等。以上过程清晰地展现了我国超导学科完成建制化所需要的一些基本要素，如成立学术共同体、出版专业学术刊物、建立学术交流制度和人才培养制度等。

第三节　超导物理学在中国的曲折发展

一、超导物理研究在中国的曲折开展

尽管1973—1986年，我国的超导学科基本完成了建制化，但这一阶段我国的超导研究却是一个曲折发展的过程。一方面，1973年，在国家发展高能加速器的背景下，超导应用研究短时间内得到快速发展。但这种以任务为导向的研究方式同时也给它的发展带来局限性，随着国家经济政策的调整，高能加速器建设过程"下马"，超导研究也一时陷入困境。在管惟炎、洪朝生等人的倡议和努力下，高温超导体研究成为我国凝聚态物理发展的重点方向之一，与超导应用研究一起得到国家科委和中科院等科研部门的勉力支持，从而保存了超导研究的一支有生力量。不过，1986年《"七五"国家科技攻关计划》出台后，超导领域没有任何项目被列入，这意味着我国的超导学科接下来将面临新一轮的发展困境。

（一）高温超导体研究课题的确立

早在1959年，在洪朝生的倡导下，我国就开展过80K液态空气温区超导体的探索研究。虽然未能取得重要成果，但给当时参与这一课题研究的年轻科研人员留下了深刻的印象。在1973年和1976年的全国低温与超导学术会议上，管惟炎均做了关于高温超导体研究意义的报告。但限于当时的环境，而未能及时系统地开展相关工作。1976年10月，我国的社会形势迎来新的局面，国家重新将工作重点放在发展科学技术上，理论性和探索性的研究也得到允许和支持。在这样的形势下，超导学科带头人开始积极推动高温超导体研究课题在我国的确立和开展。

进入20世纪60年代后，随着国际上超导研究接连取得重要突破，人们对其巨大的应用前景满怀期待。但此时面临一个较大问题——现有超导体的Tc过低，使得超导体只能在昂贵的液氦中发挥作用，这极大地限制了它的应用范围。因此，国际上渐渐兴起一股探索高温超导体的热潮。1966年后，我国的基础科学研究受到严重影响。1970年底，物理所颁布《物理所"四五"规划》，管惟炎作为主要撰稿者，参与制定了该规划。《物理所"四五"规划》中提到，"高温超导体的发现，在技术上的价值可与实现可控核聚变反应相比拟，以此为长远目标，开展相应的基础研究工作"。"四五"期间，物理所低温方面的主要目标之一是探索高临界参量的新超导体。1972年初，物理所低温物理室的唐启祥、徐振业等人根据该规划自提了"探索高临界参量超导体"的研究课题。

1972年下半年，物理所根据中央计划会议纪要和中科院业务会议精神，提出要把工作转入正常轨道，并成立物理所党领导小组，管惟炎是领导小组的成员之一。1972年5月，管惟炎还曾赴荷兰参加第四届国际低温工程会议，并访问英国皇家学会。这是他第一次到访西方国家，对他的思想冲击很大，尤其是当时西方大学里浓厚的科研学术氛围和先进的科学技术给他留下了深刻印象。中科院于1972年8—9月召开了全国科技工作会议，会议的主旨是大力加强全国的基础理论研究。物理所派出党委副书记郭佩珊参加此次会议，不过，他的讲稿提纲却由管惟炎完成。这篇报告先是指出了特殊时期开始以后，科研人员在科学研究上存在的消极情绪，比如"读书无用论""科学工作无前途论"等思想。为了改变这种局面，他提出了4点建议，其中第1条建议就是科研管理部门要重视基础理论问题的研究。他认为，在当时基础与应用研究的关系问题上，主要的倾向是忽视基础理论研究。物理所是以学科建所的，但物理学科方面的基础理论研究却很少，使得外宾参观后的印象是"物理所不研究物理"。同时，他也指出，当时开展基础研究也存在着各种障碍，如"领导认识不统一，有些领导支持，有些领导不支持"。其次，"人员无保障，组织不稳定，一有紧急任务，先拆理论班子"。除了建议加强基础理论研究外，他还建议应该落实知识分子的政策问题，如对高、中级研究人员，根据他们的德才表现，安排适当的研究工作；人才培养方面，面对当时科研人员青黄不接，后继乏人的现状，需要出台培养人才干部的具体措施。最后，研究人员从事非专业的社会活动过多，精力分散，他建议应保障科研人员充分的工作时间。从今天来看，管惟炎对当时现状的分析和建议都是较为深刻和有益的。①

1973年4月，管惟炎参加了武汉会议，并在会上做了"高温超导电性"的学术报告。在报告中，他阐述了研究高温超导体的重要意义，介绍了当时国际上提出的几种T_c。超导体的超导机理模型，如电声子超导模型和激子超导模型等，并给出几种探索T_c超导体的可行途径。后来，因为特殊原因，这项提议未能产生重要影响。两次出国经历（1972年5月参加国际低温工程会议和1973年5月参加高能物理考察团）让管惟炎看到了国外超导技术蓬勃发展的现状，"研究和发展超导技术应用是一项重要的赶超任务，它和20世纪末实现四个现代化密切相关"。1975年，中科院预备制定"十年科技规划"。同年5月19日，管惟炎向物理所领导提交将"探索高温超导体"列入国家十年科技规划重点项目的建议书，并希望他们将其转交到中科院领导手里。在这份建议书中，管惟炎详细列举了国外超导技

---

① 董文凯. 超导物理学在中国的建立与发展（1949—2008）[D]. 中国科学技术大学，2022.

术的应用和发展情况，如超导强电方面的高能加速器和可控核聚变反应装置中的强磁场超导磁体、超导电机、超导电缆、超导储能装置、超导磁流体发电、超导磁悬浮列车等。他提到国外正在大力投入和发展这一技术："世界上已有近百所和超导有关的研究机构，队伍正在迅速扩大，每年发表数千篇研究报告，美国每年投入超导体方面的研究经费高达数千万美元。"在探索高温超导材料方面，他提到，超导材料的应用发展主要受到低温条件的限制。当时世界上虽已发现数百种超导材料，但它们的Tc均比较低，最高的是铌三锗，为23.2K。通常超导材料的工作环境是液氦，而获得和保持这一低温环境，需要氦液化器或制冷机。这些设备不但体积庞大、操作复杂，而且价格昂贵。

因此，他认为国家应该大力开展高温超导体的探索工作。"建议将探索高温超导体作为国家新材料研究方面的长远、重大课题，由计委生产组直接抓。"紧接着，他还就该课题提出具体的研究目标、方向和措施。如研究方向包括：（1）开展关于A15型化合物的研究，进一步总结A15型化合物的形成规律；（2）开展高Tc规律研究，考察结构不稳定性、有序度、电子浓度等对Tc的影响；（3）开展A15型超导体的理论研究，并依据理论指导合成新的A15型化合物；（4）利用高温高压条件合成新的亚稳相高Tc超导材料；（5）开展关于金属氢的探索研究。在具体措施上，他提出，首先，由物理所负责新建一个高温超导材料研究室，作为探索高温超导材料的研究基地；其次，由中科大物理系负责每年培养10名大学生，毕业后安排到超导材料研究队伍中；再次，在中科院化学所、应用化学所和贵阳地球化学所建立相应的材料协作小组（与物理所保持联系），这些小组主要从事材料制备和分析等方面的工作；最后，一机部、冶金部、北京市科技局等有关单位参与协作，由计委生产组统一组织安排。

为了引起上级部门对高温超导体研究的重视，同年8月26日，以管惟炎、洪朝生为代表的物理所高压物理室和低温物理室再次就"探索高温超导体的建议"给物理所领导写信（由管惟炎起草），并希望将此信转呈中科院领导。信中重申了超导研究对我国"四个现代化建设"的重要性。同时，他们也对物理所当时的研究现状表示担忧："物理所的科研现状有待改变，1966年以来，物理所的基础研究比例较低，大部分研究工作与工业部门的研究机构重复，不但造成了人力、物力浪费，而且由于工艺条件较差，研制速度往往落后于工业部门，更关键的是在一些重要研究领域出现了空白。这种现状急需改变。"因此，他们希望通过"探索高温超导体"的项目改变物理所长期缺乏基础研究的不利情况，进而推动我国整个固体物理学科的发展。为此，管惟炎等人提出一些具体的建议和措施，如增加科研经费，购置和研制现代科研设备，建设现代化的实验室；组织骨干科研队伍；进行人才培养；等等。

物理所领导接到信后，非常重视，当天将此信和物理所业务处随附的一封建议信，一同递交到中科院二局、三局、计划局和长远规划办公室等机构及院核心领导小组。随附的信中这样写道："中央领导同志和国家计委十分重视新材料的工作，把高温超导材料的研究列为新材料规划的一个重点项目。我们建议院领导在编制1976年计划和十年科技规划时把这项工作列为院的重点项目，并组织好院内有关单位之间的协作，把这个工作认真抓起来。"此外，物理所领导还提到希望中科院帮助物理所解决探索高温超导体项目中的基建、经费、仪器设备等条件问题，在新材料规划中以专项给予解决。

在管惟炎等人的影响下，从1976年开始，物理所低温物理室的赵忠贤等人联合所内其他三个兄弟研究室，开始着手进行高临界温度超导体的研究，并"力争做出些成果来"。自此，我国逐步开启了关于高温超导体的探索和研究。

（二）凝聚态物理学科规划的制定

凝聚态物理是物理学重要的分支之一。它的分支学科如磁学、金属物理、表面与界面物理、半导体物理、超导物理，以及液晶物理等，与国民经济发展和国防建设现代化紧密相关。1977年9月27日至10月31日，全国自然科学学科规划会议在北京召开。国家科委委托中科院主持全国的自然科学规划工作。会议制定出数学、物理学、化学、天文学、地理学和生物学全国六大基础学科及有关新兴学科的发展规划，并提出《全国基础科学规划纲要（草案）》。该草案后来得到中共中央和国务院的认可，成为我国《1978—1985年全国科学技术发展规划纲要（草案）》的重要组成部分。全国自然科学学科规划会议的物理组下设有凝聚态物理分组，由包括管惟炎在内的50位著名科学家组成。经与会人员反复讨论，拟定了我国凝聚态物理学科规划的五项重点课题，其中第五项为"探索高温超导体"。这一课题的确立，对我国高温超导体的研究产生了重要推动作用。管惟炎对此评价道："我国对这一课题（探索高温超导体）的重视程度，是世界少有的。"然而"凝聚态物理学科规划"的制定并未能有效改变我国凝聚态物理学科衰退的趋势。20世纪80年代初时，管惟炎、洪朝生等人感叹道："我国凝聚态物理的研究现状惊人薄弱"。甚至"1979、1980年两届招生时，有些凝聚态理论和实验专题因无人报考而招不了生"。这种现象的背后有其历史原因。首先，因凝聚态物理和生产应用的关系十分密切，1966—1976年，全国各个单位的凝聚态物理研究者被迫下到工厂去从事器件生产、工艺技术等方面的工作，"科研变成了试制，物理系变成了应用物理系或电子学系"。使得1976年结束后凝聚态物理的基础研究出现人才断层的情况。尤其是在凝聚态理论方面，到20世纪80年代初时，其所占比例已不到凝聚态物理研究人员的5%。其次，受"前沿论"的影响，在基础学科领域，国内科研部门更倾向于支持对基本粒子的研究，而非凝聚态物理这种以更加宏观的物质为研究对象的学科。以上两个因素对我国凝聚态物理的发展造成了较大影响，也不利于我国的国民经济发展和国防建设现代化。鉴于这种情况，20世纪80年代初，管惟炎起草了《关于加强凝聚态物理研究的建议》一文。在文章中，他阐述了凝聚态物理学科的重要意义。譬如，凝聚态物理研究不断为人们提供新的物理现象或物理效应，而这种新现象、新效应往往成为新兴技术的先导（如晶体管效应的发现开辟了半导体科学技术，超导电现象的发现导致了1960年后超导电磁体技术的发展）。最后，凝聚态物理研究和材料科学关系密切。前者为后者提供了理论支撑。在现代固体量子理论出现之前，材料科学对固体性质的认识尚属经验性和描述性的，对材料的认识十分有限；凝聚态物理可以发展新的理论，为其他学科的发展提供借鉴（如金属及半导体的能带理论、金属超导电性和液氦超流动性等宏观量子现象的理论均已在其他学科分支中得到较好的应用）等。

他向有关部门提出以下几点建议：

（1）将凝聚态物理研究列为基础学科方面的重点项目，优先发展；

（2）培养优秀的学科带头人，选拔优秀中、青年科学家出国进修深造；

（3）建立一个现代化的凝聚态物理研究所；

（4）为工业部门研究单位培养博士生，毕业后回工业部门工作；

（5）提高高等院校凝聚态物理的教学质量；

（6）与材料科学、化学、生物和其他工程学科紧密结合，制定相互关联配合的统一规划，鼓励合作开展课题研究。之后，为了进一步扩大影响力，管惟炎又联合洪朝生、李林和李荫远几位科学家起草了"大力加强物理学的重要分支——凝聚态物理的研究"的发言稿。他们的呼吁引起了中科院数理学部的重视。1982年10月，中科院数学物理学部制定了《凝聚态物理学发展规划（初稿）》（以下简称《凝聚态规划初稿》）。《凝聚态规划初稿》中提到，1983—1987年是我国凝聚态物理调整和重点赶超的5年。5年间要改革科研管理制度，改变科技与经济脱节的情况，对一些估计在5到20年内对国民经济有重大影响的项目组织协作攻关，到1987年形成一个比较完备的凝聚态物理研究体制和以研究生制度为主体的人才培养体制。在超大规模集成电路、非晶硅太阳能电池、高质量的光导纤维、高T_c超导体的攻关中做出一批国际先进水平的成果。《凝聚态规划初稿》中包括6个重点研究项目，分别为：表面和界面物理研究；非晶态物理；高T_c超导体的探索；能谱；结构和相变；杂质、晶格缺陷对结构、微观运动状态和材料性能的影响。在"高T_c超导体的探索"的项目中提到，我国探索高T_c超导体的工作大致从1976年开始，现在已初步形成一支队伍，每年举行一次全国性的学术会议（高温超导讨论会）。

1982—1987年，我国高T_c超导体的主要课题包括：以更高T_c为主要目标，开展新材料制备工作，多途径探索新型超导体；研究影响T_c的因素，找出制备高T_c材料的经验规律；研究超导体的声子谱、电子结构和输运现象等。发展超导的微观理论，力求从超导的微观机制方面寻找提高T_c的途径；以及充分发挥现有设备潜力，增添必要的新设备，形成从样品制备、分析到物理量测量的全国设备配套网。除了第3项"高T_c超导体的探索"外，在其他凝聚态物理的重点研究项目中也提及对探索新超导材料的研究。如在第6项"杂质、晶格缺陷对结构、微观运动状态和材料性能的影响"中提到，材料中杂质、晶格缺陷的研究是材料科学的重要组成部分。要研究杂质、缺陷对材料的宏观性能，包括电学、光学、力学、磁学、激光、超导等的影响。为了促进凝聚态物理学科均衡发展，除上述重点研究项目外，《凝聚态规划初稿》还分别对金属物理、半导体物理、晶体学、磁学、电介质物理、低温物理等13门相关学科做了细致规划。《凝聚态规划初稿》也对我国凝聚态物理的研究机构进行了布局，如以物理所、半导体所、中科院化学所及北大、清华物理系为基础组建北京凝聚态物理研究中心，以中科院固体物理所和中科大为基础组建合肥凝聚态物理研究中心。这些布局在当时的条件下尚无法实现，但在21世纪初基本实现。

在具体的课题管理方面，《凝聚态规划初稿》建议，对于应用性强、短中期内预计有显著成果的题目，实行指令性计划与指导性计划结合的管理方式。对于近期难以取得成果的题目，实行指导性计划与科学家自行选题相结合的管理方式。课题管理实行组长负责制。在凝聚态物理的人才培养方面，《凝聚态规划初稿》建议抓好硕士和博士研究生的培养工作，建立以研究生为主要对象的暑期和冬季学校，聘请有研究经验的科学家就比较广泛的问题进行讲授，使青年人才能够接触各门学科的前沿研究。同时，鼓励高级研究人员到其他单位如工业部门、高等学校、科研单位进行兼职，增强学术流动性。在学术交流方面，鼓励各大分支学科举办专业学术会议及小型工作讨论会，就凝聚态物理中的一些关键问题、现象的看法进行及时交流。同时鼓励国内凝聚态物理学家积极开展国际学术交流，包括就一些专题研究与国外同行开展合作；创造条件，争取一批具有国际影响力的国外科学家到国内从事长期的科学研究；主办或者与国外科学组织联合举办国际学术会议。在仪器、设备方面则提出充分发挥现有仪器设备作用，改进对仪器设备使用权的控制和技术人员的考核制度；组织研制高精尖设备；从国外引进急需的关键性设备；以及对于部分投资大、收益难以预料的设备，建议采用国际合作的办法，先派人去国外工作，摸清具体情况再定。总体而言，《凝聚态规划初稿》对我国的凝聚态物理学科发展做了一系列充分的分析和规划，包括课题研究方向、人才培养机制、研究机构建设及相关的国内外学术交流活动形式等，尤其是在课题研究方向上，对于刚刚开始探索科学研究的科研人员来讲，能够在研究选题上给予实质性的指导和帮助。此外，得益于《凝聚态规划初稿》的制定，我国在国际学术交流活动方面，也逐渐打开了局面。

1977年全国自然科学学科规划会议上，"探索高温超导体"课题被列为凝聚态物理规划的五个重点研究方向之一。之后，我国的高温超导体研究逐渐起步。1979年2月2日，物理所低温物理室（五室）的509组独立为超导体研究室（九室）。该研究室由李林担任主任，赵忠贤担任副主任。紧接着，同年3月，物理所制定了1979—1980年重点研究项目，其中第5项为"高临界温度超导体研究"。

1980年前后，物理所又制定了该所的"六五规划"，明确该所凝聚态物理方向发展的五个重点方向，分别为：非晶态材料和物理研究；低温物理和超导新材料探索；固体表面和界面物理的研究；晶体物理与某些特殊功能材料的物理研究；凝聚态物理实验中极端条件和检测手段的建立和完善。物理所要求各研究组在"六五"期间主要从以上重点项目中进行选题。当时在国际上，探索高温超导体的方法主要有三种：第一种是依据大量现有高 Tc 超导体的合成路径及超导性能，总结其中的经验规律，提出实现高温超导可能的理论或猜想；第二种是根据现有理论或经验规律，设计可能具备高 Tc 的新超导材料，并进行实验验证；第三种是通过极端条件和先进仪器设备研究超导材料的基本物性，进而为探索高温超导材料提供可能的路径。我国的超导物理学者在这三方面均做出一定成果。

（三）高温超导体的成相规律研究

在高温超导体的成相规律方面，我国分别进行了理论研究和实验探索。

1.高温超导体的成相经验规律研究

虽然早在1977年国家就已确定"探索高温超导体"为凝聚态物理的重点研究课题，但刚开始时，由于科研条件较差、经费不足等原因，我国的超导学者只好先从高温超导体的经验规律方面入手。1978年，夏沃尔相超导体发现后，在国际上很快引起研究热潮。国内也迅速跟进。夏沃尔相超导化合物是一种类似分子晶体的簇状化合物，其分子通式为：M_xMo_6yS，其中M为金属元素；y为硫（S）或硒（Se）。它的电子结构有很强的局域特性，很多性质也与这种准零维电子结构密切相关。国外超导物理学家归纳了夏沃尔相超导化合物Tc有关的三条经验规律，但镧系的夏沃尔相超导化合物无法较好地适用这些规律。赵忠贤等人根据他们过去研究超导化合物的经验，以及观察夏沃尔相超导化合物的Tc与镧系原子的共价半径的关系，提出一系列猜想。

物理所另一项关于高温超导体成相经验规律的工作是罗棨光对A15相化合物的探讨。Ai5相化合物包括一系列高温超导体，如当时世界上Tc最高的超导体铌三锗。罗棨光从1963年即开始关注这一领域，他通过阅读大量文献，制备和分析了多种A15相化合物的X光衍射数据；通过分析A15相化合物的Te与原子半径比（确切地讲，是他引入特殊参量后得到的"折合半径比"）的关系，绘制了A15相化合物的Tc变化规律图。他预言，Ai5相化合物中不会存在Tc超过25K的化合物，而银系列中的银二锗拥有最高的Tc；系列中的Tc有可能超过目前钒三硅（V 3Si）的17.1K，钒三锗（V 3Ge）的Tc有可能提高到12K以上。此外，他还有力地反驳了国外学者关于铌三硅（NB3Si）的Te有可能超过23K的猜想，认为那是"缺乏充分依据而不足置信的"。上述研究工作分别于1977年6月和1979年10月投递给《物理学报》。他的文章发表后，很快便受到国内外学者的好评。李林等人在1980年到罗马尼亚访问时，罗马尼亚物理中心材料研究所的超导室专门向他们咨询了这方面的工作。后来，"钒系列中的Tc有可能超过17.1K"等预言也得到国外学者的证实。自1976年的全国第一届高温超导体讨论会后，物理所超导研究室就想开展这方面的工作，但限于当时缺乏超高真空设备而未能开展。1981年1月，在超导研究室主任李林的推荐下，以上两项成果获得中科院1980年科技成果四等奖。

2.铌三锗薄膜成相规律的实验研究

全国自然科学学科规划会议确定"探索高温超导体"的项目后，物理所超导体研究室的相关人员计划从事相关实验研究，但由于缺乏科研条件，一直未能开展。1979年6月，在李林的带领下，超导体研究室与北京有色院陈岚峰开展合作，开始设计和研制用于制备超导薄膜材料的吸氧直流溅射仪。在仪器设计上，他们还得到美国IBM公司的徐（TSui）博士的帮助。该仪器于1980年5月完成制造。之后，他们即尝试用此仪器制备铌三锗薄膜。A15相的铌三锗化合物是当时世界上发现的Tc最高的超导体，但其Tc的高低与制备方法密切相关。利用电弧熔炼法制备的大块材料，Te在6K附近；利用快速淬火法制备的大块样品，最高Te可达17K；而利用溅射法制备的薄膜材料，国外学者TeSTArdi成功制备出Tc为23.2K的样品。在前人研究基础上，超导体研究室的科研人员首先以铌作为靶材，利用该仪器制备了纯铌膜，得到的样品Tc与大块样品相当，证明研制的设备可以正常制备薄膜材料。在制备铌三锗薄膜过程中，他们刚开始得到的样品Tc大多在21K左右。经过一段时间的摸索，他们发现沉积温度、沉积速率、铌锗的原料配比、氩气压力及溅射电压等条件对于获得高Te铌三锗材料具有较大影响。优化相关工艺参数和原料配比后，他们改用一次派射成膜法，最终于1980年11月在国内首次制备出Tc达23K的铌三锗薄膜。当时国际上能合成23K铌三锗的实验室并不很多，"通常合成22K的就已经认为是比较好的"。

翌年8月，李林在第十六届国际低温物理大会上做了相关研究报告，得到国际同行的认可。徐（TSui）博士对此评价："国际上能做出23K的NB3Ge的实验室并不太多，中国能做出是有意义的。"会后不久，该工作发表在杂志上。当时国际上虽然已经做出高Tc的铌三锗薄膜，但对它的成相原理却说法不一。加瓦勒认为，在膜与基片界面处，氧可能有助于形成大晶胞的锯三锗，肖尔等认为氧起的是另外一种作用，在铌和锗的原子比等于3时，微量的氧减缓了铌和锗原子的活动能力，有利于生成高Te的铌三锗相。在此基础上，李林、赵伯儒等人通过电子探针、俄歇能谱和X光衍射等手段对相关结果进行分析和研究，发现高TcA15相的铌三锗薄膜材料中可观测到第二相NB5Ge3的存在，而且在膜与基片界面处并不富氧，这与国外一些实验室报道的结果不同。据此，他们提出NB5Ge3相的存在有利于高Te铌三锗材料生成的观点之后，又对样品做进一步分析，发现在形成A15相的最佳沉积温度时，富锗的A15相铌锗化合物在其晶粒边界有NB5Ge3生成，生成的NB5Ge3降低了整个基体的自由能，从而有利于亚稳态的A15相化合物继续生长。同时，借助于扩散作用，生成的NB5Ge3还能从基体中夺取部分锗，使得A15相铌锗化合物基体中的锗含量降低，从而使最终得到的A15相铌三锗化合物接近理想的化学配比和晶格结构，Tc也达到最佳的23K。相关工作一共发表了6篇研究论文，其中2篇为英文文章；在该过程中研制的吸气溅射装置及氩气纯化系统获得中科院1980年科研成果三等奖；经学术委员会推荐，A15相铌三锗薄膜成相规律的研究获中科院1981年科研成果二等奖。

这项研究是我国早期探索高温超导体研究的代表性成果。首先，他们研制了国内第一台制备超导薄膜材料的直流吸气溅射仪，通过该仪器帮助我国合成Tc达23K的铌三锗薄膜，从而掌握相关仪器和样品的研制和制备技术，为进一步开展其他高温超导材料的基础研究及超导弱电应用的SQuid器件奠定了技术和设备基础。其次，他们通过对一系列铌三锗薄膜材料的结构和成分分析得出"NB5Ge3有利于形成高Tc铌三锗薄膜生长"的结果，解决了国际同行对这一问题的分歧，有效提升了我国超导学科的国际影响力。

（四）Ti—Pd系高温超导体的探索和研究

除了对现有高温超导体的研究外，我国超导研究者也对新高温超导体做了一些探索性的工作。1980年1月至1982年4月，物理所超导体研究室的罗锦光、金作文、刘志毅等人在赵忠贤的指导下，开展了Ti—Pd系超导合金的电性研究。过渡元素钛和锆与V_{iii}族元素合金化后，通常能得到较原金属单质更高Tc的超导化合物，而有趣的是，那些常被认为不利于超导电性发生的铁磁元素也是如此。通过概括著名超导材料学家MATThiAS等人的工作，罗锦光等人总结出一些规律：首先，只要在适当的组成范围，钛或锆与第V_{iii}族元素的合金化均对提高Tc有利；其次，合金化合物的Tc均比单质钛或锆的高。根据以上发现，他们认为对这类合金做进一步的探索和研究十分必要。当时国外的劳（Rau）等人报道了Ti4Pd合金具有A15相结构，而在1986年之前，拥有最高Te的几种超导化合物均为A15相结构，这无疑增加了罗锦光等人对此课题研究的信心。而且幸运的是，劳（Rau）等人尚未开始研究钛—钯（Ti—Pd）二元系合金的超导性能。罗锦光等人认为，只要在适当的组成范围内，Ti—Pd系合金不仅将是超导化合物，而且其Tc还将比单质钛有较大幅度的提高。

他们计划从以下几方面着手研究：首先，研究Ti4Pd的结构稳定性和超导电性；接着，研究整个Ti—Pd系合金材料的超导电性情况及其与相图结构的对应关系，确定贡献超导性的具体相，以期在提高Tc机理方面总结出一定的规律；最后，非晶态超导体有许多特殊性，但非晶态Ti—Pd合金当时尚未见文献报道，因此他们认为有必要开展非晶态Ti—Pd超导合金的探索研究。经过两年多的研究，他们在材料制备上取得一系列重要成果，包括：合成了新型晶态超导体和新型非晶态超导体；利用悬浮熔炼液相高速淬火法制备出新型非晶态超导体Mo7AGe2oB1。以上超导体在国际上均为首例，具有重要意义。此外，在非晶态超导体中还发现尺寸效应影响的反常现象，这一现象为探索新高Tc超导体提供了有益借鉴。上述结果发表后很快便获得国际同行的关注，李林为相关成果申请了1980年物理所的重要科研成果。

之后，罗棨光等人进一步研究了相关样品的结构、物性及超导电性，得出一系列重要的结果，如弄清了Ti—Pd系合金中的超导性仅仅存在于Pd含量小于30%的组成范围内，富Pd的合金至少在1.3K以上是不超导的；查明了Ti—Pd系合金的超导性由Pd在A—Ti中的固溶体贡献；获得了Ti—Pd系超导合金的Tc随合金组成的变化规律，用该合金系的相图构造解释了这种变化；测量了某些Ti—Pd系合金样品的低温比热，从而确定它们的电子比热系数和晶格比热系数等。罗棨光等人最终得出的结论是，提高态密度是大幅度提高超导合金材料Te的一个有效手段。这些研究结果填补了国际上关于Ti—Pd系合金超导电性研究的空白，丰富了过渡元素Ti与第V$_{\text{iii}}$族元素形成的合金超导电性的资料和数据，相关结论也为探索新高温超导体提供了有益借鉴。同时，他们在课题研究过程中，建立了制备合金的悬熔设备，加工了一台新的小型电弧炉，为今后的超导材料制备工作奠定了设备基础。

在新超导体研究方面，除Ti—Pd系超导合金外，李林、赵忠贤等人还开展了钼基和铌基非晶态薄膜及亚稳相的超导电性研究，包括制备钼锗非晶薄膜，并对其结构弛豫与超导电性进行研究；铌锗、铌硅非晶薄膜的钉扎现象；利用磁控溅射法制备氯化钠结构的钼镍化合物。李林、赵伯儒等人和长沙矿冶院合作，研究具有硼（B）结构的氮化钼、氮化钒薄膜的制备工艺及其正常态和超导态性能；研究不同工艺制备钼硅薄膜及其结构与磁通钉扎的关系；研究多层MOSi薄膜的制备工艺及膜厚变化对超导宏观参量的影响等。

（五）高温超导体的理论研究

1968年，美国伊利诺伊大学的麦克米兰在BcS理论的基础上，提出声子软化可以提高超导体的Te。而且他认为声子软化具有一个临界值，超过临界值后，材料将会发生结构相变。他通过初步的计算估计，电声子粒合机制的超导体，其Tc最高不会超过40K。在这之后，美国纽约州立大学石溪分校的艾伦和戴恩斯修正了该理论，认为只要材料不发生结构相变，Te的提高就不受限制。这种看法无疑为人们探索高温超导体的工作呈现了光明的未来。我国中科大、南大和物理所的物理学家对这一理论做了进一步的研究和探讨，并获得具有一定创新性的成果。

1976年12月，全国第一届高温超导讨论会在中科大召开。由于当时国内这方面的研究刚刚起步，这届会议的重点是介绍国外研究现状。其中，南大的蔡建华介绍了国际超导理论的研究工作。他谈到，1975年，美国物理学家艾伦和戴恩斯曾以BcS超导理论为基础，把过去求解临界温度的积分方程变成无穷次代数方程，从而得出新的计算临界温度的近似公式。这时，会上有人指出，国外已有报道批评了艾伦等人的工作。在阅读了最新文献后，蔡建华与吴杭生等人商议，认为是批评艾伦的人错了，这一问题值得研究，也许还可以找到更好的结果。1977年，蔡建华和吴杭生的工作遇到困难，有大量数据需要计算，而身边又没有精通计算机程序的人。管惟炎听说后，马上安排了物理所的相关人员去协助他们。1977年6月，中科大的吴杭生，南大的蔡建华、龚昌德，以及物理所的蔡俊道和吉光达共同合作在《物理学报》上发表了该问题研究的初步结果，他们通过求解BcS理论中的厄立希伯格方程，得出了新的Tc公式，并导出Tc的一个严格级数表达。紧接着，他们对此问题继续深入讨论。在随后的几篇论文中，他们研究了新Te公式的收敛性质，并发现：新的Tc公式不仅适用于强耦合超导体，而且适用于中间耦合和大部分弱耦合超导体；新的Tc公式表明一个超导材料的Tc是由它的有效声子谱的各级矩决定的，这是新Tc公式区别于前人最重要的一点。这个区别说明了，像麦克米兰及艾伦和戴恩斯的Tc公式不仅是近似的，而且未能系统地概括有效声子谱对Tc的影响。最后，他们通过计算得出新公式中包含的系数，以此分析提高的方法。他们还计算了各种超导体的Tc，并将其与实验数据进行比较，二者吻合度较高。后来，经管惟炎推荐，这项工作获得1982年度的国家自然科学奖四等奖。在国内，对于纯理论研究，特别是凝聚态物理方向的纯理论研究，当时能得到这样的奖励已是相当不易了。相关文章被《中国科学》和《南京大学学报（自然科学版）》转载重新发表，在国内外产生了较大的影响。著名的超导理论学家翁征宇在谈到这项工作时说："在20世纪70年代，他（吴杭生）做了一个很重要的工作……这个公式后来在国际上很认可。"笔者认为，他们当时在数学上还是下了很大的功夫，不是那么容易想出来的，有点啃硬骨头的感觉。之后，中科大的吴杭生和物理所的吉光达就该问题继续合作研究。他们提出把超导体分成A型和B型两种，通过他们的计算分析表明，有效声子谱对这两种超导体Tc的影响是不同的，因而提高它们Tc的方式也不一样。吴杭生还给出了这种分类法的实验证据。相关实验结果表明，他们给出的提高A类和B类超导体Tc的建议适用性较强。

（六）其他高温超导体的研究

在高温超导体的探索上，除上述研究外，我国还开展了其他方面的一些工作。一些超导体（如铝、锡、铟等金属单质）具有尺寸效应，当它们沉积在冷底板（4.2~20K）上时，明显增加，相对于大块超导体来说，有的可提高3~5倍。这种颗粒超导电现象被发现以来，其机理研究和实际应用受到国内外的极大重视。我国从1979年起，物理所、中科院化学所、北大物理系、北京有色院、南大和长沙中南矿冶学院等单位合作开展了这方面的理论和实验研究。有效声子谱是确定超导体各种宏观性质（如Tc、He、热导）等的微观量，它将超导体的微观结构与宏观性质联系起来，是研究它们之间关系的重要参量。吴杭生和蔡建华等人的理论研究表明，超导体的Tc与有效声子谱之间存在密切关系。物理所的超导能谱室开展了这方面的实验工作，研究了A15相钒三硅、铌三锡超导化合物的电子能带和声子谱的物理特性，分析了其影响Tc的相关因素。此外，物理所利用非晶加压的方法制备的A15相铌三硅，Tc达到19K，是这一材料系统中的世界纪录。国内超导研究者对非常规超导材料，如氧化物超导体、重费米超导体，以及新的亚稳相超导材料的晶化过程及超导电性等，也做了一部分较好的工作。在高温超导体研究所需的仪器设备和实验技术上，我国建立了比热、中子散射等测量装置，通过这些装置研究了亚稳相超导材料的超导电性，并取得一些成果。从国外引进一些新的技术，如离子注入技术、超高真空镀膜技术及计算机数据采集与处理技术等，大大便捷和加深了相关研究。

二、超导应用的曲折发展

1976年之前在武汉会议的影响下，我国的超导应用研究出现了一段繁荣的发展时期。尽管在此期间取得的科研成果有限，但建立起了一支规模较大的低温和超导研究队伍，为之后的超导应用研究打下了基础。

20世纪80年代初时，我国的超导研究人员曾达到近千人的规模（包括工人）；拥有液氦条件的实验室约20家（包括物理所、中科院高能所、401所、上海冶金所、中科院金属所、四川西南物理所、北京有色院、上海有色院、长沙矿冶院和西北有色院等）；开办低温物理专业的大学已有4所（分别为中科大、北大、南京大学和复旦大学）。低温技术规模居世界前列，在发展中国家中排在第一位。然而，由于之后我国经济政策的调整，国家收紧了各项基建工程建设，中央有关部门也决定缓建高能加速器的"八七工程"，相关工作随之中断。这对我国的超导研究产生了较大影响，那时超导研究面临一个比较大的问题是高能加速器，开始是高能加速器"上马"，需要上超导磁体，提出大量订货；接下来，高能加速器"下马"了，又大量退货，一大批人员无事可做，这个冲击是很大的。为解决我国超导研究的方向和出路，1981—1985年，国家科委等相关科研部门采取了一系列措施帮助巩固和发展我国的超导应用研究，"保证这支队伍有任务干"。

首先，是组织召开了一系列的全国性超导技术和超导应用会议，如1980—1981年全国超导材料和应用会议，1981年国家科委召开的超导专家座谈会；1981年召开的全国超导技术座谈会；1983年召开的"七五"超导预测会议等。"通过这些会，统一了我国超导研究的战略目标和工作方向。"其次，在国家改革开放发展经济的浪潮下，就超导技术组织了一系列的国际交流与合作活动。如在超导磁体方面，1980年12月，国家科委派出"中国超导应用技术代表团"赴英国考察超导磁分离技术2及其应用现状。代表团由国家科委陈长燧，北京有色院周立、李毓康、孙兴东、教育部郭方中及一机部自动化所孟宪仪、上海电器研究所方国生等7人组成。在英国访问期间，他们共参观、访问了11个单位，包括5所大学、5家公司和1个低温实验室。通过对这些机构的考察，他们发现，超导磁分离技术在选矿、污水处理、煤矿脱硫、化工回收催化剂等领域具有较大的应用前景。代表团还与英国有关机构举行了座谈会，详细了解了英国的超导磁体、低温技术研究和应用现状。为了方便引进和吸收国外先进的超导技术，我国还成立了中国科健公司。通过这一系列的考察、交流、技术引进和吸收等活动，与国际超导技术研究单位建立了密切联系，为我国之后的超导应用发展和产品推广奠定了基础。再次，积极帮助科研单位筹集超导研究经费，包括争取"六五"规划中能源材料的项目；广泛支持物理所、中科院电工所、北京有色院、长沙矿冶院、上海发电设备成套所等单位开展国家重大超导技术攻关；支持中国科健公司引进NMr—cT，搞磁体国际合作（数目较大）；中央各产业部门也拿出一部分经费支持超导技术的发展，如冶金部、地质部等。最后，结合当时国家经济政策，制定超导技术发展战略。科研部门领导认为，在当时的国家形势政策下，超导学科不发展应用研究就没有生命力。他们积极寻找超导技术在工业上新的应用前景，如磁分离和NMr，在这些方面积极开展国外技术引进与合作。同时，对于国内较好的超导应用成果，努力推动产品上市和出口。

1973—1986年，我国的超导研究经历了一段曲折的发展过程。在高温超导研究方面，以管惟炎为代表的超导学者在特殊时期曾多次呼吁开展这方面的研究，但限于当时的大环境，未能产生足够大的影响。1976年，在管惟炎、洪朝生等学科带头人的再次倡导下，"高温超导体的探索"被两次列入凝聚态物理学科的重点规划方向。之后，我国的高温超导研究逐步进入正轨，在高温超导理论、新高温超导材料探索及高温超导体的成相规律等方面均取得不俗的成绩。在超导应用研究方面，1976年后，随着高能加速器项目的"下马"，大批超导研究人员面临科研经费紧张的困难。这时，在洪朝生等学科带头人的呼吁下，国家科委和中科院等科研部门及时出台、实施了一系列的政策措施，帮助我国的超导研究人员渡过难关，同时也提升了我国超导应用研究的产业化水平。我国的超导学科得以保留一支精干的研究队伍。总体来看，进入20世纪80年代后，超导学科在中国的发展已经失去了之前的那种重要地位，无论是在高温超导体探索还是超导应用研究领域，均遇到了较大的发展困难。但在相关学科带头人、国家科研部门领导及国际同行的支持和帮助下，我国的超导研究一步步走出困境，得到一定程度的发展。这也为接下来我国参与铜氧化物超导体研究的国际竞争奠定了人才队伍、实验设备、技术经验等各方面的基础。

第四节　超导物理学的稳健发展

1994年，我国的超导学科结束了持续8年的集体攻关发展模式。从20世纪80年代后期开始，随着计算机、纳米材料等新一轮"科技革命"的出现，科学技术在国家经济发展中的重要性日益凸显。但此时，我国在科学技术领域普遍存在着经费欠缺、科研设备落后、科研工作者工资待遇较低等问题，这种情况导致我国出现了大量的科研人才流失现象，同时也无法吸引优秀人才回国工作。进入20世纪90年代后，我国的经济状况有所改善。在此背景下，1994年后，有关部门颁布和实施了一系列招揽优秀科研人才的政策，确立了"攀登计划"（最早在1991年）、"973"等大型科研项目，搭建了新的科研平台。科研人才回国后，将国外的前沿课题、先进的技术和科研项目管理方式、高效自由的学术交流方式等带回国内，为我国进入新世纪后科技水平的迅速提高奠定了良好的基础。超导研究领域也不例外，在2008年铁基超导研究的国际竞争中，我国的超导学者取得了"率先发现":以上的铁基超导体等一系列重要成果，表明我国的超导研究水平已迈入国际第一梯队。

一、21世纪前后科技人才计划的实施与影响

20世纪90年代中后期，我国在科技领域相继实施了大量人才政策，如国家自然科学基金委的"国家杰出青年科学基金"，国家人事部的"百千万人才工程"，中科院的"百人计划"，教育部和李嘉诚基金会的"长江学者奖励计划"等项目，这些项目的实施吸引了大批优秀科研人才回国。他们将国际上先进的技术和管理经验、最新的科学知识、优良的科学方法和科学传统，以及自由的学术交流方式等积极引进国内，有效地促进了国内科研领域的稳健发展。

（一）科技人才计划的实施

1995年5月6日，国务院颁布《中共中央 国务院关于加速科学技术进步的决定》，首次提出要在全国实施"科教兴国"战略。同年，在中共第十四届五中全会上，"科教兴国"战略被列为我国社会主义现代化建设的重要方针之一。国家人事部、国家科委、国家计委、国家自然科学基金委、教育155部、中科院等部门先后提出并实施了一系列科技人才计划。1994年3月，国务院总理李鹏在国家自然科学基金委员会呈递的报告中做出批

示，批准划拨专款，设立"国家杰出青年科学基金"；1994年3月27日，《光明日报》在头版报道了中科院实施的一项重大人才举措，即"百人计划"，该计划主要支持45岁以下已做出国际水平工作的优秀科研人才。1994年7月，国家人事部提出"百千万人才工程"计划，到1995年底，国家人事部、科技部、教育部、财政部、国家计委、中国科协、国家自然科学基金委员会七个部门联合在全国范围内组织实施；1998年初，国务院批准中科院实施"知识创新工程"，该项目的目标是在高新技术和重要基础前沿研究领域取得一批重大创新成果，带动国家创新体系建设。虽然"知识创新工程"不是直接实施的科技人才项目，但在相关工程实施的过程中，也为我国吸引和培养了一批创新性人才，尤其在科研工作者的生活待遇问题上，给予了较大扶持；1998年8月，为落实"科教兴国"战略，教育部和李嘉诚基金会共同启动了"长江学者奖励计划"，该项目旨在培养一批高水平学科带头人，带动全国重点建设学科赶超或保持国际先进水平，到2005年，该计划的影响范围由内地高校扩大到港澳地区高校和中科院所属研究机构。这些人才政策的实施目标比较接近，均是为了鼓励海外学者回国工作和培养一批重点学科的学术带头人。除以上科技人才计划外，在20世纪90年代的十年里，我国还在院士制度、博士后制度及科研人员工资制度等方面实施了一系列改革。基于此，我国的超导学科人才短缺和流失问题也得到一定改善。

（二）科技人才计划实施的影响

大批的优秀科技人才归国后，带回了新的学科知识和先进的技术，帮助国内建立了新的科研平台，承担起国内外超导学术交流的"桥梁"，从而使我国的超导物理学得到快速发展。

1.中科院凝聚态物理中心的建立与发展

20世纪70年代后，以固体物理为基础的凝聚态物理不断取得新的重大突破，如液晶显示器的研制成功、高温超导体的发现、巨磁阻效应的发现等，对能源、材料和信息科学技术领域均产生了重大影响。引进国外的优秀人才后，为港澳学者出国攻读博士学位、开展博士后研究及学术交流提供资助，进一步扩大了我国凝聚态物理研究的影响力，为科研人员提供了更好的研究平台。1996年6月12日，物理所的表面物理、磁学、超导三个领域的国家重点实验室和中科院光学物理开放实验室、真空物理开放实验室联合成立了中科院凝聚态物理中心。有效的学术交流活动是科研平台促进我国科学技术进步发展和年轻人才科研能力迅速提升的主要方式之一。为了加强中科院凝聚态物理中心的学术交流，同年10月4日，中科院凝聚态物理中心召开第一次学术委员会会议。在这次会议上，学术委员会成员就该中心的学术活动计划做了相关讨论。如赵忠贤认为，该中心的学术活动要考虑合适的引导方向，讨论一些重大的、有共同物理本质的问题；杨国桢则指出，中科院凝聚态物理中心每月组织一次不拘形式的学术漫谈会，"不仅要从中了解凝聚态领域中出现的新现象、新效应，还要从一些'奇思妙想'中发现好的课题、好的工作"，进而获得高水平的成果。紧接着，10月21日，中科院凝聚态物理中心的学术委员会再次讨论了该中心的学术活动计划。学术委员会专家认为："组织开展学术交流，是中心的主要工作之一，也是提高中心的研究水平、促进凝聚态物理学科发展、开创新颖课题、培养年轻人才的需要。"经过详细讨论后，中科院凝聚态物理中心学术委员会对其学术活动的交流形式做如下安排：①每月举办一次学术报告会，邀请国内外知名专家、中科院院士、该中心学术委员会委员、研究组组长等就凝聚态物理学科的重点关注问题做高层次的学术报告；②每月组织一次学术漫谈会，给研究人员提供宽松的学术思想交流、发表意见的机会，对凝聚态物理领域出现的新现象、新效应及可能的新生长点等由专人做简短报告；③各学术区、研究组结合各自的研究方向，经常性地开展学术活动；④与中国物理学会、国内各有关单位联合举办各种形式的学术会议、专题研讨会和讲习班等；⑤在条件允许的情况下组织国际性的学术讨论会。

为保证该中心的高效运转和资源的最大化利用，中科院凝聚态物理中心对该中心内的课题组采取优胜劣汰的流动制度，设置3年为1个考核期。如1999年的第一次考核，凝聚态物理中心有40个课题组参加课题总结，最终31个课题组得以继续留下（包括1个合并组）。另外有22个新课题组申请加入，最终入选8个，还有11个课题组作为临时组。该中心每年约有4个优秀课题组可以进入中心，名额从临时组中进行遴选。中科院凝聚态物理中心建成后，吸引了国内外大量的优秀人才，如1996年中心的张泽、黄新明、薛其坤三人获得1996年度国家杰出青年基金的资助。依托该中心，一批科学家产出了大量重要成果，如1998年超导研究领域的闻海虎等人与荷兰、德国和南开大学的研究组合作，利用灵敏的电磁测量技术对TIBaCaCuo薄膜在宽温区和宽磁场范围内的能量耗散进行研究，结果显示：磁场不仅会破坏层间的约瑟夫森耦合，同时还将涡旋玻璃温度从低场时的非零值变成高场时的绝对零度。有多篇相关论文发表在（physicaleieletters）杂志上。该工作的主要作者还被邀请在德国1998年物理年会上做特邀报告。进入21世纪后，随着我国科研队伍的进一步壮大，2003年11月25日，在中科院凝聚态物理中心的基础上，国家科技部又批准筹建了北京凝聚态物理国家实验室，该实验室为当时国家科技部批准筹建的5个国家实验室之一。

翌年5月18日，国家科技部基础研究司组织了以王乃彦院士为组长的专家组在物理所对北京凝聚态物理国家实验室（筹）的建设计划进行论证。到场专家针对该实验室的建设定位、发展目标、运行机制、管理模式、人才流动等方面的问题进行了讨论，并达成一致意见。北京凝聚态物理国家实验室实行国际接轨的学术管理制度，采用理事会指导下的主任负责制，成立以赵忠贤为理事长，于禄、王恩哥为副理事长的"北京凝聚态物理国家实验室（筹）理事会"，任命王恩哥、陈东敏为北京凝聚态物理国家实验室（筹）主任。

　　该实验室（筹）建立后，很快便吸引了一批优秀人才加入。2004年，北京凝聚态物理国家实验室（筹）共引进7名中科院"百人计划"人才，使实验室的人才队伍和研究实力得到进一步加强。同年，实验室承担国家级科研课题69项，其中包括"973"计划2项、"863"计划1项、国家自然科学基金委重大重点项目4项、国家杰出青年基金2项等，研究经费达5240万元。北京凝聚态物理国家实验室（筹）坚持大型仪器的开放制度，如比较贵重的光电子谱仪和俄歇谱仪，给其他科研院所和高等院校的科研人员提供样品测试服务，较好地促进了我国凝聚态物理学科的整体发展。依托北京凝聚态物理国家实验室（筹）平台，一批超导物理学家取得了大量重要的学术成果。闻海虎与美国宾州大学的李奇和郗小星小组合作对2001年发现的MgB_2超导体展开物性研究，并取得重要成果。2004年，闻海虎和李世亮等人的"高温超导体磁通动力学研究"获得国家自然科学奖二等奖。除以上基础研究外，也有部分科学家在重要的科学仪器研制方面取得重大突破，如高鸿钧团队对扫描隧道显微镜成像机制的研究。

　　2.北京高温超导论坛的举办

　　随着一批年轻科研人才回国，除了带回前沿的科学知识和先进技术外，他们同时也将国外自由、高效的学术交流方式引入国内，并积极搭建国内外的超导学者沟通"桥梁"。通过建立这种畅通、高效的国际学术交流渠道，对国内一批活跃在超导学术前沿的科学家产生了重要影响。1997年6月，在杨振宁先生的帮助下，清华大学成立了"做纯粹尖端学术研究"的高等研究中心，该中心的科研经费主要由个人捐款成立的基金会支持。1999年，从事高温超导理论研究的翁征宇收到杨振宁的邀请，回国担任清华大学高等研究中心的首位杨振宁讲席教授（杨振宁先生在2008年曾评价他是"高温超导领域里做得最成功的年轻理论物理学家之一"）。2001年，翁征宇参加了由赵忠贤等人在云南丽江组织举办的一次国际超导会议。在会议上，他遇到丁洪、戴鹏程、潘庶亨三位在国际上已经具有一定影响力的中国超导物理学家，"他们都是国外做得很好的实验物理学家"。之后，翁征宇和他们聊起当时国内的超导物理学发展状况，他们感叹国内与国外仍存在着不小的差距。翁征宇当即表态："如果你们每年夏天都愿意回来的话，我们可以在国内组织一个讨论会。"丁洪等人欣然同意。会议结束后，翁征宇找到当时在国内超导物理学界具有一定组织能力的闻海虎（物理所）和向涛（中科院理论物理所）二人，向他们说出了自己的想法，并得到他们的支持。

　　之后，他们三人作为最早的组织者和出资人在当年试办了第一届北京高温超导论坛（以下简称北京高温超导论坛）。第一届论坛的参加者约20人，这也是他们组织者特意安排的，"开始人比较少，更多的是希望真正在第一线工作的学者直接碰头"。在报告形式上，它不同于常规会议的学术报告，而是由组织者在开会之前，一起商讨几个国际上最近重点关注的议题（在确定议题的过程中也会咨询其他参会者的意见），更多的是去讨论一些实质性的、最热门、最重要的一些问题，这样，国内外实验方面的进展会对国内超导研究有很大的促进作用。每个议题会选定一位主席，开场时，由各个议题的主席先作20分钟的引导性发言，介绍该方向最新的进展情况。之后，参会者围绕该议题进行自由发言和讨论。在汇报时间上，每个人的上台时间很短，一般15分钟，而且发言人用一半时间针对议题发表自己的见解，另一半时间留作参会者讨论。在参会人员选择上，以国内外的中青年超导学者为主，同时也会邀请少数几位已经具有一定国际影响力的超导学者参会，如斯坦福大学的沈志勋和张守成、加州大学伯克利分校的李东海、麻省理工学院的文小刚等人都曾受到邀请。这些超导学者多是超导电性机理的研究者，他们有的从事实验研究，有的从事理论研究。通过这种实验与理论的碰撞，较好地提升了我国超导电性机理的研究水平（原来这方面远远落后于国外）。第一届研讨会的参会者纷纷表示收获很大，希望他们能继续办下去。

从2002年开始，他们正式对外发布通知，并将2002年的这一届论坛称为"首届北京高温超导机理前沿论坛"。本论坛是为顺应国际高温超导机理研究的快速发展而举行的。其宗旨是通过对前沿理论和实验的充分讨论，产生出新的物理思想，促进高温超导机理研究的发展。之后，这个论坛一直延续至今（2021）。

后来随着国内超导物理学的蓬勃发展，尤其是2008年铁基高温超导体发现之后，申请参加论坛的人数越来越多。但为了保证论坛原来的自由和高效，翁征宇等人一直严格控制着参会人数。"我们需要控制规模，因为规模大了以后，以往的形式越来越难展开，大家不容易聚焦在一个点上。"[1]

到2021年，该论坛的人数也从最初的20多人增长到六七十人。即使是作为组织者的学生也不能随便参加（入会需要有翁征宇、闻海虎和向涛三人的共同邀请）。对于组织了20年左右北京高温超导论坛的翁征宇来说，"国内这20年超导发展非常快，队伍也起来得很快，尤其是水平，和我们第一届比的话，确实是突飞猛进。所以这个交流是非常有用的"。

除了促进国内青年超导学者的研究水平提升外，北京高温超导论坛的举办对国外超导学者回国也产生了积极影响，如最早的参会者之一的丁洪。丁洪早在2001年就参加了北京高温超导论坛。同样作为国内最早一批的参会者王楠林，在经过几次参会后与其结识。当他得知丁洪准备寻找新的工作单位时，就建议他回国发展。在征得丁洪的同意后，他像当年的陈兆甲帮助自己一样，帮助丁洪申请到了国内的人才项目。2005年，丁洪获得国家杰出青年科学基金B类，这是一类专门支持在海外工作的优秀青年的基金项目，获得基金者

① 董文凯.超导物理学在中国的建立与发展（1949—2008）[D].中国科学技术大学，2022.

需每年回国工作一段时间。2008年，丁洪全职回国后，也加入北京高温超导论坛的组织者行列，为我国的超导物理学国内外学术交流做出了重要贡献。丁洪回来以后，组织者就从3个变成4个，把丁洪也加了进来，毕竟他是最早的参加者。

北京高温超导论坛的举办使一批刚刚回国不久的超导学者能够较快地适应国内学术环境，为他们提供了一个自由、融洽的学术交流平台。由于规模小，参会人员彼此较为熟悉，大家能够就最前沿、最重要的科学问题畅所欲言，极大地激发了研究者的参与热情；它在潜移默化中提高了国内超导物理学的研究水平，帮助一批年轻的超导学者不断成长。同时也对一批已经在国际上具有影响力的超导学者回国产生了积极影响。在2008年铁基高温超导研究竞争中，中国方面做出重要成果的科研人员大多是北京高温超导论坛的参与者。而且，在此之前的论坛上，他们也曾讨论过和铁基超导研究有关的议题。最早的倡议者和组织者翁征宇对北京高温超导论坛的评价是："这个会议把中国超导的骨干整个组织起来，从2001年开始逐渐成长，现在很多已经是世界级的了。"参会者王楠林的感受与其相似："这个论坛还一直在办，最后变成一个品牌，对提高国内的超导研究是非常必要的。"除了北京高温超导论坛外，于禄回国后也曾在国内组织过类似的学术研讨会。1986年至2002年，于禄一直在意大利担任国际理论物理中心（International Centre for Theoretical Physics，ICTP）凝聚态理论部的主任，是一位在超导电性理论领域享有国际盛誉的著名科学家。2002年，他从意大利辞职回国，并担任中科院交叉学科理论研究中心的主任。与此同时，他开始利用自己的影响力组织一系列的学术交流活动，沿用国外的形式，取名为"jourNaldub"。"他每次会在北京郊区找一个酒店。人们做报告，可以讲自己的工作，也可以讲前沿的研究进展。"大型仪器设备的研制及其技术人才的培养同样也是我国超导物理学界重点关注的领域之一。20世纪80年代末，超导国家重点实验室刚建立时，该实验室进口了一批重要的科研仪器，为了更好地熟悉和使用这批仪器设备，尽快服务于攻关任务，该实验室曾先后派出7人去日本、西德和英国接受培训，保障了机器的顺利安装和正常运行。

1995年，超导国家重点实验室在7个主要研究方向中，特意设置了仪器设备的研制方向："有能力改造进口设备，并根据需要设计研发仪器设备。"超高分辨率角分辨光电子能谱仪是我国在超导物理仪器设备研发领域的主要成果之一。该仪器由物理所的周兴江课题组、许祖彦课题组和中科院理化技术所的陈创天课题组共同合作研制。

2004年，入选中科院"百人计划"人才工程的周兴江从美国斯坦福大学同步辐射实验室学成回国，并就职于他曾经完成博士学业的物理所。回国后的周兴江利用在国外掌握的角分辨光电子能谱技术，联合物理所的许祖彦团队和中科院理化技术所的陈创天团队，开展了超高分辨率角分辨光电子能谱仪的研制工作。该仪器利用了我国具有自主知识产权的一种新型深紫外非线性光学晶体KBBf（陈创天团队提供，这种光学材料当时对国外禁运），结合深紫外激光和棱镜耦合等先进技术，经过三个科研团队两年多的协作攻关，最终于2006年底完成研制。这也是国际上第一台真空紫外激光角分辨光电子能谱仪。与已有的其他光源（如同步辐射光源、气体放电光源等）光电子能谱仪相比，以真空紫外激光为光源的角分辨光电子能谱仪，具有超高能量分辨率（最高达0.36MEv）、高动量分辨率、超高光束流强度（达1015光子/秒）和对体效应敏感等优点。该仪器把已有的光电子能谱技术提高到一个新的层次。光电子能谱技术是研究材料电子结构最直接和最有力的实验手段，它可以探测材料中电子运动的方向、速度及超导体中的能隙。特别是高分辨率的角分辨光电子能谱技术，可以探测电子是如何与其他实体，如材料中晶格的振动（声子）或材料中的磁结构相互作用的。这对揭示高温超导体的超导机理，即电子与电子之间的配对方式，具有重要作用。这台高精尖仪器为开展高温超导体中的精细电子结构研究提供了可能，从而也为探索高温超导的微观机理提供了路径。

2007年，周兴江团队、许祖彦团队、赵忠贤团队和陈创天团队及美国布鲁克黑文（BRooKhaven）国家实验室的甘达古（Gendagu）、日本东京理工大学的T.SaSagawa合作，利用超高分辨率角分辨光电子能谱仪首次在BI系高温超导体中发现一种新的电子耦合方式，引起国际同行的高度关注。这种新的电子耦合方式是在材料进入超导态后产生的，说明它和高温超导电性存在着密切联系。这项工作为探索高温超导机理，提供了重要的实验依据。该成果将推动被科学界公认为是诺贝尔奖级难题之一的高温超导理论的发展。为此，2008年3月5日，物理所向中科院办公厅申请召开重大成果新闻发布会，对外公布我国利用自主研发的超高分辨率角分辨光电子能谱仪做出的重大基础研究成果。《科技日报》随后对该成果给予了报道。2010年1月14日，相关成果"高温铜氧化物超导体物性和超导机理研究取得重要进展"入选"2009年中国基础研究十大新闻"。2015年，利用该仪器做出的"真空紫外激光角分辨光电子能谱对高温超导机理相关科学问题的研究"成果获得国家自然科学奖二等奖，获奖人为周兴江、刘国东、赵林、许祖彦。

二、高温超导应用的发展

进入20世纪90年代年后，随着铜氧化物超导体的TC趋于稳定，探索高温超导体的热潮逐渐退去。此时，在"863"国家高技术研究发展计划等项目的支持下，我国对高温超导的研究重点逐渐转移到其应用基础研究和应用研究上。到1994年，我国的高温超导应用研究水平已有了明显提升。在BI系和T1系高温超导实用带材的制备技术、超导电子学器件的成膜技术等方面均取得一定进展，已能制成半公里长的银包套BI系带材，并用BI系带材绕制高温超导磁体；y系块材的超导性能已达到国际先进水平；中德合作的大地电磁测量研究用的SQuId磁强计也取得显著进展。此外，在与之配套的制冷技术方面，脉冲管制冷机和g—M制冷机已进入实用阶段。在以上研究的基础上，1994年后，我国的高温超导应用研究不断发展，在超导磁悬浮列车、高温超导输电电缆等领域相继取得重大突破。

（一）超导磁悬浮列车的研究

由于我国的交通运输业长期无法满足国家经济发展的需求，1994年6月，中科院院士何祚庥、严陆光在北京组织了"高速铁路发展战略"的学术座谈会。会议邀请了11位中科院院士、工程院院士，以及铁路、超导磁悬浮领域的专家参加。在座谈会上，与会专家一致认为："磁悬浮列车是21世纪新型理想交通工具，我国应充分重视，抓紧安排研究与开发。"会后，在国家科委、中科院、国家自然科学基金委的支持下，中科院电工所于1995年组织了超导磁悬浮列车项目的调研论证。论证专家建议："九五"期间，希望有关部门对超导高速磁悬浮列车研究做出安排，开展必要的应用基础研究、关键技术攻关及小型模型车的研制，在2001—2010年进行试验车研制及实验线的建设。该项目通过论证后，由北京有色院、西北有色院、物理所、中科院电工所及西南交通大学等单位负责实施。

1998年4月12日至14日，"钇系高温超导块材及应用"专题讨论会在物理所召开，磁悬浮列车项目的各承担单位参加了讨论会。参会单位的报告表明，我国已基本掌握钇钡铜氧化物块材的生产工艺技术，具备了小批量生产能力。在应用开发方面，与会专家对刚建立的净承重1公斤的立式磁悬浮轴承装置和开发1万高斯的钇钡铜氧化物永磁体工作做了分析，并认为1998年年内就能完成开发要求。此外，这次会议还对北京有色院和西北有色院提出的块材磁悬浮力测量方法和由中科院电工所提出的俘获磁场测量方法进行了讨论。在这个讨论会期间，"高温超导悬浮列车系统实验装置"的专题工作讨论会也在物理所召开。超导专家委员会、项目主持单位西南交通大学及参与协作单位西北有色院、北京有色院、中科院电工所等有关人员出席了这次讨论会。会上，西南交通大学报告了"高温超导悬浮列车系统实验装置"的初步建设方案，以及该方案对钇钡铜氧化物高温超导体块材的一系列要求。与会专家建议他们："在充分吸取中德合作研制的高温超导磁悬浮车模型经验的基础上，进一步深入研究后，组织该课题参加单位有关人员论证，并尽快确定初步方案，同时明确对高温超导体块材的具体要求。"为充分发挥西南交通大学在交通运输方面的综合优势，确保"高温超导磁悬浮列车系统实验装置"课题的顺利进行，该校还成立了以周本宽校长为组长的协调领导小组，组织了跨学科、跨院系的研究机构。同时，该校落实了铁道部配套研究经费。

（二）高温超导输电电缆的研究

除了超导磁悬浮列车外，我国在高温超导输电电缆上也开展了相关研究，并取得重要成果。高温超导电缆具有体积小、重量轻、损耗低和传输容量大等优点。利用高温超导电缆可以极大地提高电网的运输效率，实现低损耗、大容量的输电工程，是解决大功率输电的有效途径。因此，高温超导输电电缆是20世纪90年代世界各国在高温超导强电应用领域的首选项目。

1997年，国家超导专家委员会将"高温超导输电电缆"项目列入我国"863"计划的"九五"重点攻关项目。该项目的目标是研制出6M长、2000a的高温超导直流电缆。其中，由中科院电工所承担高温超导电缆的主要研制任务，由西北有色院和北京有色院负责研制相关的超导带材。这是一项综合研制任务，具体包括铋系高温超导带材的生产、电缆总体结构设计与绕制、电缆终端与低温冷却系统三项内容。为了掌握高温超导电缆的结构设计、绕制与终端连接工艺，中科院电工所等单位计划先研制一根1米长、1000a的高温超导直流电缆。1998年2月23日，"高温超导输电电缆"学术交流和工作讨论会在北京召开，国家超导专家委员会、中科院电工研究所、中科院固体物理研究所、东北大学等单位派人参加。项目承担单位介绍了1997年度的课题开展情况及下一年的研究工作计划。中科院电工所已完成1米长电缆的结构设计，并采用计算机仿真计算了接头电阻、磁阻等因素对电流分布的影响。西北有色院和北京有色院在带材制备方面也取得一定进展，解决了粉末装管均匀性、长带鼓泡、多芯带材设计等方面出现的问题，并使多芯带材的工程临界电流密度达到了4000a/CM2，基本达到了电缆用带材的性能要求。之后，中科院电工所在高温超导电缆研制中对BI—2223/ag带材的I—v（电流—电压）特性曲线、热循环特性、机械性能、自由热收缩率、外加磁场特性和交流损耗等进行了测试和研究，建立一套包括数据采集系统在内的测试装置。在完成全部带材性能测试、接头电阻实验研究和电缆绕制准备工作后，中科院电工所于7月6日完成1米长高温超导电缆的绕制。

7月24日，电工所成功进行了1米长高温超导电缆的通电实验，电缆在液氮温度下通电达1180a，接头电阻小于0.06~0，均超过设计值，并在1000a电流下稳定地工作半小时。实验表明，电缆的性能良好。同年8月11日，周廉在中科院电工所主持召开了铋系高温超导电缆项目进展汇报会。会议听取了西北有色院、北京有色院关于BI系超导材料研制进展的报告，以及中科院电工所关于BI系超导带材性能试验与高温超导输电电缆设计、制造的情况报告。

（三）"973"超导科学技术项目的实施

1997年，在一批科学家的建议下，国家科技领导小组第三次会议决定，制定和实施《国家重点基础研究发展规划》，即后来的"973计划"。"973计划"贯彻"统观全局，突出重点，有所为，有所不为"的原则和"大集中，小自由"的精神，在现有基础研究工作的基础上，鼓励科学家围绕国家战略目标和对经济、社会发展有重大影响的重点学科领域开展基础研究。"973计划"于1998年开始组织实施。1999年10月，"超导科学技术"被列入1999年"973计划"重点发展项目并正式启动。该项目由北大物理系甘子钊担任首席科学家，物理所国际超导实验室郑东宁任首席科学家助理。根据科技部对规划项目管理的办法规定，项目实行首席科学家领导下的项目专家组负责制，经费按照课题制管理，实行全额预算、过程控制和全成本核算。

为了较好地组织和管理超导科学技术项目，超导技术专家委员会和国家超导中心于2000年1月25日至26日在北京组织召开相关会议，项目专家组成员、项目各分课题负责人参加了会议。会议讨论了整个项目的安排。参会人员一致认为，超导科学技术是当代凝聚态物理最重要的研究领域，具有巨大的发展潜力，并可能在能源、信息、交通、医疗、国防等领域实现广泛应用。当时我国在超导科学技术方面虽然已有一定基础，如已开展了一些高温超导的应用技术研究开发项目，但尚未在工业上形成一个很好的产品市场。会议上，根据超导技术专家委员会的意见，超导科学技术项目被划分为九个分课题：高温超导电性的物理机理研究和新超导材料探索；高温超导体的超导物理研究；高温超导材料的晶体结构、相关系和各类微结构的研究；高温超导薄膜的材料科学研究；高温超导带材和缆材的成材技术研究；高温超导单晶和单晶制备技术的研究；高温超导结型器件及其制备技术的研究；高温超导强电应用研究；高温超导弱电应用研究。这些课题分别由物理所、北大、南大、北京有色院、西北有色院、中科院电工所等单位承担。这一项目的目标是让我国在高温超导基础研究领域做出重要贡献，使高温超导应用基础研究的主要方面继续保持在世界前列，从而为我国形成超导技术奠定基础。1973年超导科学技术重点项目的实施为我国新世纪的超导学科稳健发展夯实了基础。

20世纪90年代，高温超导研究在国际上日渐受到冷落。从1995年起，我国提出"科教兴国"的战略方针。在该方针的指导下，中科院、国家自然科学基金委、教育部等部门在此前后相继实施了一系列人才引进措施。一批在国外一流科研机构经历多年科研训练的超导学科人才陆续回国，他们将国际超导领域的前沿研究课题、科研方法和先进技术等带回国内，有效地提升了国内的超导研究水平。为了帮助国内的超导年轻人才成长，同时与国际同行保持沟通交流，这批人还在国内积极组织了自由、高效的学术交流活动。科研部门为了加速我国的科学技术发展，相继实施了"863"项目、攀登计划和"973"项目等一系列基础研究和应用研究的重点科研项目。这些项目对超导学科给予了较大力度的经费支持，保障了我国超导学科研究方向的均衡发展。此外，科研部门建立中科院凝聚态物理中心和北京凝聚态物理国家实验室等大型科研平台，积极引入国际先进的科研项目管理方式，组织形式多样的学术交流，较好地促进了我国超导学科的年轻人才成长，有效提升我国超导学科的整体科研水平。

第五章　利用物理学史优化高中物理教学

第一节　物理学史与物理教学相结合的方法

一、物理学史融入高中物理教学的必要性分析

（一）《义务教育课程方案和课程标准（2022年版）》对物理学史的教学要求及建议

我国高中新一轮课程改革非常重视物理学史的教育价值，不仅重视知识是什么，还关注知识是怎么来的。仔细分析《义务教育课程方案和课程标准（2022年版）》，我们可以发现其很多内容都与物理学史有关。华中师范大学硕士刘国玲在她的毕业论文中总结了《义务教育课程方案和课程标准（2022年版）》对物理学史内容的要求共有17处。为使教师纵览并准确把握《义务教育课程方案和课程标准（2022年版）》中有关物理学史的要求与建议，北京教育学院物理系冯爽将《义务教育课程方案和课程标准（2022年版）》中的相关内容要求整理成文。从中可以看出，《义务教育课程方案和课程标准（2022年版）》对物理学史或直接或间接的要求涵盖了高中物理课程的必修、选择性必修及选修，力学、热学、电磁学、量子力学等部分。

《义务教育课程方案和课程标准（2022年版）》对物理学史的要求不仅体现在知识点上，还体现在发现物理知识的过程中，且形式与活动方式多样，这在"活动建议"中常有体现。如第四章课程内容部分：在必修一"机械运动与物理模型"一节，要求结合物理学史的相关内容让学生认识物理实验、科学推理等方法在物理学研究中的作用；在必修二"曲线运动与万有引力定律"一节中建议收集我国与世界航天事业的发展历史、前景资料，并写出调查报告；在选择性必修"电磁感应及其应用"一节建议学生查阅资料并撰写

报告来分析奥斯特电流磁效应与法拉第电磁感应定律两者对第二次工业革命的贡献，同时体会科技对社会发展的意义。[①]

（二）高中物理必修教材中关于物理学史的编写与排版

教材是课标的主要载体，是学生学习的重要工具，更是教师开展教学的直接依据，分析教材即分析知识的地位及逻辑顺序。一直以来，物理学史在各个版本教材中的不同章节都有涉及，各个章节的知识与内容不同则设置的次数以及展示形式也有所差异。王祥委等三位学者对上一轮五种常用版本教材中所涉及的物理学史进行了详细分析，总结出所有版本的教材涉及的物理学史均有百余处，而教材（沪科版）中关于物理学史的编写有220处。西华师范大学硕士张晋熙于2020年在其毕业论文中对高中物理必修教材进行了研究，指出教材引入物理学史的形式不仅有文字，而且有图画表格；不仅时间跨度大（从公元前三百多年到今天共计两千三百余年），而且种类丰富。华中师范大学硕士郑晨旭于2019年在其硕士论文中，举例说明了在人教版教材中引入物理学史的五个类型，并对史实呈现位置也进行了详细阐述，大致分为绪论、正文、注释、习题及课后阅读部分。共分为六种类型：A.科学家的生平；B.学派之间的争议；C.重要概念、规律、实验以及思想的发现过程；D.古代或现代科学技术成就；E.我国历史上的物理文化；F.名人名言。分布在五个位置：a.正文；b.注释；c.科学漫步；d.拓展学习；e.STSE。

《义务教育课程方案和课程标准（2022年版）》对物理学史内容做了具体要求并给出了切实可行的教学活动建议，人教版（2019版）高中物理必修教材也以多种形式对物理学史内容进行了大量排版。综上分析，作者认为在高中物理教学活动过程中融入物理学史是必需、必要、紧要，而非无关紧要。

二、物理学史融入高中物理课堂的教学原则

（一）教育性原则

古人有云："以史为鉴，可以知兴替。"物理学史反映了物理知识产生及发展的过程，蕴含了物理学家们的科学思维与方法，展现了科学家们脚踏实地及严格缜密的科学态度与价值观。课堂上的任何一个环节、一处设计都应具有目的性与教育性，物理学史的融入也理应如此。学生了解概念、定律及定理的来龙去脉后可以帮助他们深入理解并掌握相关物理知识，从而逐步形成物理观念。了解物理学发展过程中运用到的科学推理、实验验证等科学方法，可以培养学生的科学思维、科学探究能力。当然，物理学的发展不仅有成

---

① 黄斌.高中物理教学融入物理学史的策略[J].中学生数理化（教与学），2020(12)：77.

功，同时也充满了挫折、分歧与争论，学生了解科学家们不惧困难、坚持真理的品格，否定之否定的辩证唯物主义观，逐渐形成科学的态度。一线教师如要准备具有教育价值的物理学史内容，需要大量浏览文献书籍，并精读与课程相关的部分内容，这项任务耗时耗力且极具挑战性，但不是不可完成的。

（二）客观性原则

在教学过程中融入物理学史，很容易出现历史被按照教学需要篡改后，教师再用"坏历史"教学生的现象。教学实践时，必须尊重历史的真实性，一线物理教师绝不可以为了吸引眼球而将历史按照自己的意图胡编乱造，更不可以根据自己的喜恶而随意评价物理学家。物理学在发展的历史长河中绝不是一帆风顺，人类走过的弯路、出现过的错误，教师不可以避之不谈。因为弯路、错误也是物理学史的一部分，学生只有了解了物理学发展过程的全貌才能知道今天书本上的知识并不是一蹴而就，从而逐渐形成正确的物理学史观。教师作为一线教育工作者必须清楚我们曾经耳熟能详却不恰当的历史事件，比如比萨斜塔实验、牛顿的苹果、爱因斯坦的小板凳、阿基米德的浴缸、瓦特的茶壶等。在讲到历史人物时，要客观分析，不可全票否定，每个历史人物都有其特定的历史背景，这无可厚非。比如，亚里士多德尽管持有"力是维持物体运动的原因"这一错误的观点，可他首先建立起了物体运动与外界因素的联系，所以仍然在科学史上占有很高的地位，并且他是古代知识的集大成者，古希腊的"百科全书"；托勒密持有"地心说"的观点，但他却首次提出行星"运动轨道"的概念，并设计了本轮、均轮模型。不仅如此，他还利用数学手段将某些行星的位置计算出来，这绝对可以称为人类历史上的一大壮举。一线教师在教学中客观地向学生讲述亚里士多德、托勒密等物理学家提出的观点存在的进步意义，这不仅可以引导学生辩证地看待问题，还可以加强教师在学生当中的信服力。

（三）适当适量性原则

教育的主体是学生，所以我们在进行教学设计时，要充分考虑到学生的生活经验、智力发展水平及知识基础。教师在物理课堂中融入的物理学史内容不可过于繁难，符合学生认知水平才能方便学生理解。比如高一阶段的绝大部分学生并没有学过求导更没有学过微积分的知识，此时学生还处于初级阶段的数学运算水平，他们无法理解牛顿利用数学手段得出的结论，如果仍然将其引入课堂教学，不但不会起到积极作用，反而会打击学生的自信心，使学生产生畏难心理。同时，教师不应该盲目地将物理学史过多地融入教学中，不可为了刻意迎合学生而大量介绍物理学史上的逸闻趣事，绝不可以让史学内容喧宾夺主，将物理课上成了历史课，从而导致学生抓不住学习重点。所以，在物理教学中融入物理学史应讲求适当与适量性原则，这也就要求教师精选史学内容，除此之外，还要精心设计，恰当处理。

（四）趣味性原则

兴趣是最好的老师，当学生学习物理的兴趣被激发后，教师的教学工作自然会事半功倍。许多学生从初中开始就认为物理是一门高深莫测、难以学懂的课程，在他们眼里物理就是极易混淆的概念、公式、定律、定理，多种多样的解题思路，错综复杂的物理过程。一线教师可以将历史上与课程相关的逸闻趣事、物理学派间的争论这些具有戏剧性的片段融入教学当中，充分发挥物理学史的教育价值，以激发学生学习兴趣和学习动机，帮助学生理解物理概念、规律、公式、定律及定理的具体含义，从而帮助学生客服学习物理的畏难心理，以达到提高课堂效率的目的。比如在探究光的本质一节，教师可以借助菲涅尔（Augustin-Jean Fresnel）与泊松（Simeon-Denis Poisson）那段关于光到底是波还是微粒的历史片段来介绍"泊松亮斑"这一物理概念的由来。

（五）坚持性原则

一线教师需要清楚偶尔将物理学史融入教学过程中，并不会收到立竿见影的教学效果，发展学生物理核心素养是一个潜移默化的过程，需要教师长期坚持。一是教师在完成基本教学任务与处理好个人生活的基础上，坚持阅读相关文献书籍；二是在增加知识厚度与广度的同时，坚持将物理学史融入高中物理教学过程中。[①]

三、物理学史融入高中物理教学模式及案例

（一）"导学案"教学模式及案例

"导学案"教学模式是以学生学习为主体，教师引领为主导的一种师生共同合作的教学模式。其内容主要包括学习重难点、课内训练检测、学后记等。该模式共分为三个阶段，首先，利用"导学案"完成课前预习；其次，利用"导学案"进行课堂讨论；最后，利用"导学案"完成课后巩固。教师在采用"导学案"教学模式时，要注意让学生提前一天拿到导学案，并提醒学生在课前解决导学案中的基础题部分，对于生疏较难的问题做好标记，以便在课上与同学或者教师交流。"导学案"教学模式改变了学生被动学习的方式，使学生实现了由"要我学"到"我要学"再到"我会学"的转变。基于该模式，作者对"伽利略对自由落体运动的研究"这一节课进行了如下教学设计。

---

① 李佳楠.高中物理教师物理学史教育观念的测评研究 [D]. 东北师范大学，2020.

1.教材分析与学情分析

（1）教材分析

"自由落体运动"理想化模型在高中阶段占有非常重要的地位。因此，了解相关历史过程有助于学生深入理解这一理想化模型。《义务教育课程方案和课程标准（2022年版）》对该内容提出了明确要求，并给出了相关的活动建议，同时教材在科学漫步与STSE两部分也用了大量的篇幅来介绍伽利略研究自由落体运动的过程，可见在核心素养背景下，"伽利略对自由落体运动的研究"这一节内容非常重要。

教学重点是感受科学事业的集体性特点、体会伽利略的科学思维与方法、质疑创新、体会科学家坚持不懈的科学态度与责任。教学难点是掌握伽利略进行物理研究所用到的科学思维与方法。

（2）学情分析

学生能利用打点计时器进行相关实验，并已初步理解匀变速直线运动规律，具备初步的逻辑思维、科学探究能力。通过学习"自由落体运动"的前一个课时，学生已经熟悉了"自由落体运动"这一理想模型，掌握了自由落体运动的规律，能求出重力加速度的值，并能够理解不同地区的重力加速度不一致的客观现象。

2.教学目标

物理观念：知道自由落体运动理想模型的由来及规律探索的大致过程；能够运用自由落体规律解决实际问题。

科学思维：懂得把握主要因素，忽略次要因素，并理解伽利略提出问题时坚持的"简单性"原则；理解伽利略不再停留在经验、直觉及流于表面的观察，而是运用实验以及科学推理等研究方法；理解伽利略"转换测量对象""冲淡重力""自制水钟"等转换思想。

科学探究：通过实验，初步了解寻找自然规律的科学方法，培养学生的实验探究能力。

科学态度与责任：了解伽利略的数据记录过程，形成实事求是的科学态度；重历伽利略曲折的研究过程，体会科学家坚持不懈的探索精神。

3.教学过程

（1）新课引入

教师：通过预习，哪位同学能猜出这是谁？PPT展示：一位数学家、天文学家、物理学家，惯性、速度、加速度等物理概念的提出者，认为重的物体与轻的物体下落得一样快。首先发明温度计，还发明了望远镜，他相信自然界的规律是简单的，他的著作有《关于两个世界体系的对话》《两种新科学的对话》，晚年因站在"日心说"的角度为哥白尼辩护而遭到迫害，1979年终得平反。

学生：伽利略。

教师：同学们很棒，看来预习得不错。

【设计意图】PPT展示了伽利略的一生，让学生参与猜一猜的活动不仅梳理了伽利略的科学贡献，还让学生明白了科学发展的道路坎坷。

教师：大家拿出一张纸与一本书，再把它们从同一高度丢下，请比较二者哪个下落得更快？

学生：书下落得更快。

教师：把纸放在书的上面，然后将二者一起由静止释放，比较它们在下落过程中哪个运动得更快？

学生：二者下落得一样快。

教师：我把纸张捏成纸团，再一次将二者从同一高度丢下，请比较它们哪个下落得更快？

学生：一样快。

教师：通过刚刚的实验，我们能得出什么结论？

学生：并不是越重的物体下落得就越快，在没有空气阻力的情况下，重的物体与轻的物体下落得一样快。纸张之所以比书下落得更慢，是因为存在空气阻力。

【设计意图】学生通过自己动手实验，明确空气阻力对实验的影响，纠正学生错误的前概念。

（2）新课讲授

教师：可是为什么亚里士多德认为的"重物下落会更快"这一错误观点却延续了两千多年？

学生：因为亚里士多德在当时地位非常高。

教师：伽利略是怎么发现这一问题的？又是怎么反驳的？

学生：伽利略佯谬。

【设计意图】一是学生通过深入阅读教材，促进自主学习能力，为终身学习奠定基础。二是学生通过阅读明白了亚里士多德的错误理论，不仅仅是关于运动学的问题，还涉及了自然哲学的基础问题，伽利略从亚里士多德的精神枷锁下解脱，这无疑是一场思想上的革命。三是使得学生明白，人类是逐步认识大自然的，亚里士多德提出的错误理论是人类必经的一个过程。

（3）伽利略突破三大困难

教师：大家阅读了"科学漫步"，请问伽利略在研究自由落体运动过程中，首先遇到了什么困难？他是如何想办法解决的？

学生：首先遇到了概念上的困难，那个时候连描述运动的概念都没有。为此他自己建立了描述运动的概念，如平均速度、瞬时速度及加速度等。

教师：伽利略否定了亚里士多的观点后，继续提出了猜想，请问具体内容是什么？

学生：伽利略认为自然界的规律总是简洁明了的，所以他猜想落体运动的速度规律也应如此，是均匀变化的。

教师：那速度怎么均匀变化呢？

学生：一种是速度随时间均匀变化，另一种是速度随位移均匀变化。伽利略先假设了速度是随位移均匀变化的，经过数学运算后，他发现会推导出十分荒谬的结果。于是伽利略就想办法用实验检验速度是随时间均匀变化的，也就是速度与时间成正比。

教师：正当伽利略想要进行实验检验时，他又遇到了什么困难？

学生：第一个是技术上的困难，当时的技术不够发达，无法直接测量瞬时速度。

教师：当不能直接测量瞬时速度时，伽利略又是怎么做的呢？

学生：此路不通，那就绕道而行，他利用数学几何知识推导出了如果速度与时间成正比，那么位移就会与时间的平方成正比，这样就可以测量位移，从而避免了测量瞬时速度。如果最后得到位移正比于时间的平方，则说明速度与时间成正比。

教师：实验验证的过程中需要测量位移与时间两个物理量，位移可以用长度测量工具测量，那时间呢？

学生：因为自由落体运动的过程很快，用我们今天的时间测量工具秒表都不易测出这极短的时间，在那个只能用水滴计时的年代，就更不容易测出了。

教师：如果是你，你会怎么办？站到更高的地方？通过上节课的学习，我们可以知道，10米高的地方约1秒，那么当时意大利最高的建筑比萨斜塔也就45米高，从比萨斜塔掉落大概也就需要3秒钟，请问实验需要多组数据，这个3秒够吗？

学生：不够。

教师：你有没有想到用什么方法来增加时间呢？伽利略又是怎么做的？

学生：伽利略用"冲淡重力"的方法来延长测量时间，也就是把竖直方向上的运动改为斜面上的运动。

教师：伽利略"冲淡重力"的思想非常精彩。截至目前，他已经突破了概念定义、速度测量、时间测量三大困难，他终于可以进行实验了。请问他在做实验的过程中共记录了多少次数据？

学生：上百次。

教师：经过上百次的测量后，伽利略整理数据发现，位移的确与时间的平方成正比，并且倾角一定时，比值恒定，倾角越大，比值越大。

【设计意图】一是带领学生体会伽利略科学推理的魅力，逻辑推理提出猜想；二是让学生感受伽利略科学探究的艰难历程，提升学生的科学思维，培养学生基于观察、科学推理、实验验证、收集处理数据、基于证据得出结论的科学探究能力，同时培养学生敢于质疑创新、坚持不懈、实事求是的科学态度与价值观。

（4）合理外推

教师：同学们，实验到此就结束了吗？伽利略最开始要证明的到底是什么？

学生：还没有，伽利略本意是要验证自由落体运动的速度是随时间均匀变化的，现在只是证明了斜面上速度是随时间均匀变化的。

教师：对了，那伽利略又是怎么做的呢？

学生：合理外推，倾角越大，比值越大，位移与时间平方始终成正比，所以伽利略把斜面倾角推广到90°，小球仍然会保持位移与时间平方成正比的特性，也即倾角为90°时速度依然与时间成正比。

【设计意图】使学生明白往往一个科学的结论既需要实验，又需要科学推理。猜想、假设、直觉这些因素在科学研究中也尤为重要。

4.教学评价

本课程运用"导学案"教学模式，课堂中的很多问题与"导学案"的内容息息相关，增加了学生在课堂上的参与感，激发了学生的学习兴趣，培养了学生的物理核心素养。

（二）孟克—奥斯本融合教学模式及案例

孟克—奥斯本融合教学模式注重学生的主动参与，有效提高了学生解决实际问题的能力与创新思维，是一种较为成熟的教学模式。但该教学模式需要教师花费大量的时间与精力进行相关教学设计，这对一线物理教师特别是新入职物理教师具有一定的挑战。为此，本书尝试以"牛顿第一定律"为例，起到抛砖引玉的效果。

1.教材分析与学情分析

（1）教材分析

该内容处于人教版（2019版）高中物理必修一第四章的第一节。本章在运动学与力学的基础上描述了力与运动的关系，而牛顿第一定律揭示了力与运动的第一层关系。在初中课本中就有介绍本节的相关内容，但初中教材对其中的历史过程并没有做详细阐述，高中课本则重点按照历史发展顺序详细介绍了亚里士多德、伽利略、笛卡尔、牛顿对力与运动关系的研究。

教学重点是理解理想斜面实验，掌握牛顿第一定律、惯性以及影响惯性的因素。教学难点是掌握历史上关于力与运动关系的讨论及伽利略的科学研究方法。

（2）学情分析

学生在初中阶段已经初步学过本节内容，所以他们具有一定的基础。但是他们虽然知道牛顿第一定律的内容，也知道了惯性的概念，但是他们并不了解牛顿第一定律的发展历史，对"质量是惯性的唯一量度"也缺乏深入理解。根据生活经验，学生在头脑中常常有着与亚里士多德相同的观点，所以教师在课堂上要充分引导，利用生活中的例子及实验来纠正学生错误的前概念。

2.教学目标

物理观念：理解惯性的概念、惯性大小的决定因素；掌握牛顿第一定律；理解物体处于平衡状态其实就是合外力为零。

科学思维：通过斜面演示实验，理解实验验证与逻辑推理相结合的科学研究方法。

科学探究：重历伽利略的理想斜面实验，体会科学探究的一般过程；通过学习牛顿第一定律发展的历史过程，形成以辩证、动态的观点看待历史。

科学态度与责任：通过研究运动和力的关系，体会科学家们敢于质疑、实事求是、不畏艰难的科学精神；紧跟时代潮流，了解今天我国航天事业取得的成就，逐渐形成民族自豪感。

3.教学过程

（1）提出问题

教师：我国航天事业迅猛发展，2020年7月，中国首次火星探测任务"天问一号"探测器搭乘"长征五号遥四运载火箭"升空，经过2000多秒的飞行，探测器成功进入预定轨道，开始了火星探测之旅，迈出了中国自主行星探测的第一步。探测器为什么能从地面上发射出去呢，为什么到了空中之后还可以变轨呢？要想知道这其中的原因，我们就必须清楚运动的原因是什么。

【设计意图】播放"天问一号"发射视频，一是提出问题引入新课，二是向学生展示我国航天事业的最新成就，激发学生的民族自豪感，增强学生学习物理的信心。

（2）引出观念

教师：什么是物体运动的原因？早在两千多年前，墨子就对之进行了论述："力，形之所奋也。"也就是说，物质运动是因为受到了力的作用。而古希腊学者亚里士多德观察了大量的运动，并将运动分为自然运动与受迫运动两类。自然运动指的是自发进行不需要外界影响的运动，如重物下落、轻物上升及日月星辰的圆周运动；相反，受迫运动指的是在外界影响下被迫进行的运动，如静止的物体只有在受到外界的推或拉才能运动，若停止推或拉，运动的物体就会静止下来，大家能举出生活中的受迫运动吗？

学生：手推书，书就动，手不推书，书就静止下来等。

教师：亚里士多德的观点的确与很多生活经验看似相符，因此，在往后的两千多年里都没有受到过质疑。

教师：亚里士多德的伟大之处在于他把物体的运动与外界推、拉等影响建立起联系。他认为力是维持物体运动的原因,现在大家都知道这是错误的观点,那大家能举出反例吗?

学生A：被推出去的冰壶,当没有外界的推力维持时,仍然可以在冰面上运动。

学生B：射箭活动过程中,被射出去的箭在没有了弓的推力维持时,仍然在运动。

教师：大家的想法非常不错,这些生活中的例子都很好地说明了亚里士多德的观点的确不妥,在亚里士多德后的两千多年里,终于有人发现了这一点,这个人是谁?

学生：伽利略。

【设计意图】通过客观介绍亚里士多德,让学生明白历史上出现过的"错误观点"往往都错得非常在理,如果我们轻易否定旧观点来建立新观点那是不深刻的。要让学生认识到,错误有其合理性,而正确只是一种优越性,物理理论总是螺旋式上升发展的。高中物理学习以来,亚里士多德通常都持有"错误的观点",这很容易让学生轻视亚里士多德在历史上的地位。事实上,我们更应该指出他的理论的伟大之处,那么学生才更能体会伽利略推翻其观点的难能可贵。

（3）学习历史

教师：伽利略通过观察运动发现,沿着斜面向下滚动的物体会运动得越来越快,沿着斜面向上滚动的物体会运动得越来越慢。他在《关于两门新科学的对话》一书中表明,在向下倾斜的平面上存在一个"加速因素",在向上倾斜的平面上存在一个"减速因素"。那么一个既不向上也不向下的水平面,则既不存在"加速因素"也不存在"减速因素",那么在水平面上的运动将会是永久的。

教师：我们手推书,书运动,手不推书,书则静止,书静止下来真的就是因为没有力的作用吗?请大家阅读教材80页第一、二自然段。

学生：不是的,其实恰恰是空气、摩擦阻力作用的结果。

教师：我们猜想一下,如果没有这些阻力作用,水平面上运动的物体将会一直运动下去,对吗?那我们需要怎样去验证这一猜想呢?

学生：实验。

教师：这是伽利略最先使用的研究方法,为此,他设计了一个对接斜面。

【设计意图】让学生清楚运动的物体之所以会停止并不是因为没有受到外力的作用,反而恰恰是因为受到了摩擦、空气等阻力的作用,进而来破除学生错误的前概念。

（4）设计实验

教师：利用PVC材料自制对接斜面,并用钉子改变一侧斜面的高度。两斜面的同一高度做好相应的标记。总共三节干电池,为了使三节干电池表面粗糙程度不同,一节不做处理,另外两节干电池表面分别用质量可以忽略不计的一次性毛巾和白纸包裹。

演示实验A：斜面倾斜角度不变,将三节干电池先后从左侧斜面的同一高度释放,记录运动的高度。

现象：表面越光滑的电池，阻力越小，干电池上升的最终高度就越接近等高线。

教师：如果是一个没有摩擦的理想斜面，干电池会上升到哪个位置呢？

学生：等高线的位置。

演示实验B：不断减小右侧斜面的倾斜角度，直到最后轨道水平，陆续将干电池从左侧斜面同一高度释放，然后观察干电池运动的距离。

现象：干电池运动的距离逐渐变远。

教师：当忽略摩擦阻力的影响时，将斜面调为水平面，干电池将会怎么样？

学生：永远运动下去。

教师：至此，我们了解了亚里士多德与伽利略两位物理学家的观点，请问伽利略能够超越前人认识的原因是什么呢？

学生：伽利略善于思考、勇于质疑，不局限于逻辑思辨，还注重理论联系实际。

教师：所以亚里士多德通过观察得到的结论，我们称之为"猜想性结论"。而伽利略通过一套科学方法探究得出的结论，我们称之为"逻辑性结论"。

教师：但是伽利略的观点还有待完善，与他同时代的法国著名物理学家、数学家笛卡尔对其进行了完善修补。

教师：大家认为笛卡尔的观点与伽利略的不同之处在哪儿？

学生：笛卡尔在伽利略的基础上补充了速度的大小和方向都不会改变。

【设计意图】让学生理解考虑主要因素忽略次要因素的思想、实验验证与科学推理相结合的科学研究方法，从而突破教学重点。将伽利略的科学研究方法展开来讲，使学生领略到伽利略的伟大与先进之处，体会质疑创新的魅力，从而培养学生的物理核心素养。

（5）呈现科学观念及检验

教师：其实，不管是伽利略还是笛卡尔都没有说清楚"减速因素""加速因素"以及"其他原因"具体是什么，直到后来，牛顿才概括性地指出"因素""原因"就是"力"，给出了"力"的定义。牛顿的童年其实是不幸的，出生前3个月父亲去世，两岁母亲改嫁，小时候跟着外祖母生活，无父无母还体格弱小，所以经常被同龄人欺负，因此形成了腼腆、孤僻的性格。他常常去舅舅那儿学做木工，渐渐地就只喜欢动手制作木工，不喜欢学习，一次他做的水车失败被同学嘲笑是"笨木匠"后，才开始好好学习。上了中学后寄宿在克拉克夫妇家，因为他们家有一个化学试验室，在这家人的言传身教下，牛顿逐渐形成了爱科学、爱读书、爱实验的良好习惯。他经历过辍学，因此他很珍惜上学的机会，后来考入英国剑桥大学，开始接触到大量数学家、物理学家的思想与著作。正如牛顿自己所说，他的确是站在巨人的肩膀上才得以全面阐述了运动与力的关系，后来人们将其称为"牛顿第一定律"。牛顿第一定律之所以是牛顿第一定律，而不是笛卡尔第一定律或者其他定律，离不开牛顿自身的思考与努力。

教师：牛顿第一定律中的"一切"说明是所有物体都遵循该定律，"总"意味着无时无刻，"或"意味着两种状态选其一。物体具有保持原有状态的本领，并且我们称之为"惯性"。

教师：物体惯性越大就意味着物体的运动状态越难改变，那惯性的大小与什么因素有关呢？速度？质量？我们怎么进行探究？

学生：控制变量法。如果探究速度是否为影响惯性大小的因素，我们可以给其他条件都相同但运动快慢不同的物体施加相同的力，并观察物体运动状态的改变程度。如果探究质量是否为影响惯性大小的因素，我们可以给其他条件都相同但质量不同的物体施加相同的力，并观察物体运动状态的改变程度。

教师：铁架台上悬挂有两个大小形状相同的乒乓球，我对其中一个做了手脚，所以他们质量不一样，请一位同学上来吹一下它们，同学们请观察。

现象：一个被吹得很高，另一个吹不动。

教师：其实刚刚没有被吹动的乒乓球内灌满了水，这个实验说明质量大的物体运动状态不容易改变。

教师：铁架台上此时悬挂有两个完全一样的乒乓球，我让一个乒乓球缓慢摆动，另一个乒乓球快速摆动，再让这位同学从乒乓球摆动平面的垂直面吹，同学们注意观察。

现象：两个乒乓球都被吹得很高。

教师：所以质量是惯性大小的唯一量度。定律的后半句说到力是改变物体运动状态的原因，而物体的运动状态是由速度这一物理量来描述的，速度发生变化也就会有加速度，所以，力也是产生加速度的原因。

【设计意图】通过介绍牛顿生平，让学生知道牛顿经历过很多挫折与磨难并不断努力才成为人们所熟知的物理学家，从而让学生明白今天的物理成就也是曾经生活在地球上的人所提出来的，并不是遥不可及的，以增强学生学习自信心。再在初中学习的基础上，深度剖析牛顿第一定律，认识惯性的唯一量度"质量"，理解力是产生加速度的原因，为"牛顿第二定律"的学习做铺垫。

（6）总结评价

教师：伽利略处在文艺复兴时期，这对伽利略的科学研究有影响吗？

学生：文艺复兴时期，打破了神学的思想，人们的科学意识逐渐得到启蒙，这为他提供了思想基础。

教师：可不可以用实验直接得出牛顿第一定律呢？如果不能，我们可否相信这一定律呢？

学生：牛顿第一定律不可以由实验直接得出，但是我们依然可以相信这一定律的科学性，因为这是伽利略经过实验验证与科学推理，以及几代科学家共同努力得出的科学定律。

教师：亚里士多德的研究是否毫无意义呢？

学生：不是，亚里士多德也为物理学的发展做出了巨大贡献，是他将物体的运动与外界因素建立起了联系。

【设计意图】让学生积极主动地复习巩固本节课内容。

4.教学评价

本节内容严格按照孟克—奥斯本融合教学模式的六个阶段进行教学设计。让学生主动参与科学发展的过程，加深对科学知识的理解，促进对物理学可变性的认识，提高学生客观公正评价物理学家的能力，从而达到培养学生核心素养的目的。

（三）话剧表演模式及案例

话剧表演模式是学生亲自扮演科学家、经历科学探究历程、体会物理学派之间的矛盾冲突，把物理学家们在科学探究过程中经历的疑惑、难过、惊讶、激动等情绪用直观的表演形式展示给大家，从而激发学生的学习兴趣，同时对物理学家们的科学探究过程有更加深刻的理解与感悟的活动过程。该模式要求教师提前编写剧本、选演员，会花费师生较多时间进行排练，该过程需要教师制订周密的计划以保证该活动有条不紊地进行。"行星的运动"一节涉及的物理学史内容较多，考点知识内容比较简单也比较少，时间相对充裕，本书尝试用话剧表演模式对本节内容进行教学设计。

1.教材分析与学情分析

（1）教材分析

行星的运动选自人教版高中物理必修二第七章第一节，本节内容既是对抛体运动及圆周运动的拓展与延伸，也是为后面学习万有引力定律做铺垫。本节的重点是开普勒的三大定律，在内容上主要是让学生认识到，行星运动的规律与地面物体运动的规律本质相同，从而为学习万有引力定律奠定基调。这节课，教师要引导学生走进历史，让学生明白从"地心说"到"日心说"的演变是艰难而漫长的，所以这节课是培养学生核心素养难得的好材料。

教学的重点是了解人类对星体运动的探索过程，理解和掌握开普勒三大定律。教学难点是对开普勒第三定律中常量K值的理解。

（2）学情分析

学生在初中的地理课上已经学过"地心说"与"日心说"，并且在日常生活中也了解到太阳系模型。然而，他们对这些知识的了解仅仅停留在了解的层面上，而对行星运动的规律却一无所知。这一节的天文学与宇宙学内容，他们大多第一次接触，所以他们会有极强的好奇心，并对遥远的宇宙充满想象与期待，这一课时也是培养学生正确的世界观、价值观的最佳时机。

2.教学目标物理观念

明确开普勒三大定律的内容。

科学思维：知道历史上行星运动的几种基本学说及模型。

科学探究：能利用开普勒三大定律解释一些简单的天体运动。

科学态度与责任：体会哥白尼、伽利略等科学家不畏强权、坚持真理的科学精神，第谷、开普勒等科学家坚持不懈、实事求是的科学态度。

3.教学过程

（1）新课引入

教师：人类总是充满了好奇心，早在很多年以前就开始了对天体运动的研究，到了21世纪，人类已经在宇宙探索方面取得了空前的成就，我国特别是近些年在航天事业方面硕果累累。同学们在日常生活中对相关报道应该有所耳闻，部分同学可能也看过一些科普书籍，你们对星体的运动或多或少有一些自己的想法与思考。今天我们班的同学也为大家带来了一段话剧表演《天问》，请大家欣赏。

（2）话剧表演

屈原：遂古之初，谁传道之？上下未形，何由考之？

旁白：用人话说就是屈原也很想知道宇宙的奥秘。这告诉我们，从古至今人类都想了解未知的宇宙。浩瀚的星空，斗转星移，日月交替，那宇宙的中心到底在哪里呢？（配合PPT展示）

场景一

托勒密：亲爱的教皇，最近我在做一个有趣的研究，您有兴趣了解一二吗？（托勒密一路小跑并带着得意的笑容来到教皇跟前）

教皇：请讲！

托勒密：经过观察，我发现地球正是宇宙的中心，而且地球静止不动，太阳、月亮等其他行星都是围绕着地球转的，就像我们所有人都围绕着尊贵的您转。

教皇：很好！待会儿请将托勒密的这项研究宣传出去（指向旁边的侍女说道）。

侍女：躬身答礼！

托勒密：谢教皇！（半蹲谢礼）

旁白：托勒密的观点符合当时人们观察到的"太阳东升西落"的自然现象，同时迎合了罗马教廷的宗教思想，得到了教会的大力支持，因此这一观点统治了人们一千四百多年。虽然"地心说"的观点并不正确，但是这一学说是人类第一个关于星体运动的模型，所以不可轻视它的历史地位。直到一千四百多年以后，哥白尼出现了。

场景二

哥白尼：经过我反复推敲，地球可能不是宇宙的中心。

地心说学派：大胆，你敢质疑教皇的判断！

哥白尼：并不是质疑教皇，而是我已经研究了三十年，最后得出太阳才是宇宙的中心这一结论。

地心说学派：地球及其他行星都是围绕太阳转动的？！胡说八道！

教皇：满口胡言，所有行星应该围绕地球转这已经是一条公理。来人，将其拉下去，不准其大肆宣扬。

哥白尼：教皇，您先听我说啊！（央求教皇但还是被拖走）

旁白：哥白尼倾尽一生研究星体运动，沉重地打击了教皇与"地心说"学派，在哥白尼去世以后，布鲁诺掀起了一场激烈的斗争。

场景三

布鲁诺：（冲进教堂犹豫片刻后坚定地说）哥白尼的观点才是正确的，他的观点才可以解释行星的运动规律。

教皇：布鲁诺，你是要反了吗？来人把他拖下去，当众把他烧死。

布鲁诺：你们可以烧掉我的躯体，但烧不掉真理。

旁白：就这样，布鲁诺为科学献出了自己的生命，"日心说"的观点迅速蔓延开来。这时，伽利略也逐渐认同"日心说"的观点。

伽利略：教皇，我用我自制的望远镜进行了大量观测，事实证明哥白尼、布鲁诺等人的观点没错，就连东方的《周易》一书中也表明太阳才是万物的主宰。

教皇：拖下去，终身监禁！

伽利略：（非常委屈）可事实就是如此啊！

场景四

第谷：（虚弱地坐在凳子上）大家好，我是第谷。开普勒，这是我历经数十年观测并记录下的数据，现在我将其送给你。我快不行了，你一定要完成我的心愿，但是你要尊重科学，不能造假，不可以欺骗世人。

开普勒：老师请放心，我一定实事求是，并定要给世人一个真实的宇宙。

旁白：此时，一位杰出的观测家离开了人世，但是他的宇宙观是错误的，他认为所有行星都围绕太阳转，太阳再率领众多行星围绕地球转，所以第谷到底还是代表着"地心说"的观点。

场景五

开普勒：奇怪，为什么总是算不对呢？（奋笔疾书地计算着）难道老师的数据记录错了？不会，老师的数据绝对没有问题。那难不成行星运动的轨道不是圆？（继续低着头认

真地算着）

开普勒：（开心地大叫起来）我终于成功了，原来行星运动的轨道真不是圆啊！

旁白：开普勒晚年一直都在与教皇的宇宙论作争斗，因而受到了宗教的迫害，宗教将开普勒的著作列为禁书。晚年因生活艰难，开普勒在一家客栈抱病悄悄地离开了人世。

教师总结：从"地心说"到"日心说"再到行星的运动规律，科学家们付出了无数的汗水，甚至还献出了生命。所以，任何一项科学成就都不是一蹴而就的，都需要通过人们的不断努力，物理学一直在发展，时至今日，人类依然不断在探索宇宙的奥秘。在欣赏了同学们的话剧表演之后，接下来我们走入开普勒的世界，一睹他探索行星运动规律的风采。

【设计意图】有趣的话剧表演，让学生感受到物理学家的思想，不仅活跃了课堂气氛，提高了学生的学习兴趣，而且通过观看话剧，加深了学生对物理学史的理解。

4.教学评价

本节通过话剧表演的模式向学生介绍了人们对星体运动研究的历史过程。此模式有利于学生在学习知识的同时，保持学习主动性。对于一线教师而言，提前编写一个好剧本尤为重要。[①]

第二节　物理学史与物理教学相结合的实践

一、"自由落体运动"课程教学课前分析

"自由落体运动"是人教版必修一第二章第五节的内容，在这本书中，处于匀变速直线运动的后面，而所谓的自由落体，其实就是一种速度均匀变化的直线运动，其初始速度为零。《义务教育课程方案和课程标准（2022年版）》要求学生在掌握了匀变速直线运动的原理后，能够加深对现实生活的了解，并在实践中培养学生的科学探索能力。

（一）学情分析

学生已知道匀变速直线运动的相关知识，知道判断物体是否为匀变速直线运动的方

① 李佳楠.高中物理教师物理学史教育观念的测评研究 [D]. 东北师范大学，2020.

法，也就是纸带法。在本节课的教学中，要注意培养学生求知欲，以现有知识为基础，掌握新知识。

（二）教学目标

物理观念掌握：自由落体运动的规律、特点。能够运用自由落体运动规律解释生活中的现象。科学思维学习伽利略应用数学推导分析能力。

通过研究伽利略的探究历程，提高科学探究能力，学习伽利略敢于质疑、不畏艰难、勇于挑战的精神。

（三）教学重点

自由落体运动的性质和规律。

（四）教学难点

①轻重物体下落得一样快。
②自由落体运动是匀变速直线运动的推导过程。

二、教学过程

（一）课前引入

教师：同学们注意观察老师手上的这枚硬币，如果我松手，你能否抓住它呢？（几位同学胸有成竹、争先恐后地试验，几乎都失败了）

教师：原因是什么呢？

学生：同学反应慢，硬币掉落快。

教师：那换成小纸片呢，会成功吗？

有的同学回答会，有的同学回答不会。那到底是不是重的物体下落快呢？那我们接下来就跟随物理学家的脚步一起来探究一下这个问题。

（二）新课讲授

1.引入物理学史辅助教学

教师：在历史上也有很多物理学家对这个问题提出了自己的看法，亚里士多德认为，重的物体下落快。此见解被当时各界广泛认同且持续了2000多年。后来，伽利略对此提出了不同的见解，他认为质量不同的物体下落速度一样快。那么伽利略为什么会提出这样的质疑呢？

2.适当融入物理学史，培养学生科学探究能力

（1）"伽利略质疑"

教师：同学们跟随着老师的脚步一起来探究伽利略质疑的原因，并验证他的结论，如果老师将硬币和小钢球同时释放，硬币和小钢球谁会先到达地面？再把它俩合在一起下落又会出现什么现象呢？接下来请同学们分组进行实验，并总结实验现象。

第一组：小钢球会先到地面。

第二组：比小钢球自己落地时间长，比硬币自己落地时间短。这是怎么回事，不是重的物体下落快吗，难道是被拖累了吗？

教师：同学们思考得对，伽利略也是这样假设的，一个沉的物体速度大，轻的物体速度小，他们捆绑在一起下落，重的被拖累慢，轻的被拽快了。落地速度正好应该在它们中间，但是，依照重的物体下落快的理论，两块石头捆绑在一起变沉了，那落地速度应该更快。这样就导致这两个结论互相矛盾，伽利略开始也想不通，后来他认为，可能质量不同的物体下落速度是相同的。

（2）"牛顿管实验"

教师："伽利略质疑"否定了重的物体下落快这一观点，那么接下来我们来探究影响物体下落快慢的因素到底是什么。同学们思考，如果是纸片在空气中自由下落的时候大多并不是直线运动，那是什么原因呢？

学生：是因为空气阻力！

教师：说得太对了，那我们该怎么办呢？

学生：创造真空环境。

教师：对于现在的我们可以，但是伽利略当时没有办法用实验手段得到没有空气阻力的状态，但他提出了假设，如果没有空气阻力的情况，质量不同的物体会同时落地。当时的条件原因，使得伽利略的研究停留在此，无法验证。

我们现在的条件可以验证了，因为早在牛顿时期就发明了可以将空气抽出去的玻璃管，我们现在把他叫作"牛顿管"。我们可以用牛顿管作为实验工具验证伽利略猜想。把铁片和羽毛放在水平放置的"牛顿管"中的同一位置，抽出空气，创造真空环境，把"牛顿管"迅速抬起使它们同时下落，观察实验现象。

实验结果显示，他们同时落到另一端。说明真空条件下，轻重物体下落一样快。

教师：虽然当时条件伽利略无法验证，但是，后来抽气机的发明让伽利略也用实验验证了他的猜想，在没有空气阻力的情况下，轻重物体下落得一样快。

（3）"斜面实验"

老师介绍了物理学的历史：伽利略证明重量不同的物体会以同样的速度下降，但他并

没有停止研究，而是在探索自由落体，伽利略认为，自由落体就是一种速度均匀变化的直线运动，他又用实验证明了这一假设，学生们可以讨论一下，如何证明自由落体是不是匀变速直线运动？让学生分组讨论，然后由一名学生来阐述他们的想法。

小组讨论说明：可以用打点计时器的纸带法来验证。但是伽利略那个时候有打点计时器吗？

教师：思路很对，我们可以用打点计时器，但是伽利略那个时代，还没有速度的概念，更别说打点计时器了。而伽利略并不会轻言放弃，没有概念，他就定义概念。因此，他对速度、加速度一些描述运动的概念进行了定义。但是由于条件有限，还是没有工具能测速度，伽利略转变思维，用位移与时间的关系来验证，因为这个比较好测量。

伽利略数学推理出，只要位移与时间的平方成正比，那它就是匀变速。但是由于当时条件简陋，没有秒表之类的精确仪器，无法准确测得下落时间。所以无法直接探究。他间接地利用斜面实验来测量并进行合理外推。

他利用了斜面实验，改变长木板的倾斜程度，测量小钢球下落的时间和距离，找到它们之间的物理关系。那么是什么样的物理关系呢？如果是相同时间内，小钢球运动的位移会满足怎样的物理规律？请同学们想一下，可以小组讨论。

讨论结果：因为相同时间内位移和时间的平方成正比，那么结果就是 1：2z：3z：4z……

教师：这样的结论，我们伟大的物理学家都是经过无数次的实验获得的，并且伽利略通过合理外推，倾斜角度被逐渐增大的过程中，结论仍然成立。

总结：伽利略自主思考，勇于探究事情真相，证明做自由落体的下落速度和质量无关，它就是匀变速直线运动。[1]

（三）总结（板书）

定义：物体只在重力作用下由静止开始下落的运动。

特点：只受重力，即a=g；由静止开始，即初速度为零。

运动性质：初速度为零的匀加速直线运动。

三、教学实验的实施及效果

为了解物理学史融入课堂教学的实施效果，由于教学进度的安排，对"自由落体运动"这节课进行教学实践并做了课后调查，以G市实验高中高一九班55人和高一十二班52人两个授课班级作为调查对象，总共发放107张调查问卷，回收有效问卷103张，以问卷调

---

[1] 杨海英. 物理学史与高中物理规律教学相结合的教学设计研究 [D]. 云南师范大学，2019.

查的形式对授课结果进行了解。

前6道题是对学生对于本节课学完之后掌握的认知情况的基本统计。

在前6道题中，71%以上的同学认为对学习知识有很大的帮助。15%的同学认为有一定的帮助，只有极少部分同学认为没有帮助。

从上述研究结果可以看出，大部分同学都很喜欢这个课程，表明把物理学史引入课堂的做法受到了同学们的欢迎。并且这种形式对于帮助学生掌握性质、规律，对物理观念的培养有一定促进作用。同时，可以帮助学生解决一些生活中碰到的实际问题，有助于推理能力的提高，让学生有敢于质疑的勇气。在此基础上，通过实验教学，提高学生的科研意识，提高学生的科学探究能力。

问卷中的7~9题是对课堂效果的检验，主要提出了有关自由落体运动的几个问题让同学们解答。三道题的正确率分别是88.2%，75.8%，85.6%。

从调查结果来看，三道题的正确率平均达到80%以上，对于教学有积极影响。

四、教学实施效果总结

通过调查初步发现，物理学史融入高中物理教学，对学生理解物理概念、规律，培养学生的科学探究能力有一定的积极作用。而学生的核心素养的培养不是短时间就可以见效的，而是一个比较漫长的过程。从课堂实践教学效果和调查结果来看，将物理学史融入高中物理课堂教学，在学生已有知识的基础上去建构新的知识，提出质疑，大胆推理，激发学生主动探索知识的兴趣。在学习新知识的过程中，学生站在了物理学家的视角去重新演绎经历这个概念或规律的发现过程，通过对实验数据和现象的分析，可以帮助学生进行创造性的思考和探究从而加深对知识的理解，提高科学探究能力。对学生解决问题的能力也有一定的帮助，同时，帮助学生对科学本质也有一定的了解。本次物理学史融入物理教学的课堂实践对培养学生核心素养有促进作用。

本书在教育学理论的基础上，通过对学生和教师进行问卷调查了解了核心素养背景下物理学史融入高中物理教学的实际情况，以此为依托，提出核心素养背景下物理学史融入高中物理教学的教学原则，设计了两个教学设计，并对其中一个进行教学实践，而后又对教学实践的效果进行检测。在整个论文的实践过程中，得到了如下结论。

第一，物理学史引入教学可以提高学生的兴趣及注意力，希望老师可以在教学过程中适当地融入物理学史，即使仅仅是因为有意思。他们认为物理学史的融入对于理解物理概念规律有帮助，但是大部分没有认识到对提升他们的科学探究能力有所帮助；教师认同物理学史引入课堂的必要性，有利于提高学生的核心素养；但是由于高考压力，教师只对高考内容和书本上涉及的内容进行简单讲解，没有掌握教学方法，实践中物理学史的教育作用没有得到很好的体现。

第二，作者对其设计的"自由落体运动"教学案例予以实施后，以学生问卷的方式对教学效果进行检测。结果显示，物理学史融入高中物理教学有利于提升学生的学习兴趣，课堂上集中注意力，有助于学生对物理概念、规律的理解和掌握，有助于学生解决物理问题，认识科学本质，有助于提升学生的科学探究能力，对学生核心素养的培养具有一定的促进作用。

对于在教学实践过程中需要注意的问题，也进行了一定的总结。需要注意物理学史融入教学中起到的是辅助作用，不能喧宾夺主，大量地去讲述故事，导致学生分不清主次。并且在选择物理学史料的过程中，需要考虑学生目前的知识储备，选取适当的学史内容进行探究讲解。这对以后的物理学史融入高中物理教学实践有一定的参考价值，值得教师思考和借鉴。[①]

第三节　物理学史融入物理教学中的调查研究

一、调查目的

教师若能较好地将物理学史融入物理课堂，则可以在很大程度上激发学生学习兴趣，而学生良好的反应又会增加教师教学动力，从而形成师生互相鼓励、并肩成长、共同进步的良性循环。

本次调查目的是从学生、教师的角度来了解在高中物理教学过程中融入物理学史的实践情况。学生问卷内容包括：对在教学过程中融入物理学史的需求程度与感受，体会新老教师将物理学史融入课堂中有何不同。教师问卷内容包括：将物理学史融入课堂的必要性认识，教师自身的物理学史基础，搜集相关资料的途径，以及进行相关教学存在哪些困难。资深教师访谈内容包括：对物理学史重要性的具体认识，分析广大一线教师特别是新入职物理教师在物理课堂融入物理学史时通常面临哪些困难，以及对一线物理教师的意见和建议。根据以上调查目的与问卷内容，综合参照郝明君（2009）、加那尔·叶尔肯（2020）、唐春梅（2020）等资料，设计了调查问卷与访谈题目。

---

① 杨海英. 物理学史与高中物理规律教学相结合的教学设计研究 [D]. 云南师范大学，2019.

二、调查对象

本次调查采用了问卷和访谈两种方式。

为同时研究新老教师的特点，此次学生问卷调查对象为实习学校实习班级的学生，具体为Y县实验中学高一（1）、（5）、（10）班，高二（1）、（5）、（10）班的360名学生，共计发放360份问卷，收回358份，经过筛选确认有效问卷356份。

教师问卷调查对象是某省A中学、B中学高一物理组的20名一线物理教师（10名女教师、10名男教师），包括5名新入职物理教师（从教时间为1~3年），5名青年教师及10名经验丰富的资深教师。共计发放20份问卷，收回20份，经过筛选确认有效问卷20份。

访谈对象为该省当地两所学校的10名资深教师。5名是教龄二十余年的高级教师，5名是从事教育行业十余年的中级教师。

三、调查情况分析

（一）对学生的调查情况分析

学生问卷部分，1~3题的调查内容为学生对学习物理学史的兴趣和需求，4~5题的调查内容为学生对在教学过程中融入物理学史后的感受，6~8题的调查内容为学生对老教师将物理学史融入课堂的体验，9~11题的调查内容为学生对新教师将物理学史融入课堂的体验。

学生问卷中1~3题的调查结果显示：大部分学生认为物理这门学科比较有趣，但依然选择望而却步。4~5题的调查结果显示：物理学史有助于提高学生学习物理的兴趣，并能够帮助学生加深对物理知识的理解。6~9题的调查结果显示：大部分学生倾向于在课堂中融入物理学史的教学模式，但新入职物理教师的教学效果显然不如资深教师。7~10题的调查结果给出了资深教师的教学效果更好的原因：比起新入职物理教师，资深教师更擅长用幽默风趣的方式、连贯的上课节奏来进行授课。通过8~11题的调查结果，我们可以看出史学内容融入的多少、课堂氛围与时间的把握，都影响着教师的教学效果，并且新入职物理教师对课堂氛围及时间的掌控能力弱于资深教师。

（二）对教师的调查情况分析

1.教师问卷部分

1~3题的调查内容为一线物理教师的物理学史基础，以及将其融入物理课堂的必要性认识。4~8题的调查内容为教师获取物理学史的途径与进行相关教学的方法。9~10题的调查内容是教师对物理学史具有培养学生物理素养教育价值的认识，以及在教学实践过程中面临着哪些困难。

教师问卷中1~3题的调查结果表明：大部分一线物理教师认为在物理课堂中适当融入物理学史是非常有必要的，但他们对相关物理学史内容知之甚少，需要在工作过程中继续学习。4~8题的调查结果表明：教师主要采用网络搜索与阅读相关书籍等方式学习物理学史，并且更倾向于将其融入导入部分或者教学过程中。在"自由落体运动"一节，教师往往因时间紧迫而放弃伽利略对自由落体运动研究这段历史内容，或者放入导入部分简单地涉及一些。在"牛顿第一定律"这一节，时间压力相对较小，大部分教师会尝试将物理学史知识融入课堂。在"万有引力定律"这一节，绝大部分教师会关注到地心说与日心说这一历史冲突，但却很少关注当今的科学成就。在核心素养背景下，大部分一线物理教师认可物理学史具有教育价值，但实践过程中困难重重。

2.教师访谈部分

作者针对4个问题，对该省两所中学的10名资深教师进行了访谈。作者希望通过访谈，了解资深教师对将物理学史融入课堂的具体看法、做法及对一线物理教师特别是新入职物理教师在物理教学过程中融入物理学史的意见和建议。10名资深教师针对每个问题的回答大致可分为3类，下面以教师1、教师2、教师3的回答为代表做详细列举。

问题1：您认为物学史的重要性体现在哪些方面？

教师1：物理学史可以激发学生学习物理的兴趣。相对其他学科来说物理比较枯燥难学，如果能在课堂上融入物理学史上的一些趣事、矛盾冲突，学生的学习积极性会被充分调动，教学效果更加明显。比如，在"自由落体运动"一节，教师向学生介绍伽利略佯谬使得亚里士多德的观点不攻自破的历史事件时，学生会立即被伽利略以子之矛攻子之盾的逻辑思维所吸引，从而为本节课奠定了非常好的情感基础。

教师2：学生可以通过历史人物获得榜样的力量，这培养了他们在高中学习的过程中的信心和毅力。物理学的发展，离不开众多物理学家的努力，他们对科学的贡献成就，除了一颗聪明的大脑，更离不开他们的坚持与不放弃。比如在"牛顿第一定律"这一节，向学生介绍牛顿因家庭的原因形成胆小、腼腆和孤僻的性格，小时候常常被人欺负，也不爱学习，就喜欢一个人动手制作木工，但有一次他做的水车并没有成功还招来了大家的嘲笑，从此他暗下决心，好好学习，最终赢得了老师和同学们的尊重。所以一个人的性格、兴趣、品行才最重要，因为一个人一旦有了这些，迟早会有所成就，逆境能成就人，自尊心、好奇心、勤奋这些品质在牛顿身上发挥到了作用。

教师3：物理学史有助于培养学生核心素养。物理学史有着非常重要的教育意义，其丰富的内容囊括概念与规律的发现过程、科学的思维方式、科学的探究流程、经典的学术冲突等。比如在"自由落体运动"一节，通过向学生介绍伽利略在研究自由落体运动过程中的科学探究方法及上百次的数据记录，学生不仅可以深入理解"匀加速直线运动"这一物理概念、体会逻辑推理与实验验证相结合的精妙之处，还可以形成实事求是的科学态度与价值观。

问题2：您更倾向于在课堂的哪个环节融入物理学史，为什么？

教师1：通常会在导入部分介绍物理学史。在这部分讲解物理学史，一是可以引起学生的学习兴趣，二是这样开展教学比较简单。

教师2：通常会在导入部分或者教学过程中介绍物理学史。没有固定的模式、策略，主要凭借自己的经验、感觉进行教学设计。

教师3：在涉及历史转折点时，为引起学生兴趣，会在导入部分介绍物理学史内容。在涉及科学思维、科学探究时，往往会将物理学史融入教学过程中。

问题3：您认为一线教师特别是新入职物理教师将物理学史融入教学过程中会面临哪些困难？

教师1：一是专业知识与教学技能不足。新入职物理教师学科专业知识匮乏、零散、尚未系统化，在授课时过于依赖PPT等电子设备，与学生的眼神交流极少，并且在面对学生的复杂性与不确定性时，常常会感到手足无措。二是角色的转换困难。新入职物理教师刚刚走上教育岗位，从校门跨入校门，在给与自己年龄相仿的学生授课时甚至会感到紧张。三是几乎所有一线教师的综合素质都有待提高。在教学中融入物理学史，需要教师广泛阅读，并能把物理学史与物理知识融会贯通，这很考验教师的教学设计与临场反应能力。

教师2：职业规划方向不明。很多教师在入职初期没有清晰的目标或者目标过于远大，不清楚自己能不能在这个学校甚至这个行业一直干下去。没有目标的一线物理教师，他们按点上课，从不追求质量，而目标过于远大的教师，对自己的要求又偏高，容易产生焦虑的情绪。其实这两种心态都是不成熟的表现，都会影响教师的正常教学水平。

教师3：人际交往困难。很多物理教师在与同行相处时，要么表现得过于低调，他们不愿意主动也不敢主动发表意见；要么表现得过于张扬、过于自负。两种极端表现都不利于教师向同行请教相关教学方法、技巧及其他任何教学上的问题。

问题4：您对一线物理教师特别是新入职物理教师有哪些建议？

教师1：提升自身教师素养。钻研教材以梳理教学内容，广泛阅读以增加知识厚度，考察学情以掌握学生基础，潜心设计以提高课堂效率。梳理教材中重难点知识及物理学史内容后，阅读物理学史上物理学家们的人物传记和物理学家们的真迹，如《哥白尼伽利略》《牛顿法拉第》《物理学的进化》等。还可以阅读一些科普读物，如《寻找太阳系的疆界》《三体》等。同时还需要了解初中物理教学体系以了解学情，从而为教学设计做铺垫。

教师2：积极与同事沟通。虽然物理学史已经在学界掀起了一股浪潮，但是在教学实践中并不成熟，将物理学史融入课堂对于资深教师来说都具有一定的挑战，所以请广大物理教师虚心请教。俗话说："三人行，必有我师！"注意在沟通的过程中把握好谦卑与自负的度，不卑不亢、尊重他人个性。这样，不仅可以听取其他教师的教学经验，而且可以迅速拉近人与人之间的距离，从而建立起和谐的同事关系。

教师3：一是提高耐挫力。特别是对于新入职物理教师来说，应以积极乐观的态度一分为二辩证地看待人生路上的挫折，摒弃自卑与畏难心理，增加克服困难的动力。二是所有一线教师请正确处理教学与科研关系。正如钱伟长在他的一篇文章中所说："如果没有科研作为底蕴，教学则是没有观点、没有灵魂的教育。"所以教师必须要在做好基本教学工作的同时紧跟时代步伐，教科并重才能增长学问，这是培养教师的根本途径。

四、调查结果

本次调查结果显示：将物理学史融入高中物理课堂具有一定的积极作用，但一线物理教师实施相关教学还存在以下问题：

（1）学生问卷的调查结果表明，虽然有少部分学生倾向于应试教育，但大部分希望教师能够在课堂教学中融入物理学史。并且他们认为虽然新老教师都没能将物理学史的教育价值发挥到最大，但是相比于资深教师，新入职物理教师更难发挥物理学史的教育作用。

（2）教师问卷的调查结果表明，广大一线物理教师肯定物理学史的教育价值，但是他们往往在将物理学史融入课堂教学的过程中捉襟见肘。尽管在繁重的教学任务与现实生活压力下，大部分教师仍然比较倾向于在课堂上融入物理学史，但能力、经验有限加之没有相关成熟具体的教学理论指导，他们常感到心有余而力不足。

（3）通过访谈资深教师，我们可以看出资深教师由于积累了一定的教学经验，他们对在课堂教学中融入物理学史有一些自己较为深刻的看法，也能够较为流畅地将物理学史融入课堂教学。但并没有研究出一套普遍适用的教学模式或具体的教学案例以供同行参考。同时，他们认为较多一线物理教师特别是新入职物理教师存在专业知识与教学技能不足、职业规划方向不明、人际交往困难等问题，并建议广大同行提升自身素养、积极与同事沟通、提高耐挫力、正确处理教学与科研关系。[1]

---

[1] 杨海英. 物理学史与高中物理规律教学相结合的教学设计研究 [D]. 云南师范大学，2019.

第六章　物理学史在高中物理教学中的价值

第一节　中学物理教师对物理学史教育价值认知调查

一、中学物理教师对物理学史教育价值的认知现状调查

（一）调查的目的和内容

本次问卷调查的主要目的是了解物理学史在高中教学中的现状。因为在教学中物理学史教育价值能否实现，是受到教师认知情况影响的，包括认识、心理和行为等因素。教师能否掌握物理学史的知识，认识到物理学史的教育价值，将物理学史融入教学的态度是否积极，用什么方法进行融入等都影响着物理学史教育价值的实现。因此，本次调查内容的维度为教师对物理学史的掌握情况、对物理学史教育价值的认识情况、对物理学史融入课堂教学的态度及融入物理学史的方法。其中，在物理学史的掌握情况和物理学史教育价值的认识调查维度，从教育价值四个维度进行问题设计。根据以上四个维度，综合参照了唐春梅（2020）、刘建忠（2020）和陈洁（2009）等相关资料设计了29道问题，其中选择题8道、采用likret五分制态度量表设计的矩阵量表题21道。

（二）问题设计基本情况

问题的设置有：

（1）您的教龄？

（2）物体的质量与其运动速度无关。

（3）赫兹曾做过阴极射线实验，但因坚持"阴极射线是电磁波"而错失了电子的发现。

（4）迈尔是第一个提出能量守恒思想的人，他曾通过海水在暴风雨中较热的现象，猜想热与运动的等效性。

（5）惠更斯提出了椭球波的设想，解释了方解石的双折射现象。物理学史的掌握情况。

（6）伽利略运用反证法和实验法驳斥了亚里士多德"重的物体下落快"的观点。

（7）安培根据通电螺线管的磁场和条形磁铁的磁场具有相似性，类比提出分子电流假说。

（8）哥白尼因为反对"地心说"、公开"日心说"，被宗教裁判所判为"异端"而被处死，为科学付出了生命的代价。

（9）我认为教学中没必要介绍亚里士多德"力是维持物体运动"的错误观点。

（10）我认为将物理学史上关于"运动的量度"的争论引入课堂，有利于培养学生的辩证思维能力。

（11）我认为将"中子的发现"引入课堂，有利于培养学生质疑创新的能力。

（12）我认为介绍物理概念和规律的形成过程有利于学生理解和掌握科学方法，培养学生的思维能力。

（13）我认为勒维耶通过类比法得出"火神星"存在的失败经验，有利于学生对科学方法形成正确认识。

（14）我认为讲解法拉第持之以恒地探索"磁生电"的过程有助于培养学生的科学思想与精神。

（15）我认为物理学史有利于学生明白科学知识的发展特性。

（16）我会通过专业的物理史书籍和网络资源等途径补充物理史实来教学。在教学中融入物理学史。

（17）我会在教学研讨中与其他老师谈论物理学史的内容。

（18）我认为教学中融入物理学史，会增加我的教学负担。

（19）我认为教学中融入物理学史，对提高学生考试成绩没有帮助。

（20）我认为教学中融入物理学史，对学生的能力提升没有帮助。

（21）我认为教学中融入物理学史，需要更多优质示范资源。

（22）我认为高考评价中应该从物理学史的发展过程中挖掘更多素材。

（23）我在讲授某一物理概念或规律时，会向学生介绍它的发展历史。

（24）我在教学中经常介绍物理学家的生平故事及科学精神，在教学中融入物理学。

（25）我在实验教学中经常从物理学史中挖掘实验设计的方案。

（26）我在教学中经常挖掘物理学发展过程中蕴含的科学方法。

（27）我经常用讲授法呈现物理学史内容。

（28）我经常鼓励学生查阅物理学史资料，用讨论法来帮助学习。

（29）我们学校开设了物理学史的校本课程。

（三）调查题目基本情况维度

第（1）题，调查了教师的教龄。

第（2）（8）题，体现的是物理学史的个性品质价值；第（3）题，体现的是物理学史的知识价值；第（4）（5）题，体现的是物理学史的能力价值；第（6）（7）题，体现的是物理学史的方法价值。

第（9）题，调查的是教师对于物理学史知识价值的认识；第（10）（11）题，调查的是教师对于物理学史能力价值的认识；第（12）题，调查的是教师对于物理学史知识价值、能力价值和方法价值的认识；第（13）题，调查的是教师对于物理学史方法价值的认识；第（14）（15）题，调查的是教师对于物理学史个性品质价值的认识。

第（16）（17）题，调查的是教师的主动性，对于获取资源和与人交流是否主动；第（18）题，调查的是教师是否认为融入物理学史会造成教学负担的态度；第（19）（20）题，通过间接的问题，调查教师对于物理学史的态度；第（21）（22）题，调查的是教师对于物理学史的需求情况。

第（23）题，体现的是物理学史的知识价值；第（24）题，体现的是个性品质价值；第（25）题，体现的是能力价值；第（26）题，体现的是方法价值；第（27）（28）题，调查的是教师授课采用的方式；第（29）题，调查的是相关校本课程的开设情况。

本研究是通过网上问卷的形式，对全国各地的一线物理教师进行物理学史教育价值认知调查。共获得有效问卷99份。

二、问卷分析

除此以外，根据教师的教龄，利用SPSS软件对调查问卷进行了单因素方差分析，结果显示：教师对于物理学史教育价值的认知情况总体上不存在差异，即教龄不影响教师对于物理学史教育价值的认知。

第（2）题的目的主要是想考查教师的科学观，初步可以得出：有59.6%的教师可以从经典力学和相对论角度去认识质量与速度的关系；33.33%的教师只是从经典角度去认识两者的关系；7.07%的教师则是不确定是否应该考虑到相对论角度。该题的正确率只有30.3%，有近70%的教师认为第（8）题所表述的内容是正确的。

74.75%的教师对第（3）题的相关知识是有所认识的，只有13.13%错误的。但是不确定的数据表明，有12.12%的教师对相关知识是不了解的。

第（4）题能正确判断的教师占48.48%，而不确定的比例达到了45.45%；结果说明教师对于能量守恒定律的相关史实的了解和掌握存在不足。对第（5）题相关知识有所了解并正确选择的教师有51.52%，而不确定的占40.4%，说明有相当一部分的教师对该题相关知识的了解并不充分。

第（6）题，该题选择正确的教师有91.92%，说明一线教师对于第（6）题的相关知识有较为深入的了解。有86.87%的教师对第（7）题的相关知识有较好的掌握，错误选择的有9.09%。

根据以上第（2）~（8）题的统计，从数据分析可知，教师对于体现个性品质价值的物理学史知识的掌握有待加强；从（4）（5）题的数据分析可知，教师对于体现能力价值的物理学史知识掌握情况十分不足；从第（3）题可知，对于体现知识价值的物理学史掌握情况一般；第（7）（8）题可知，教师对于体现方法价值的物理学史知识有良好的掌握。进一步地分析，发现第（4）（5）题为补充材料，而且是属于热学和光学的相关知识；第（3）题为补充材料，但是属于电学知识；第（6）（7）题为教材中所含知识，且属于力学和电学知识，且第（6）题来源于正文部分；第（8）题属于力学知识，但是不在正文部分。基于以上的分析，可知：教师对于物理学史的知识掌握需要进一步加强；教师对于电学和力学知识的掌握情况优于热学和光学，对于教材关于物理学史的知识掌握情况优于补充的物理学史知识；对于处于正文部分的物理学史知识掌握情况优于其他栏目。

92.93%的教师觉得物理学家的错误认识是有价值的，应该在相关教学中予以应用，只有少数的教师认为不需要提供科学家的错误观点。有超过80.54%的一线教师认为科学家们的争论有利于培养学生的辩证思维能力，其中有30.3%持高度赞同的观点，只有少数教师持有否认态度，15.15%的教师保持中立。有86.87%的教师认为将"中子的发现"引入课堂，有利于培养学生的质疑创新能力。持同意态度的物理教师有48.48%，非常同意的教师有23.23%，而有7.07%的教师持否认态度，20.2%的教师保持中立。有58.59%的教师持有同意的观点，有34.34%的教师持有非常同意的观点，总共有92.93%的教师持有认可态度。有53.54%的教师持有同意态度，有41.41%的教师是非常同意。

根据以上关于物理学史教育价值的认识的数据分析，由第（9）题和第（14）（15）题的数据可知，教师对于物理学史知识价值和个性品质价值有高度的认识；由第（10）（11）题和第（13）题的数据可知，教师对于物理学史的能力价值和方法价值有良好的认识。

有85.86%的教师会通过其他途径主动获取资源，4.04%的教师主动性不足，不会从专业书籍和网络资源等途径补充物理学史的知识，并且通过进一步的数据分析可知，这些教师对物理学价值的认识也是不足的。有77.78%的教师会与其他教师交流物理学史的内容，16.16%的教师持不确定的态度，5.05%的教师持否定态度，1.01%持非常不同意的态度。进一步数据分析表明，持否定态度的教师大部分也不会主动通过其他途径获取物理学史素材。

有66.66%的教师认为物理学史的融入不会造成教学负担，其中有24.24%的教师持高度认可观点；而有18.18%的教师认为物理学史的融入会造成教学负担，有3.03%的教师强烈认为物理学史会造成教学负担。进一步数据分析表明，认为物理学史融入教学会造成负担的这些教师是认可物理学史的教育价值的，但同时也认为物理学史的融入对于学生的成绩提高和能力提升没有帮助。

有65.65%的教师认为教学中融入物理学史，对提高学生考试成绩是有帮助的，而有14.14%的教师认为是没帮助的，4.04%的教师强烈认为没有帮助。但是认为对学生开始成绩提高没有帮助的这些教师，是认可物理学史具有教育价值的。有42.42%的教师认为物理学史的融入是可以帮助学生提升能力的，29.29%的教师对此观点高度认可；有15.14%的教师认为物理学史的融入对学生能力的提升没有帮助；13.13%的教师保持中立。通过进一步的数据分析，15.14%（15名）的教师里，有13名教师在回答（9）~（15）题的问题时，是持有认可态度的，即这部分教师认为物理学史具有知识价值、能力价值等教育价值，但却认为物理学史不能帮助学生提升能力；并且有10名教师认为引入物理学史会增加教学负担，有12名教师认为物理学史的融入对于学生的成绩提高没有帮助。

有91.92%的教师认为物理学史融入教学需要更多优质示范资源，有2.02%的教师持否认态度，5.05%的教师保持中立。有50.51%的教师认为高考评价中应该从物理学史的发展过程中挖掘更多素材，有26.26%的教师对此非常同意，有5.05%的教师持否认态度，1.01%的教师持强烈否定的态度，17.17%的教师持有不确定的中立态度。

以上数据，从第（16）（17）题可知，大部分一线教师较为主动地去获取资源和与他人进行有关物理学史的交流；从第（18）题可知，有很少一部分教师认为物理学史的融入会造成教学负担；从第（19）（20）题可知，有部分教师对物理学史教育价值的认识与他们将物理学史融入教学的态度是存在差距的；从第（21）（22）题可知，教师认为高考评价试题中应该挖掘物理学史的素材，对于物理学史的优质示范资源有迫切需求。

有45.45%的教师在讲授概念规律的时候，会向学生介绍它的发展历史，29.29%的教师对此表示非常同意，有8.08%的教师在教学中并不会介绍概念规律的发展历史，2.02%的教师持有强烈的否定态度。69.69%的教师在教学中是经常介绍物理学家生平故事及科学精神的；23.23%的教师是不确定的态度。有65.65%的教师会从物理学史中挖掘实验设计方案，21.21%的教师是不确定的态度，表明只是偶尔会挖掘物理学史中的实验方案。有13.13%的教师对第（25）题是持有否定态度的。有53.54%的教师会经常挖掘物理学发展过程中蕴含的科学方法，且有24.24%的教师持非常同意的态度，而有19.19%的教师保持中立。

有78.79%的教师经常用讲授法呈现物理学史，有6.06%的教师是否定态度，15.15%

的教师是不确定的态度。有45.45%的教师会让学生查阅相关物理学史资料，用讨论法来学习，有19.19%的教师对此持有非常同意的态度。进一步交叉分析，持不同意态度（15.15%）和不确定态度（19.19%）的这些教师是倾向于采用讲授法进行教学工作。只有28.28%的教师所在的学校开设了物理学史的校本课程，表明目前开设相关校本课程对物理学史价值进行挖掘的学校十分稀少。

从第（23）题分析可知，大部分物理教师会介绍概念规律的发展过程；从第（24）题数据分析可知，对于体现物理学史个性品质价值的知识有待增加；物理学是以实验为基础的科学，物理学史中的实验设计方案蕴含着丰富的教育价值，但是从第（25）题的分析可知，有一部分的教师并未重视物理学史在实验设计方面存在的价值；从第26的分析可知，大部分教师会挖掘物理学史中蕴含的科学方法；从第（27）（28）题可知，讲授法和讨论法是教师融入物理学史的主要方法；从第（29）题的分析可知，目前很少有学校开设校本课程对物理学史的教育价值进行渗透。①

三、调查结论

通过问卷，整体分析可知：有很大一部分教师对物理学史的教育价值有高度认识，对于在教学中融入物理学史的态度趋向于主动，会积极将物理学史融入教学。而更具体的教师调查结果及分析如下。

（一）对物理学史知识的掌握

教师对课本中关于物理学史的知识有一定程度的掌握，但是对于相关知识点进一步补充的物理学史知识掌握情况并不理想；教师对处于教材正文部分的物理学史知识掌握情况优于其他栏目；教师对于力学和电学这两部的史实掌握优于热学和光学部分。所以，一线教师对物理学史的相关知识掌握有待加强，特别是要挖掘因教材篇幅受限未能呈现的、需要进一步补充的有一定教育价值的物理学史知识。

（二）对物理学史教育价值的认识

绝大多数教师都认识到了物理学史具有教育价值，教师们对于物理学史的知识价值和个性品质价值的认识程度优于能力价值和方法价值。所以，应尽可能地从物理学史素材中挖掘物理学史的能力价值和方法价值。

---

① 张莉 . 高中物理教学中引入学史教育的实践研究 [D]. 东北师范大学，2011.

（三）在教学中融入物理学史的态度

大部分物理教师对于在教学中融入物理学史持有积极正向的态度；有部分教师对物理学史教育价值的认识与他们将物理学史融入教学的态度存在差距；对于物理学史的优质示范资源有迫切需求；认为高考评价试题中应该挖掘物理学史的素材，发挥评价体系的导向功能。所以，要挖掘物理学史的素材用于教学，增加示范性教学案例；高考评价试题应增加对物理学史有关素材的应用和考查。

（四）在教学中融入物理学史

大部分一线教师在教学中会介绍概念规律的发展过程，挖掘物理学史中的实验设计，同时仍有部分物理教师未重视物理学史在实验设计方面的价值；大部分教师重视物理学史的方法价值，会在教学中挖掘物理学发展中蕴含的科学方法；一线教师经常用讲授法和讨论法对物理学史进行融入；在两种方法中，讲授法的选择多于讨论法，通过教师的选择，可以明确大多数学校并未开设校本课程对物理学史的教育价值进行渗透。所以，在融入物理学史的方法方面，要尽可能挖掘物理学史中的实验设计方案；选择物理学史具有特色的模块，给物理学史有关的校本课程提供参考。

第二节　探索在教学中实现物理学史价值的策略

一、教育价值的分类

关于教育价值的分类，历史上许多教育家都做过尝试和探讨：国外典型的是英美、德、日本学者的观点。如美国教育家杜威和教育学家杜鲁巴克，从教育活动的功用出发，把教育价值分为内在价值和外在价值；斯宾塞把教育价值分为知识的价值和训练的价值；斯普朗格将教育的陶冶价值分为理论价值、审美价值、社会价值、经济价值、权力价值和宗教价值。

我国关于教育价值理论的研究取得了很大的成就。其中，具有代表性的是王坤庆教授和陈理宣教授的观点。陈理宣教授认为教育价值概念才是教育价值分类的出发点，将教育价值分为教育的价值和对于教育的价值。教育的价值可以分为教育对于人的价值和对于社会的价值；由于相互作用有直接和间接之分，教育对于人的价值和对于社会的价值又分为对于人的（对于社会的）直接价值和间接价值。其中，教育对于人的直接价值指具体的教育教学情境中的主体通过教育教学活动获得的满足，当主体的人为学生。王坤庆教授认为教育价值是一个多层次统一体。他指出，从教育关系运动的成果来看，教育价值可以分为两个层次：第一层（宏观层次）包括教育与社会价值之间的关系；教育与个人发展之间的关系。第二层（微观层次）包括教师与学生之间的价值关系（"人—人"的关系）；教学内容、情境等与教育者、受教育者的关系（"物—人"的关系）。[①]

由于陈理宣教授对于教育价值的分类在一定程度上与物理学科课程目标的内涵较为一致，且本研究选用的是陈理宣教授的观点对教育价值进行界定。因此，本研究教育价值的分类将采用陈理宣教授从教育价值概念出发，对教育价值进行的分类。除此之外，考虑到本研究是研究在教学中的教育价值，王坤庆教授对教育价值的分类框架对于行文的研究具有一定的指导价值。所以，本研究对于教育价值的分类主要是根据王坤庆教授分类中的微观层次和陈理宣教授教育价值框架中的教育，它的具体表现形式是知识价值、能力价值、方法价值和个性品质价值。价值中涉及教学活动中的一部分，进行整合、内化后所形成的教育价值分类。

二、物理学史的教育价值分类

综合王坤庆教授和陈理宣教授对教育价值的分类，并根据本研究的需要分析整合之后，得到以学生为主体的教育教学活动中，教育价值分类可分为知识价值、能力价值、方法价值和个性品质价值。但是，教育价值是一个大教育概念，当它聚焦于学科教学时，不同学科所强调及体现的教育价值将存在差异。所以，考虑到物理学科本身的特点，本研究将从物理学科特性出发，强调物理学史中具有学科特性的教育价值。

（一）知识价值

知识具有自己的独立表现形态，它的内容是客观的，是特定对象存在和发展变化状态及其规律的反映。陈理宣教授认为，知识价值指学生在教育教学过程中掌握人类积淀下来的历史经验、知识成果的需要得到满足或实现。知识的形成是有主观条件的，它是人品格、能力、方法的凝结物。在物理学史中，强调的是概念和规律的形成发展过程、实验的发现及科学家们正确或错误的观点和历史经验等宝贵的知识价值。

---

① 张莉. 高中物理教学中引入学史教育的实践研究 [D]. 东北师范大学，2011.

（二）能力价值

掌握知识是基础目标，但是教育教学活动的目的却不仅仅是满足于知识的理解和掌握，更应该是把前人凝结在知识上的智力因素和非智力因素挖掘出来，从而让能力得以发展。学生在教学过程中需要培养多种能力，而不同的学科特点所注重的能力将有所不同。邢红军老师（2006）提出了物理能力理论，将物理能力分为：观察、实验能力；物理思维能力；物理想象能力；物理运算能力；运用物理知识和物理方法的能力。学者程琳（2009）提出物理能力包括：物理知识运用能力、物理观察能力、物理实验能力、物理思维能力和物理创造能力。本研究主要借鉴了以上两种思想，明确物理学史的能力价值主要强调的是：观察、实验能力，物理思维能力，物理想象能力和物理知识运用能力。

1.观察、实验能力

观察主要是指人们对物理现象在自然发生的条件下进行的考察；实验主要包括提出问题、明确实验目的、制订计划、分析数据、解释现象、得出结论等要素。伽利略通过实验数据分析，得出了物体运动的距离与时间的平方成正比；卢瑟福根据 α 粒子的散射现象，发现粒子有大角度的偏转，提出了原子的核式模型；第谷做了大量的天文观测，获得了非常珍贵的行星运动实验数据。

2.物理思维能力

思维的过程主要包括：分析、综合、抽象和概括等；思维的主要形式是判断、推理等。推理一般有归纳推理、演绎推理和类比推理。欧姆将电流传导与热传导进行类比，推理出了电流传导的数学公式；在万有引力定律的发现过程中，牛顿将物理的旋转问题与地月之间的关系进行类比，推理论证了行星运行所受到的力是一种连续指向一个确定中心的作用力；运用数学推理方法，牛顿推导出行星运行受到的向心力遵循的是平方反比定律；最后，牛顿运用演绎推理方法，把平方反比定律推广到一切物体，得出了一切物体之间均存在引力的结论。

3.物理想象能力

想象是人脑已有的表象经过组合和改造而产生新形象的心理过程。包含的要素为——建立空间位置关系，形成物理图景，构成理想化形象。惠更斯提出了椭球波的设想，解释了方解石的双折射现象；牛顿曾提出了"高山抛物"的设想——把物体从高山上水平抛出，速度一次比一次快，落地点就一次比一次远，如果速度足够大，物体就不再落回地面。事实证明，牛顿对统一性的追求并未出错，平抛运动和圆周运动都是受到地引力的作用。伽利略研究"单摆"的时候，忽略空气阻力的影响，抓住重力和拉力的共同作用，得出单摆是一个反复运动；伽利略在研究自由落体运动和平抛运动的时候，抓住了重力这一主要矛盾，排除其他因素的影响，进而诞生了自由落体运动和平抛运动这两种理想过程；在牛顿第一定律的形成过程中，伽利略忽略摩擦力，进行了理想实验；卡诺在研究热机时候，忽略温度的变化和热量交换等因素，设想了一个由两个等温过程和两个绝热过程组成的理想循环。

4.物理知识运用能力

运用物理知识主要指运用已有的知识解决问题，进而获取新知识或得出结论的能力。物理学家库仑在进行探究电荷间作用力的时候，运用了电量均分的思想，让两个小球带上等量的电荷；伽利略研究自由落体运动的时候，运用了"冲淡重力"与极限方法，得出了时间和位移的关系；卡文迪许测量万有引力常量时，由于引力常量较小，使用常规的方法是无法测量的，于是卡文迪许运用光的反射对金属丝转动的效应进行了放大；哈雷运用万有引力定律，预测了彗星的回归；查德威克根据动量守恒定律，肯定了中子的存在；勒维耶运用万有引力定律计算结果预言了海王星的存在，因此海王星被称为"笔尖下的行星"。

5.探索物理科学的方法

在物理知识的形成发展中，蕴含着许多科学家在科学探索过程中总结和使用的科学方法。陶丹（1993）提出主要物理科学方法包括实验法、观察法、假说法、类比推理法和非常规方法（直觉、机遇和灵感）；张宪魁（2015）认为，物理科学方法包括观察实验方法、逻辑思维方法（分析法、综合法、归纳法、演绎法、理想化方法、类比法、假说法等）和数学方法（比值法、模型法、控制变量法、等效代替法等）。除此之外，刘栓江（2007）、贾贵儒（2009）和孙丽（2017）也对物理科学方法有过类似的分类。因此，本研究结合物理学发展的特性，在物理学史的方法价值中主要强调分析与综合、归纳与演绎、类比法、假说法和非常规方法。

（1）分析与综合

分析是从整体到部分的思维方法，综合是从部分到整体的思维方法。牛顿曾说："在自然科学里，应该像在数学里一样，在研究困难事物时，总是应当先用分析的方法，然后才用综合的方法。"在研究行星的运动中，第谷做了大量的天文观测，获得了非常珍贵的实验数据。开普勒运用了先分析后综合的方法，把太阳系这一整体分解成了一个个部分，并把火星轨道的偏差作为矛盾进行深入的研究，最终将大量的实验数据转化得出了椭圆轨道的定律。1900年，泡利分析了β衰变中电荷、动量、能量等问题，首次预言了中微子的存在；普朗克对维恩定律和瑞利—金斯定律进行了综合分析，从经验事实出发，提出了能量量子化假说，于1900年理论上推导出了与实验结果符合得十分好的普朗克黑体辐射公式。归纳法是由个别（事实）到一般的推理方法，演绎法与归纳法相反，是由一般到特殊的方法。伽利略以自己的脉搏做计时器，发现即便烛架的摆幅越来越小，但是摆动的周期是固定不变的，因此他用不同的摆长和不同质量的摆锤做实验，思考列举了尽可能的原因，最终归纳得出周期与摆锤的重量及幅度是无关的；在查德威克对中子的研究中，泡利和费米对中微子的研究中，科学家们从守恒定律出发，运用演绎法提出了相应的预言。

（2）类比法

类比法是把研究对象对比熟悉的事物，根据两者之间有某种类似或相似的关系，从已知对象具有某种特性，推出研究对象也具有相应性质的方法。在研究电荷的相互作用力时，法国的普利斯特根据实验结果，把电荷之间的作用力与物体之间的引力作用进行了类比，猜测电的作用也遵循着同样的规律；在电磁场理论的建立过程中，法拉第类比磁力线提出了电力线，进而提出了"场"的概念；汤姆逊把静电分布与热流分布进行类比，把法拉第的力线思想转变为定量的表达，为麦克斯韦的工作提供了十分有利的经验；麦克斯韦发展了汤姆逊的类比，把法拉第的力线与不可压缩流体的流线进行类比，把流线的数学语言表达应用到了电磁场中。

（3）假说法

指的是将已知的科学知识、观察到的现象等，经过科学抽象和逻辑推理，对未知的现象或研究的目标做出初步的推测性的设想和解释。哥白尼认为，太阳在天空中的运动并不是太阳本身的运动，而是因为地球在转动，同时地球和其他行星又绕着太阳运动，为此提出了日心地动假说；德布罗意提出了物质波假说，把爱因斯坦的波粒二象性推广到微观粒子；爱因斯坦提出光量子假说，解释了光电效应实验现象；1931年，根据物质的对称关系狄·拉克提出了著名的"正电子"假说；玻尔根据卢瑟福的原子核式模型和氢原子光谱图，在量子化思想的指引下，提出了玻尔假说，建立了著名的半经典半量子的圆轨道量子理论；麦克斯韦在研究电磁场理论的时候，提出了"位移电流"假说，推广了安培环路定理。

（4）非常规方法

灵感是一种复杂的思维现象，它具有新鲜性、非逻辑性、意外性等特征；直觉就是人对事物发展变化的一种洞察力；在进行观察、实验和创造发明的过程中，人们往往由于某个偶然的事件或机会遇到未曾见过的自然现象，并由此取得突破性发展，这种偶然或意外称为机遇。奥斯特经历过多次试验探究，都未能发现电流的磁效应，但是一次偶然的机会就观察到了电流的磁效应现象；卢瑟福就是凭借着敏锐的直觉，投入了原子核的研究中，取得了丰硕的成果；伽伐尼在进行解剖青蛙的实验时，偶然观察到青蛙腿和金属环接触时会出现痉挛现象，从而发现了电流；爱因斯坦在普朗克提出量子假说以后，并未像其他科学家一样修改理论来符合古典物理学，而是凭借着直觉提出了光量子假说，发展了量子理论，他曾说："我相信直觉。"

（三）个性品质价值

何卫东（1999）在文章中曾将个性心理品质分为：激发兴趣；建立信念；调动情感；锻炼意志。个性品质是一个系统，心理学家们对于个性品质的看法不尽相同，但其基本精神大体一致："个性，是人们的心理倾向、心理过程、心理特征及心理状态等综合形成系统心理结构。"心理倾向包括需要、动机、理想、信念和世界观等，心理特征包括兴趣和能力，心理过程包括认知、情感和意志等。不可否认，学生学习知识的过程，也是他们形成特定性格和品质的过程。基于物理学科特性，物理学史的个性品质价值主要强调的是：科学兴趣、理想和信念、情感和意志、态度和科学观。

1.科学兴趣

兴趣是以需要为基础的，对于某件事物或某项活动感到需要，就会热心于接触这件事物，积极从事这项活动，探索其奥秘。科学兴趣主要指对科学的兴趣。兴趣是最好的老师，"知之者，不如好之者；好之者，不如乐之者"。科学探究的历程也是如此。迈尔是一名医生，出于兴趣走向了科学探究道路，被认为是具有能量守恒思想的第一人；傅科早年学习医学，后来出于对于实验物理特殊的兴趣和爱好，才转向进行物理学实验研究，为物理学的发展做出了许多贡献；波恩回顾自己一生的科研历程时，说道："我一开始认为搞科研工作是很大的乐事，直到今天仍是一种享受。"

2.理想和信念

理想指对奋斗目标的追求和向往；信念是指个人坚信某种观点的正确性，并支配自己行动的个性倾向。布鲁诺坚定自己的信念，勇于为科学献身——由于公开"日心说"，最后被烧死在"鲜花广场"。从1842年到1828年，法拉第进行了许多次电磁学的实验，但是实验失败并未击败法拉第，他十分坚信自己的信念；法拉第曾当众演示了电磁学实验，当被问道："这有什么用呢？"法拉第回答："请问，新生婴儿有什么用？"这一巧妙的反问，揭示了法拉第对于科学的希望，体现了他的崇高理想和追求。

3.情感和意志

情感的主要内容之一是道德感，道德感包括爱国主义、民族自豪感和义务感等。意志指个体自觉的确定目的，克服困难，实现预定目标的心理过程，主要包括对科学持之以恒、坚韧不拔的意志等。奥斯特经过多次试验失败，却永不言弃，历经17年偶然发现了电流的磁效应；查德威克历经11年的艰辛探究，才发现了中子，获得了诺贝尔奖；爱因斯坦将拍卖手稿获得的650万美元无偿捐献给了反法西斯战争；居里夫人不慕财富，将千辛万苦研究发现的镭捐献给了医院；等等。

4.态度和科学观

态度是对某一个特定对象的心理倾向，主要指对科学实事求是、认真严谨的态度；科学观主要指对科学的看法，认识到科学知识的暂时性、动态性和非客观性，对科学知识持有质疑的态度等。美国物理学家R.A.密立根对科学有着实事求是的科学态度——在通过实验测量元电荷时，发现有一个数据似乎表明，实验中观察到的电荷量为元电荷的三分之一的电荷，因他没有充分的根据说这是测量的错误，于是忠实地记录该数据。在"运动量度"的争论中，分别以笛卡儿和莱布尼兹为代表的两派科学家坚持自己的观点，质疑他人的理论，最后由达朗贝尔提出mv和mv^2都可以作为运动的量度，只是角度不同而已。除此之外，在热学中的"热质说"与"热动说"之争，在光学中的"粒子说"与"波动说"之争，关于阴极射线本性的争论，等等，这些都是由科学家们的坚持和质疑提出的，最后得出了创新性的结论。

三、探索在教学中实现物理学史教育价值的问题解决策略

通过对教材统计进一步对比，2010版教科书对于个性品质价值体现高幅度增长，2019版教科书突出强调了方法价值；整体上，教材对物理学史教育价值的体现有均衡、多元化发展的趋势，因此需要尽可能挖掘物理学史料及其中蕴含的教育价值。通过教师现状调查，教师对于物理学史的掌握有待进一步加强，对于电学和力学部分相关的物理学史的掌握优于热学和光学等部分；教师对于物理学史融入教学的示范资源有迫切需求，对于物理学史中有关的实验设计和研究方法的挖掘有待进一步深入；缺少具有特色的物理学史模块，给物理学史有关的校本课程提供参考。从高考试题的统计分析中，发现真题存在题型单一、素材包容性不强、对于个性品质价值和方法价值的考查不足等问题。基于以上分析，本研究提出以下相应的解决策略。

（一）加强对一线物理教师的物理学史培训

物理教师自身对于物理学史内容的掌握和对物理学史教育价值的认知，深刻影响物理学史教育价值的实现。因此加强对一线教师物理学史内容及物理学史教育价值的培训是十分重要的，本研究对教师培训路径进行了探索并提出了以下几点要求。

1.物理学史相关书籍的学习

首先，高中物理教科书在正文、科学漫步、STSE等模块蕴含着丰富的物理学史史料，教师可以尽可能地掌握相关的物理学史内容和挖掘物理学史蕴含的教育价值。其次，教材中的物理学史材料是有限的，网络文本资源和相关书籍的获取十分便利，教师可以通过网络或纸质的专业书籍对物理学史知识进行补充。

2.物理学史相关课程的学习

系统学习物理学史课程，是培训教师十分有效的途径。首先，学校可以通过邀请物理学史专家、开设线下物理学史讲座对教师进行指导；其次，线上教学平台资源十分丰富，

可以通过学习相关的物理学史网络课程，加强自身对物理学史内容的掌握。

3.物理学史相关活动的开展

与人交流是掌握物理学史内容和认识物理学史教育价值的有效途径。学校或者教育部门可以定期开办物理学史读书会活动，就某一物理学家的思想和生平、某一概念或者规律的形成和发展、某一实验的探究历程等，通过交流和思想碰撞掌握物理学史的知识的同时，挖掘物理学史的教育价值；开展认识物理学史教育价值的竞赛或者基于物理学史实的话剧、小品等演出活动，如"伽利略与亚里士多德的对话""运动量度的争论"和"能量守恒定律的探索"等，通过良性竞争和活动交流对教师进行物理学史内容及物理学史教育价值的培训和熏陶。

（二）优化物理学史评估内容

从对"物理学史料题"的整体具体分析情况，得出如下优化建议：

（1）"物理学史料题"的考查可以如同北京卷中所采用的形式一样，用简答题的形式。主观性试题（主要有简答题、论述题）完全可以纳入我国考试命题之中。

（2）"物理学史料题"素材应该更具有包容性，不应局限于对力学和电学的相关历史素材的考查，对热学与光学等其他模块应有涉及。

（3）"物理学史料题"应该深化对能力价值的考查，增加对方法价值和个性品质价值的考查。除了充分利用教材中相关的物理学史例题和材料外，还应收集与高中物理知识内容联系紧密的史料，以充分利用物理学史，实现教育价值。现举以下几例予以说明：

例1：科学家对于光本质的认识，符合史实的是（　）

A.光的色散说明光具有粒子性

B.光电效应说明光具有波粒二象性

C.光的折射和反射现象说明光具有波动性

D.泊松支持波动说，他的泊松亮斑实验证明光具有波动性

例2：物理学的发展离不开科学家们的无私奉献，他们的科学精神和品质是十分值得我们学习的。以下符合史实的是（　）

A.卢瑟福经过十二年的实验研究，发现了中子

B.奥斯特经过多次失败，不言放弃，历经17年发现了电流的磁效应

C.居里夫人将研究的镭无偿捐献给了医院，却因长期辐射死于白血病

D.法拉第为了科学，拒绝了法院的高薪聘请，拿着实验员微薄的工资

例3：概述卢瑟福α粒子散射实验。

例4：什么是"永动机"，为什么永动机不可实现？

例5：评价科学家们对"永动机"的探索，给人类和社会带来了什么影响。

例6：评价亚里士多德的功与过。

例7：法拉第和其贡献给人类和社会带来了什么影响？

例8：伽利略的理想实验中运用了什么科学方法？

例9：库仑运用了什么方法，发现了库仑定律（　）

　A.演绎法

　B.推理法

　C.类比法

　D.模型法

例10：麦克斯韦电磁场理论的建立，主要运用了什么方法？

例11：伽利略曾做过单摆实验，在无障碍的时候，C点处的小球可以摆动至D点，若E处固定一钉子时，C点处的小球可以摆动到G点，若F处固定一钉子，C点处的小球可以到达I点。请问：伽利略通过这个实验想说明什么观点？

教育价值分析：例1主要是对光学知识的考查，考查的是物理学史的知识价值；例2考查的是物理学史的个性品质价值；例3考查的是物理学史的知识价值，通过对卢瑟福α粒子散射实验的概述，知道卢瑟福是通过什么实验设计、现象分析得出原子的核式模型的；例4考查的是物理学史的知识价值和能力价值，要求学生知道永动机概念的同时，能运用所学的知识，分析永动机不可实现的原因，考查的是学生运用知识的能力；例5的问答题，考查内容体现的是物理学史的个性品质价值，是对学生情感和价值观的考查；例6的评价问答题是对个性品质价值的考查，通过对科学家功与过的认识，正确评价科学家，形成正确的价值观；例7问答题主要是对学生的科学精神和态度进行判断；例8主要是运用简答题的形式，通过学生对实验的分析，考查学生运用物理知识的能力，实现物理学史的能力价值，例9、例10和例11这三题主要以选择题和问答题的形式进行考查，考查学生观察、分析实验现象，得出结论的能力，体现物理学史的能力价值。

（三）挖掘物理学史史料，大力开发相关的高中物理课程资源

物理学史是一块宝地，蕴含着丰富的课程资源。应该尽可能地挖掘物理学史素材，实现物理学史的教育价值。通过挖掘历史上经典物理实验的设计过程，提炼物理学史的方法价值及能力价值，挖掘物理学发展中失误、挫折、信念等相关经历，提炼物理学史的个性品质价值；挖掘中国古代物理学史（包括力学、光学、声学等）的发展，提炼方法价值及个性品质价值等；挖掘蕴含HPS教育理念的史料，提炼知识价值等多个维度的教育价值。在挖掘教育价值的同时，明确物理学史融入教学，并不是像19世纪以前的物理教科书那样"从猿到人"百科全书式的讲授；而是取其精华、去其糟粕，进行必要的精选和提炼，是遵循一定的教学原则进行的。例如，忠实于历史事实，不进行捏造和杜撰；选用内容是恰

如其分，不过分地夸大；物理教学并不是物理学史的教学，物理学史只是作为教育价值的载体，利用物理学史实现教学目标，不喧宾夺主、本末倒置。[①]

1.挖掘历史上经典物理实验的设计方案

物理是一门以实验为基础的学科。物理实验可以发现新事实，探索新规律；可以对理论进行检验；可以测定常数和开拓新领域。因此，实验在物理教学中的地位是毋庸置疑的。而物理学史上的经典实验是成百上千的，本节只选取了几个经典实验，介绍其设计思想、实验结果等，让物理学史的教育价值得以体现。

（1）傅科摆实验

16世纪，"日心说"的创始人哥白尼就提出了地球自转理论。1851年，物理学家傅科在巴黎万神殿用实验证明了地球的自转，这一实验称为傅科摆实验。但这仅仅是傅科在物理学领域的伟大贡献之一。实验设计：选择摆长为67m、摆锤重28kg且直径为30cm组成的单摆，将其悬挂在巴黎万神殿屋顶的中央位置，让它能够在任何一个方向自由地摆动；在摆的下方则放有直径为6m的沙盘和启动栓；通过摆锤下的指针记录摆在沙盘上留下的痕迹。实验设想：傅科设想，如果地球不自转，那么摆将沿着固定的方向运动；如果地球是自转的，则摆运动的方向将发生改变。实验结果：正如物理学家傅科所设想的，摆沿着顺时针方向发生了偏转。每经过一个周期的振荡（一周期约为16.5秒），两个轨迹之间就会有差距，大约3mm，每小时偏转的角度为11°20'，经过约31小时47分钟后，摆锤就会回到原处。巧妙之处：摆锤足够重，增大了惯性且减小了空气阻力的影响；摆线足够长，增加了观察时间；摆线可以在任意方向上运动，有利于固定摆动平面。

教育价值分析：傅科的实验设想，体现了科学家的物理想象能力；对实验结果的分析，体现了科学家的观察、实验能力；实验设计的巧妙之处，体现了科学家物理知识的运用能力。因此，傅科摆这一经典实验，以知识价值为载体，充分体现了能力价值。

（2）卡文迪许扭秤实验

1687年，牛顿发现了著名的万有引力定律，但是却没有测量得到引力常量G的数值。此后，很多物理学家都曾尝试着进行实验，力求测得引力常量，但都以失败告终。1776年左右，米切尔得知库仑发明了扭秤，于是建议卡文迪许用类似的方法去测试万有引力。在米切尔的启发下，卡文迪许开始了这项工作，于1798年测出了引力常量，成为第一个测定引力常数的实验者。

实验设计：实验装置的主要部分是一个倒置的刚性T形架子，悬挂在一根石英丝的下端，架子两端各有一个相同且质量大约为730g的小铅球，在两小铅球附近一定距离r处各固定一个相同且质量大约为158kg的大铅球；M是一个固定在石英丝上的平面镜，可以

① 张莉.高中物理教学中引入学史教育的实践研究[D].东北师范大学，2011.

把射来的光线反射到刻度尺上。在M1与m1、M2与m2之间的引力作用下，倒T形支架将产生十分微小的转动，并使悬丝发生扭转；当倒T架子静止时，通过平面镜放大，可以将微小的转动角度转化为光点在刻度尺上的变化，进而测出悬丝的扭转角度；结合悬丝的扭力常数，计算出倒T形支架所受扭力的大小。

实验结果：卡文迪许通过多次测量，计算得出地球的质量是5.89×10^{24}kg，而地球的平均密度则为水密度的5.481倍。

由此可知，卡文迪许只是测出了地球的质量和地球密度与水密度之间的关系。之后，人们计算出了地球密度，从而根据密度公式和黄金代换式计算得出了万有引力常量。而利用卡文迪许的数据计算得出的引力常量值与标准值误差十分小，所以人们基本认为卡文迪许测出了万有引力常量。

巧妙之处：卡文迪许扭秤实验最巧妙的地方在于放大法的运用。用平面镜将铅球之间十分小的作用力转化为光点在刻度尺上移动的距离。

教育价值分析：卡文迪许的扭秤设计，体现了类比法的运用；卡文迪许的实验探究和多次实验测量，体现了他观察、实验能力和认真严谨的科学态度；卡文迪许的放大思想，体现了科学家运用知识的能力。因此，卡文迪许扭秤实验体现了知识价值的同时，也体现了能力价值、方法价值和个性品质价值。

（3）光的色散和复合实验

1665—1666年，伟大的物理学家牛顿进行了让阳光通过三棱镜的实验，发现了光的色散现象，并进一步进行了光的色散和复合实验。在牛顿之前，笛卡儿也做了相关的实验探究，只是笛卡儿将屏与棱镜靠得太近，只看到光带的两侧呈现红色和蓝色，未看到完整的光谱，错失了发现色散现象的机会。牛顿"光的色散"实验设计：在室内开一个小孔，小孔与对面的墙有6~7米远的距离；让室外的阳光通过洞口经过三棱镜后，可以直接投射于对面的墙上。牛顿"光的色散"实验结果：由于距离足够长，观察到充分展开且各色俱全的完整光谱。

牛顿为了证明不同颜色的光具有不一样的折射率，色散现象不是由于棱镜和阳光的相互作用，进行了更进一步的实验。牛顿的设想是：如果光的色散是因为棱镜的不平或者其他偶然性，那么这一分散性质就会通过第二个棱镜和第三个棱镜得到加强。但是，这一实验却发现了光的复合现象。

"光的复合"实验设计：实验工具由三个完全相同的三棱镜和一个凸透镜组成。让光线从F孔进入，依次通过这几个棱镜和凸透镜。

实验现象和结果：当光从F孔射入，通过第一个三棱镜，出现色散现象；然后经过凸透镜，再次色散的光汇聚；有汇聚趋势的光线经过第二个三棱镜之后，还原成白光，形状和原来是一样的；再经过第三个棱镜，白光再次分解成各种颜色，出现色散的现象。所以证明，棱镜可以使白光分解成不同成分的光，又可以让不同成分的光合成为白光。经过两个棱镜射出的平行光束，是与入射第一个三棱镜的白光相平行的。

王绍符分析得出结论：

①如果两个三棱镜之间的距离较小，则平行光束两侧带有很窄的红色和绿色边界；随着两者间距离的加大，彩色边界加宽，颜色随之变化。

②如果距离足够大，进入第二个三棱镜的光为充分展开的光谱，则射出的平行光束是七种颜色俱全的彩色光带（已经过实验证明）。因此，第一种现象即是现代人们对"光的复合"实验的认识情况，此情况出现的现象和笛卡儿的实验现象相类似，表明从第一个三棱镜射出的光是不完整色散的，即此处的大部分色光还是重合在一起的，看起来仍是白光。因此，正如王绍符学者所认为的，此实验未实现光的复合现象，因为第二个棱镜接收到的光并不是完成色散之后的光束，既然没有"散"，何以谈"合"？[①]

教育价值分析：笛卡儿对色散现象的失败经历，说明严谨认真的态度、敏锐的直觉和机遇是十分重要的；牛顿对光的色散和复合的研究运用了分析和综合方法；牛顿的设想，体现了牛顿的物理想象能力；王绍符对光的复合实验进行了持之以恒的研究，运用了分析和综合的方法进行概括。因此光的色散这一经典实验，既体现了知识价值，也体现了能力价值、方法价值和个性品质价值。

2.挖掘中国古代物理学史的史料融入教学

中国古代物理学史（包括力学、光学、声学等）的发展，蕴含着丰富的素材，将这些实例融于教学，可以提炼出多个维度的教育价值，尤其是个性品质价值。例如，《光沿直线传播》《光沿直线传播》教学片段表述了光沿直线传播的现象。

（1）"小孔成像"实验探究

师：通过演示光在空气中、在水中、在透明的固体物质中的传播实验，以及光从空气进入水中、光从空气透过玻璃等不同介质的实验，我们得出了什么结论？

生：光在同种均匀介质中沿直线传播。

师：那么现在，老师这里准备了蜡烛、带小孔的光屏和一个接收屏，请同学们猜想一下，带火焰通过小孔，会观察到什么现象？

生：思考并做出猜想。师演示实验，请同学上前观察。

生：我们在接收屏上观察到倒立着的火焰。

师：为什么我们看到的是倒立的，而不是正立的呢？

生：做图解，得出光在同种均匀介质中沿直线传播。

师：是的，同学们回答得很好。这个实验，我们称之为"小孔成像"。我国古代的

① 黄斌.高中物理教学融入物理学史的策略 [J].中学生数理化（教与学），2020，(12)：77.

《墨经》中就记录了许多光学现象和成像规律，其中"小孔成像"曾引起了许多学者的注意，并都有意识地进行重复实验。从而使人们在了解有关成像知识的同时，明白了光沿直线传播的性质。下面我们一起来看一下古人是如何进行探究的。

师：在公元前五世纪的《墨经》中曾写道："景到，在午有端与景长，说在端。"大概的意思是，发光体发出的光线在隔屏的小孔处聚交成一点，因而接收的影是倒立的。小孔与匣内屏的距离、小孔与物（或人）的距离是与像的大小变化相关的，而且孔越小，像就越清晰。《墨经·经说下》中道："景，光之人煦若射。下者之人也高，高者之人也下。足敝下光，故成景于上；首敝上光，故成景于下。在远近有端与于光，故景库内也"。大意是说，成倒像是由于光的直线行进，光照人，经人体反射后犹如射箭那样直进。通过小孔在屏幕上见到的人之下部在高处，人的高部在低处。

师：除此以外，北宋时期的沈括，曾在《梦溪笔谈》中讲到了一个有趣的现象：一只老鹰在天空飞翔，它的影子透过窗户的缝隙投射到屋子里的墙上。老鹰从东飞到西，而影子却从西移向东。同学们，从这个现象中可以总结出"小孔成像"有什么特性？

生1：光是沿直线传播的。

生2：成像的左右是调换的。

师：回答得非常好。小孔成像的左右具有互换性。接下来，我们要讲到一个系统实验研究过小孔成像的古代物理学家——宋末元初的赵友钦以及他的"小罅光景"实验。"小罅光景"和小孔成像是一个意思。

师：赵友钦学者曾做过许多光学实验，其中，他利用壁间小孔成像的实验，得出了小孔成倒像的基本规律。他还在二层楼房内进行过大型实验，这个实验是以烛光为光源的较复杂、较完备的实验设计。他讨论了四个问题：

仅仅改变小孔的大小；

在物距与像距不变的条件下，改变光源强度的成像规律；

当光源的强度、小孔的大小和物距不变时，改变像距时的成像规律；

当光源强度、小孔的大小、像距三者不变时，改变物距时的成像规律；

师：同学们觉得通过以上四个问题，他能得出什么结论呢？引导学生通过实验发现这四个问题的答案。

总结：赵友钦从实际出发，很好地运用了实验法进行探究，成功地运用控制变量来研究自然现象，并结合推理分析的方法得出结论。和西方最早的系统实验研究者伽利略相比，赵友钦的实验研究还要早上几百年。但特别遗憾的是我国后来的自然科学研究并未继承和发扬他的探索精神和实验方法。

教育价值分析：通过《墨经》《梦溪笔谈》中关于中国古代物理学家们对小孔成像的研究，培养学生的爱国情怀，发扬物理学家们的探索精神，体现物理学史的个性品质价值；通过宋末元初时期赵友钦的探索历程和运用实验法的研究，在理解物理知识的同时，培养学生观察、实验能力，体现物理学史的知识价值、能力价值和方法价值。

3.挖掘蕴含HPS教育理念的史料融入教学

HPS教育指的是"科学史、科学哲学和科学社会学"教育，主要是把科学史、科学哲学和科学社会学的有关内容纳入科学课程中。该教育理念的根本目的是理解科学本质。因此，挖掘蕴含HPS教育理念的史料，用哲学的发展观和联系观去认识重要概念和规律的形成和发展，可以认识科学的本质、提炼方法和个性品质等教育价值。如：《能量守恒定律》的教学片段。通过《能量守恒定律》教学片段回顾旧知，引入新课。①

师：我们对于能量的认识并不陌生，在之前的力学学习中，我们接触到了机械运动并得出了一个关于能量的定律，是什么定律？

生：机械能守恒定律。

师：那么上一节《热力学第一定律》的学习，又给了我们怎样的启示？

生：在热力学中，内能和其他形式的能量可以相互转化，但总能量是守恒的。

师：那么是不是力、热、电、光、化学各种运动形式都可以相互联系和转化？它们的能量是否依旧守恒？

生：思考，带着问题进入《能量守恒定律》的学习。

师：在科学史上人们真正以"能量"的观念来探索各种运动形式本质的过程却是非常曲折的。1789年，伦福德的实验说明热的本质是运动。之后，在电学领域，发现了什么运动之间的转化呢？

生：电和磁之间的转化。

师：是的。1820年，奥斯特发现电流的磁效应（电与磁之间）；1821年，德国的赛贝克发现了温差电现象（热向电的转化）；1831年，法拉第发现电磁感应现象（磁向电的转化），此外法拉第还发明了直流发电机，实现了机械运动向电磁运动的转化；1845年，法拉第又发现了磁致旋光效应，表明了电、磁与光之间的联系。

师（总结）：各种形式的运动之间相互联系和转化的发现，让科学家们预感到存在一种"能"，它可以在一定情况下以机械能、电能、磁能、化学能、光能或者热能的形式呈现，以至于这些运动之间可以实现相互转化。人们希望可以找到这种"能"的共同的量度，使这种"能"成为在概念上能够把握的东西。

师：正是在科学家们用联系的观点去观察自然的努力下，来自不同国家和地区、不同领域的十几位科学家，以不同的方式提出了能量守恒的思想。请同学们根据自己收集的资料，小组讨论一下：哪位科学家为能量守恒定律的发现做出了最杰出的贡献？

---

① 邱龙斌. 基于STEM教学理论对高中物理课外实验教学的研究 [D]. 云南师范大学，2021.

生1：我认为是德国医生迈尔，因为他通过比对不同地区人血颜色的差异，认识到食物中化学能与内能的相当性和可转换性。他还通过海水在暴风雨中较热的现象，猜想热与机械运动的等效性。他在1841与1842年连续写出"论'自然力'（能量）守恒"的论文，并初步计算了热功当量。1845年，迈尔发表了题为《有机运动及其与新陈代谢的联系》的文章，系统阐明了能量的转化与守恒思想。他认为："无不能生有，有不能变无"，以及"在死的和活的自然界中，这个力（能量）永远处于循环转化的过程中。任何地方，没有一个过程不是力的形式变化。"他指出："热是一种力，它可以转变为机械效应。"所以，迈尔是公认的第一个提出能量守恒思想的人。

生2：我认为，亥姆霍兹也做出了伟大贡献。德国科学家亥姆霍兹在不了解迈尔和焦耳研究的情况下，于1847年写成了《力的守恒》这一著名的论文。这篇论文在热力学的发展中占据着重要地位，在理论上概括和总结能量守恒定律。

生3：我认为焦耳也做出了杰出的贡献。1841年，他在《哲学杂志》上发表了文章，叙述了他的实验并得出了著名的焦耳定律；1843年，焦耳测定做功与传热的关系；1849年，在《论热功当量》一文中，全面整理了他的实验工作，介绍了经典的"桨叶搅拌实验"。焦耳测得的热功当量值与现在采用的热功当量值只差0.5%。可以说，焦耳一生都专心致力于热功当量的实验，追寻着他的目标和信仰几乎到了着迷的程度。

师：是的，正如同学们所说的，迈尔、焦耳和亥姆霍兹三位科学家都为能量守恒定律做出了杰出的贡献，他们的科学探索精神和优秀品质是十分值得赞扬和学习的。

师（总结）：20世纪30年代初，奥地利物理学家泡利根据能量守恒定律预言了中微子。这个预言后来得到了证实。而且，能量守恒定律的发现是科学史上的重大事件。恩格斯把它与细胞学说、生物进化论一起列为19世纪的三大发现。

教育价值分析：通过物理学史上物理学家们对各种运动形式相互转化的发现，理解能量守恒定律的形成和发展过程，体现物理学史的知识价值；运用讨论法进一步了解物理学概念和规律的发展是许多位物理学家共同作用的结果，培养学生形成正确的科学观和价值观，体现物理学史的个性品质价值；通过泡利运用能量守恒定律猜想中微子的存在，培养学生物理知识运用能力、敏锐的洞察力和物理想象能力，体现物理学史的能力价值和方法价值。

4.挖掘物理学发展中的失误、挫折和信念等史料融入教学

物理学发展过程中蕴含着许多科学家在探索时的失误、经受的挫折及对信念的坚持和对他人观点的质疑等，将这些实例融于教学，可以实现物理学史的个性品质价值等教育价值。如《动量守恒定律》《光的反射》《光的衍射》。

（1）《动量守恒定律》教学片段回顾旧知，引入新课。

师：上一节我们学习了动量定理，我们认识到概念和规律的发现不是一帆风顺的。那

么动量定理的发现受到了哪些阻碍？

生："运动量度"的争论——以莱布尼兹为代表的认为应该用mv²作为原动力的量度，而以笛卡儿为代表的认为应该用、可以用m v作为运动的量度。这场争论持续了半个多世纪，直到达朗贝尔研究指出：运动的量度可以用动能，也可以用动量。动量定理反映了力对时间的累积效应，动能定理则反映了力对空间的累积效应。

师：从中我们可以深刻意识到科学探究的道路往往是曲折的。接下来，我们将继续有关动量的学习。再现实验，构建新知。

师：物理学家们很早之前就从碰撞实验开始，进行了有关动量守恒的实验研究。伽利略是第一个用实验研究碰撞问题的。在伽利略以后，惠更斯通过他对弹性碰撞系统性的实验研究，总结出了动量守恒定律的雏形。

实验设计：惠更斯最先实验的是以大小相同的速度让两个质量相同的球发生对心碰撞。他设想它们在碰撞后产生的速度大小也应当相同。实验结果表明：两个球在碰撞后，速度大小相同、运动方向相反，每个球在碰撞前后的速度大小没有变化。由此得出，在碰撞前后两个球的总动量是不变的。

生：学习科学家的实验设计，体验科学家的探究过程，得出实验结果。

师：除此之外，惠更斯进行了更深入的研究，通过实验和推理相结合的研究方法对完全弹性碰撞做了详尽的研究，得出了一系列重要的结论。他曾写道："两个物体所具有的运动量在碰撞中都可以增多或减少，但是它们的量值在同一个方向的总和却保持不变，如果减去反方向运动量的话。"这是有关动量守恒定律的较完整表述。理论推导，得出结论。

师：在《动量定理》中，我们从牛顿定律出发，推导出了动量定理。知道动量定理给出了单个物体在一个过程中所受力的冲量与它在这个过程始末的动量变化量的关系。那么，同学们可不可以从牛顿定律出发，运用动量定理分别研究两个相互作用的物体呢？在光滑水平桌面上做匀速运动的两个物体A、B，质量分别是W1和M2，沿同一直线向同一方向运动，速度分别是V_1和V_2，V_2大于V_1。

生：根据动量定理，物体A动量的变化量等于它所受作用力的冲量。

师：那么，根据牛顿第三定律，作用力和反作用力有什么关系？可以综合得出什么结论？

生：根据牛顿第三定律，即两个物体碰撞过程中的每个时刻相互作用力和大小相等、方向相反。

师：这说明，两个物体碰撞后的动量之和等于碰撞前的动量之和，并且该关系式对过程中的任意两时刻的状态都适用。那么，碰撞前后满足动量之和不变的两个物体的受力情况是怎样的呢？

生：两个物体各自既受到对方的作用力，同时又受到重力和桌面的支持力，重力和支持力是一对平衡力。两个碰撞的物体在所受外部对它们的作用力的矢量和为0的情况下动量守恒。

师（总结）：是的，1687年，牛顿在《自然哲学之数学原理》中，从牛顿第二定律和第三定律中导出了动量守恒定律，同学们刚才经历的推导过程就是其简便的理论推导过程。

师：动量守恒定律是由于牛顿定律的推导才得出的？

生：思考，回答动量守恒定律是在研究碰撞问题时被认识和总结出来的，并由此为建立牛顿运动定律奠定了基础。运用定律，发现真知（中子的发现）。

师：我们知道，科学家们根据万有引力定律，预测到了彗星的回归，发现了未知天体。那么动量守恒定律的发现，又为科学的发展带来了什么成果呢？

生：中子的发现。

师：各小组通过查阅相关史实资料，了解"中子的发现"的探究过程，同学们领悟到了什么？什么是在"中子的发现"过程中不可缺少的因素？

生1：1920年，在发现电子和质子之后不久，卢瑟福经过深思熟虑，提出了大胆的假说。他认为："在某些情况下，也许有可能由一个电子更加紧密地与H核结合在一起，组成一种中性的双子。"从卢瑟福身上，我们知道要透过现象，勇于提出自己的猜想；敢于坚持自己的信念，不被外界因素打扰。

生2：查德威克历经12年，发现了卢瑟福所预言的粒子——中子，获得了1935年的诺贝尔物理学奖。因此，我们要学习查德威克坚持不懈的意志。因为查德威克常常在实验室的定期聚会上报告有关中子的设想，大家从各个角度协助查德威克寻找中子的证据，发挥了集体的智慧和力量，大大加快了中子实验的进程。因此，查德威克的成功离不开实验室集体的支持。从中我们知道了团队合作的重要性，以及培养自身合作交流的能力。

生3：约里奥—居里夫妇后来说，如果他们去听并领会了1920年卢瑟福的演讲（在演讲中卢瑟福谈到了自己对中子的猜想），也许就不会把铍辐射看成 Y 射线，认为是 Y 粒子撞击氢原子而产生了质子流，是与康普顿效应类似的某种特殊现象，从而错失发现中子的机会。约里奥—居里夫妇的遗憾过往说明，明确敏锐的洞察力是十分重要的，其体现了明确非常规方法的价值。

教育价值分析：通过"运动量度"的争论，知道科学的发展过程是曲折的，培养学生的个性品质；通过惠更斯的实验研究，培养学生实验设计、分析实验现象等观察、实验能力，体现物理学史的能力价值和方法价值；通过运用牛顿定律推导动量守恒定律的过程，培养学生物理思维能力，体现物理学史的能力价值；通过动量守恒定律的形成和牛顿的理论推导，让学生更好地了解规律的形成过程，体现物理学史的知识价值；通过中子的发现历程，了解科学家的成功需要坚定的信念（卢瑟福对中子存在的坚信）、坚强的意志（查德威克12年永不言弃的艰辛探索）、与人交流的能力（实验室成员的团队合作和交流）以及敏锐的观察力（小居里夫妇等人失败的经历），培养学生的个性品质和物理思维能力，体现物理学史的能力价值、方法价值和个性品质价值。

（2）《光的折射》教学片段

师：阳光照射水面时，可以看到水中的鱼和草，这是一种什么现象？

生：折射现象。

师：那光的折射遵循什么规律呢？

生：光从空气斜入射到水中或其他介质中时，折射光线向法线方向偏折，折射角小于入射角。当入射角增大时，折射角也增大。

师：这是我们初中学习过的内容，现在请同学们根据老师提供的实验器材，探究折射角与入射角之间的关系。

生：操作实验。

师：同学们通过实验之后，发现了什么规律？

生：入射角越大，折射角越大，折射角与入射角成正比。

师：现在请同学们将角度增加到60°、70°、80°，测量对应的折射角，结合前面的实验，看看折射角与入射角是否依旧成正比。

生：折射角与入射角不成正比，只有当入射角很小的时候，折射角与入射角成正比。

师：其实在公元二世纪，希腊人托勒密也做了如上实验，并且对折射角与入射角有着精确的测量，那么在当时数学工具落后的情况下，托勒密是如何进行探究的？

师：介绍托勒密的实验探究历程。

托勒密的实验设计：在一个圆盘上装上两把能绕盘中心O旋转的、中间可以活动的尺子。使圆盘面垂直立于水中，水面到达圆心处。实验方法：实验时转动两把尺子，让两把尺子分别与入射光线和折射光线重合。然后再把圆盘取出，分别按照尺子的位置测量出入射角和折射角的大小。

实验数据分析与结论：折射角和入射角成正比。

师：从托勒密的探究中，同学们觉得为何托勒密没有发现折射定律？他的探究历程给了我们怎样的思考？

生1：是因为当时数学工具的落后，托勒密没有对折射角与入射角的关系进行更精确的研究，因此也错过了一次发现折射定律的机会。

生2：是因为托勒密没有正确的分析和处理数据，所以得出了错误的结论。

生3：从托勒密实验设计、实验方法到实验数据的收集，可以说是完全正确的。

我们可以学习他的科学探究方案。

师：开普勒通过分析之后发现托勒密的结论不正确，在通过实验发现折射定律失败之后，便转向理论推导，发现只有在入射角小于30°时两者才成正比关系。那折射角与入射角之间有什么定量的关系呢？现在老师将数据输入excel中进行处理，请同学们观察入射角与折射角的正弦值、余弦值、正切值有何关系？

师：通过excel分析工具，同学们可以发现什么规律？

生：折射角的正弦值与入射角的正弦值成正比，比值一定。

师：请大家观察下表中各介质的折射率，同学们有什么发现？

生：比值与水的折射率相等。

师：早在1621年，科学家斯涅耳就发现了这个规律，但是当时并没有像我们现在这么先进和方便的数学工具，斯涅耳是通过实验结合基本的数学换算得出了另一种表述的折射定律。而后经由笛卡尔对该定律进行完善，费马对其进行理论推导，才得出今天的折射定律。可见一个物理规律的发现，并不是像我们在课堂上通过45分钟的探究就可以得出，背后是几代科学家的付出。

教育价值分析：通过托勒密运用实验法对光的反射进行探究的历程，学习科学家的巧妙设计，培养学生对科学方法的运用能力，体现物理学史的能力价值和方法价值；总结科学家的失败经验，得到启示、进行反思，正确看待科学家的成与败，培养学生的正确价值观，体现物理学史的个性品质价值。

《光的衍射》教学片段衍射现象的发现：

师：老师通过小孔将光引入一个暗箱中形成点光源，在光路中放置一个小直棒。同学们猜想一下，待会儿会出现什么现象？为什么？

生：会形成一个黑暗区域（即直棒的影子），因为光沿直线传播。

师：操作实验，引导学生观察现象。

生：出现直棒的影子，并且在影子的边缘呈现彩色的区域。

师：彩色的区域其实是多个彩色的条带，这是一种衍射现象。刚才的实验是意大利物理学家格里马第做过的一个光学实验，他在实验的过程中发现直棒的影子比光的直线传播的影子要大，并且在影子的周围出现了彩带。他把这种现象称为衍射现象。格里马第是第一个发现光的衍射现象的物理学家，但是受到当时占统治地位的光的微粒说的影响，他并未能正确解释这一现象，对光学的发展没有起到应有的作用。

师：那什么是衍射现象？

生：衍射现象是光波绕过障碍物传播的现象。

师：衍射现象在什么条件下才能发生呢？老师将激光笔发出的激光照射到两条缝宽不同的单缝上，同学们观察白屏上会出现什么现象。

生：在较宽的缝中光沿直线传播，在屏上出现与缝宽相同的亮线；而在较窄的缝中，光到达屏上相当宽的地方，出现明暗不同的条形纹理。

师：较宽的缝宽为2mm，而较窄的缝宽为0.5mm。可见如果要产生光的衍射，缝宽有什么条件？

生：不能太宽。

师：那缝宽需要达到什么程度才能发生衍射现象呢？大家观察0.5mm窄缝与可见光的波长有什么关系？

生：可见光的波长范围是400~760nm，与窄缝的0.5mm缝宽差不多。

师：请根据刚才的分析对光的衍射提出合理的猜想。

生：当缝的尺寸跟波长差不多时可以发现明显的衍射现象。

师：猜想是否正确，我们通过实验来验证。

师：可调单缝实验，逐渐增大单缝的宽度，同学们观察到天花板上出现什么现象？

生：光通过缝后并不是沿直线传播，而是产生了明暗相间的条纹；随着缝宽增大，观察到的现象越来越不明显；当增大到一定程度，该衍射现象就消失了，这时光将沿直线传播产生与缝相当的亮线。

师：可见同学们猜想是正确的，当障碍物或缝的尺寸与波长具有可比性时会产生光的衍射。

师：老师将激光照射到一个圆屏上，调整圆屏的大小与位置，请同学们观察圆屏的影子的中心有什么现象？

生：永远有光。

师：这个小亮点是一个小亮斑，叫作泊松亮斑。泊松支持粒子说，他按照菲涅尔的理论计算得出，一定波长的光通过圆盘后，会在圆盘的几何阴影中心出现一个亮斑。泊松认为这是不可能的，由此可以驳倒光的波动说。但是实验中确实观察到了这个亮斑，所以，泊松的计算给予波动说有力的支持。为了纪念这个有意义的事件，后人把这个亮斑称为泊松亮斑。

师：我们刚才通过单缝做实验，出现的衍射图样是明暗相间的条纹，如果障碍物或缝的形状改变，衍射的图样是否依旧是明暗相间的条纹呢？衍射的图样具有什么特点呢？

生：提出猜想。障碍物或缝的形状改变时，图样发生改变或者图样不变。

师：现用激光依次照射光栅下方正方形、正六边形和圆形的小孔。

生：不同形状的小孔有不同的衍射图样。衍射的图样与孔的形状有关。

师：既然衍射图样与孔的形状有关，利用这个特点可以为我们的生活、生产做出什么贡献呢？

生：可以通过衍射图样来判断孔的形状。

师：通过衍射图样来判断孔的形状在科学发展史上有重大应用。晶体中原子的排列是规则的，原子间距与 X 射线波长接近。这使得 X 射线照射在晶体上会发生明显的衍射现象。衍射图样中斑点的强度和位置包含着有关晶体的大量信息。1912年，德国科学家劳厄观测到了这种衍射现象，并证实了 X 射线的波动性和晶体内部的原子点阵结构，被爱因斯坦誉为物理学中最美的实验。劳厄因此获得了1914年诺贝尔物理学奖。而富兰克林使用 X 射线拍摄的dna晶体获得了一系列dna纤维的 X 射线衍射图样。美国生物学家沃森和英国生物学家克里克则根据这些数据提出了dna的双螺旋结构模型。

教育价值分析：通过格里马第对衍射现象的发现以及错误的解释，培养学生解释现象的能力，体现物理学史的能力价值；通过菲涅耳运用数学推理法推导衍射现象、形成理论的历程，学习物理学家的科研方法、培养物理思维能力，体现物理学史的方法价值和能力价值；通过"泊松亮斑"的趣事，培养学生的科学探究的兴趣，体现物理学史的个性品质价值；通过劳厄和沃森等物理学家运用光的衍射所取得的丰硕成果，明确光的衍射对于物理学发展的重要性，培养学生运用知识发现新知识的能力和勇于担当的历史责任感，体现物理学史的能力价值和个性品质价值。

四、研究结论与建议

本研究从教育价值理论框架出发，对物理学史在教学中的教育价值进行研究，得出如下结论与建议。

（一）课程与相关教材的分析情况

本研究从教育价值维度，对三版义务教育课程方案和课程标准和相应的三套人教版教材中有关物理学史的数量及呈现方式进行了统计。发现：义务教育课程方案和课程标准的价值取向演变已经从重视物理学生个性品质价值和知识价值转变成强调知识价值和个性品质价值，同时，对能力价值和方法价值越来越重视；2003年版教科书、2010年版教科书、2019年版教科书，物理学史内容出现的频率依次增加；其中2003年版教科书的物理学史绝大部分体现知识价值，个性品质价值只占极少数；在2010年版教科书中，体现知识价值的内容依旧是占大部分，但可以看到体现个性方法品质的内容占比已与能力价值和方法价值接近；而2019年版教科书，体现知识价值的内容依旧占大部分，但其余三种价值的占比已发生了变化，方法价值占比增大，能力价值和个性品质价值基本持平；从整体上看，教材的演变情况，教材对物理学史的价值取向有均衡性发展的趋势。

（二）中学教师认知调查情况

本研究通过对99位中学教师的认知现状调查，发现：中学教师对于物理学史中有关的实验设计和研究方法的挖掘有待进一步深入；对物理学史的内容掌握和教育价值的认识有待进一步加强，尤其是与光学和热学相关的物理学史知识的掌握，且教师认为目前缺少将物理学史融入教学的优质示范资源；以及大部分学校并未开设物理学史相关校本课程等问题。

1.高考物理学史考查情况

本研究通过对近十年高考"物理学史料题"的统计和分析，发现：在高考试题中对于物理学史内容的考查较少；题型以选择题为主，考查内容主要是力学和电学的知识，选用的素材十分单一；对于物理学史的方法价值和个性品质价值有所忽略等。具体分析发现：试题主要通过选项体现多维度的教育价值；通过多选来增加试题的难度；通过物理学家的实验和发明考查能力价值；通过物理学家对概念和规律的理解等史实来考查知识价值和方法价值；通过古代物理学史内容考查个性品质价值。

2.提出实现物理学史教育价值的改善策略

本研究根据调查和统计结果，提出相应的改善策略：

（1）通过开设课程、开办读书会等途径，加强一线教师对物理学史内容的掌握和对物理学史教育价值的认知。

（2）增加简答题、论述题等题型，改善试题形式的单一性，使题型多样化；增加涉及热学、光学等考查内容的试题，使试题内容更具有包容性；挖掘物理学史的方法价值和个性品质价值，为试题的设计提供素材。

（3）大力开发相关高中物理课程资源，实现物理学史的教育价值。尽可能地挖掘物理学史上的实验设计方案，挖掘中国古代物理学史的发展史料，挖掘蕴含HPS教育理念的史料，挖掘物理学发展中的失误、挫折等史料，将这些物理学史料融于物理教学，提炼物理学史的能力、方法和个性品质等教育价值。

在教学案例分析模块，文章只是选取了以光学为主的几个教学片段进行分析，而物理学史蕴含着十分丰富的资源，这几个片段教学并不能叙述圆满。且这些教学片段未应用于实际教学，在一定程度上缺少教学实践的检验。希望在后续的研究中，能以这些设计为参考，挖掘并设计出更多、更好的教学模式，为物理学史融入教学提供优质示范资源。

第七章　高中物理基本知识结构与能力结构

第一节　高中物理学科课程基本知识结构

　　知识是学生学习最主要的内容，合理的知识结构有助于学生对知识的把握和理解。高中物理教师有必要对高中物理知识进行梳理，从而帮助学生形成合理的知识结构，加深对知识的理解和把握。

　　高中物理知识体系分类，二期课程改革前，以学科分支为分类依据，以力学（力和物体平衡、直线运动、牛顿定律、曲线运动、振动和波）、热学（气体动力学理论、气体实验定律）、电磁学（电场、电路、电磁感应）、光学（几何光学、光的本性）、原子物理（原子结构与原子核）组成高中物理知识体系。在新课程改革以后，高中物理学科基本知识结构，以物质、机械运动、电磁运动、能量为四个学习模块，展开学科知识体系[①]。在基础型课程的知识四个模块中，给学生最基础的物理知识和思想方法的学习，而拓展型课程，是对四个学习模块的进一步深化和完备。高中物理新课程，在重构结构的过程中，同时保留了传统物理学科的结构呈现体系。

---

① 魏志航.初中物理与高中物理学习方法的不同点 [J].中学物理（高中版），2015，33（10）：95.

第二节　高中物理学科课程基本能力结构

能力，通常指完成一定活动的本领，包括完成一定活动具体的方式，以及顺利完成一定活动的心理特征，是完成任务、达到目标的必备条件。能力直接影响活动的效率，是活动顺利完成的、最重要的内在因素。能力可分为一般的能力和特殊的能力。例如，观察力、记忆力、注意力、思维能力、想象力等，属于一般能力。

20世纪80年代，美国著名发展心理学家、哈佛大学教授霍华德·加德纳博士提出多元智能理论，20多年来该理论已经被广泛应用于欧美国家和亚洲许多国家的幼儿教育上，并且获得了极大的成功。霍华德·加德纳博士指出，人类的智能是多元化而非单一的，主要是由语言智能、数学逻辑智能、空间智能、身体运动智能、音乐智能、人际智能、自我认知智能、自然认知智能八项组成，每个人都拥有不同的智能优势组合。

如果从多元智能的角度来理解物理学科的能力要求，它是一种以人的一般能力为基础，以语言智能为中介，以自然认知智能和数学逻辑智能为主体的学科能力结构，在这一结构中，并不排除其他智能参与。

一、物理阅读能力

（一）物理阅读能力概述

物理阅读能力是指学生通过阅读物理资料（包括物理课文阅读、习题阅读），提取、掌握物理知识和信息，并应用这些知识和信息解决物理问题的能力。

物理阅读能力与一般的阅读能力有着明显的区别。物理知识的表述使用科学语言，其特点是用词科学、准确、简练，强调含义明确。因此阅读物理教材时要注意物理语言的严谨性和准确性，对某个定义及规律要逐字逐句认真理解和推敲，要抓住文字语言所表达的物理含义。

根据布鲁姆（Bloom）在《教育目标分类学》一书中提出的"教育行为能够按简单到复杂这样一个顺序排列"的观点，我们也可以把物理阅读能力按低级到高级分为几个水平层次，这些水平层次之间有明显区别于其他层次的特征，同时又相互联系，低层次水平是高层次水平的基础。

1.第一个层次是认识性水平的物理阅读能力

认识性的物理阅读能力水平是物理阅读能力水平的较低层次，处于这一层次的学生只能达到较低层次的教育目标，其具体特征是在阅读物理知识材料时，只扫清了物理文字、符号、图表方面的障碍，只限于获得对所读材料的结构和内容的大致了解，能掌握所读物理材料所描述的物理现象及内容，但是，还不能将有关物理知识与具体现象结合起来，缺乏对现象做出正确的分析和解释的能力。

2.第二个层次是理解性水平的物理阅读能力

理解性的物理阅读能力水平是指学生在认识性阅读能力水平的基础上，能够达到对知识理解和应用的教学目标。处于此层次水平的学生，在阅读物理知识或材料时，能够将感知的物理阅读材料与原有的物理知识联系起来，经过对物理阅读材料的对象进行联想、想象、分析与综合等思维加工，理解所读物理材料的基本意义，正确把握知识间的相互联系。但是这些学生阅读后还不能提出对于所读材料的独特见解。

3.第三个层次是评论性水平的物理阅读能力

评论性的物理阅读能力水平是物理阅读能力水平的较高层次，处在此层次的学生能达到综合评价的教育目标。其具体特征是对所读物理知识材料内容和结构有较强的理解，能将各个不同部分组成一个新的整体，对所读物理知识材料的性质和价值等方面做出比较准确的判断，同时对自己的阅读能力也能做出正确的评价。

4.第四个层次是创造性水平的物理阅读能力

创造性的物理阅读能力水平是物理阅读能力水平的最高层次。达到创造性的物理阅读能力水平的学生，阅读后不仅理解了所读材料，而且能够对其做出正确评论，提出自己的独特见解，由所读材料触发其创造性，发现新的问题。处在此层次的学生具有两个明显特征：一是在阅读过程中能重新安排、组合所学的物理知识，并由此创造出新的知识形象；二是具有较强的批判能力，能突破已有的物理知识，提出解决问题的新方法。

需要注意的是，不同的能力水平层次之间并不是截然分开的，它们之间相互交叉、具有密切联系。物理阅读能力水平总是从较低层次向较高层次发展。掌握了这些特点，不仅有利于教师有目的地指导学生阅读，而且有利于在教学过程中有计划地培养学生的物理阅读能力，这必定会对提高物理教学质量产生较大补益。

（二）能力培养

物理阅读能力的培养渗透到物理教学的方方面面和各个环节，许多一线的中学物理教师和相关的教学专家都对高中学生物理阅读能力的培养提出了自己的见解，在综合相关观点的基础上，我们按照课前、课中和课后这三个时间段来阐述高中生物理阅读能力的培养。

1.通过课前预习，培养学生阅读习惯

对于学生的课前预习工作，所有教师都十分重视，物理教师自然也不例外。但是由于学生缺乏良好的阅读习惯，而使得预习难以达到其应有的效果。因此教师必须重视学生的课前预习指导工作，有计划有步骤地培养学生良好的阅读习惯。

（1）教师要让学生明确阅读教材的关注点：第一，阅读中不仅要重视文字叙述，还要重视课本中的表格和插图；第二，在阅读中不仅要重视具有普遍性的物理规律，还要重视具有特殊性的物理现象和问题；第三，在阅读中不仅要重视结果（最后得出的物理概念、公式和规律等知识），还要重视过程（这些概念、公式和规律的形成过程）。

（2）教师要指导学生在阅读过程中做好必要的记录，可以是在教材中的批注，也可以是成文的读书笔记等，总之要培养学生在阅读时标明重点和疑惑点的习惯。

（3）教师对学生阅读的要求要循序渐进。对学生的阅读要求要十分明确和具体，不仅要让学生明确具体的阅读范围，更要使学生明确通过阅读要解决的问题。另外，为了使学生在课前的认真阅读能达到预期效果，教师的严格检查是必不可少的。从刚开始的逐个检查，到学生互查，再到最后的学生自查和教师抽查相结合；既可以检查学生的读书笔记，也可以通过课堂提问的方式抽查学生的课前阅读情况[①]。经过这样的长期过程，学生就能够在教师的督促下逐渐养成良好的阅读习惯，并使其成为物理学习中不可缺少的一部分。

2.通过课堂教学，教会学生阅读方法

在课堂教学的过程中，教师要能够充分运用教材和相关的教学参考资料，通过身先垂范的方式，以自己的实际行动教会学生科学的阅读方法。以下结合现有的相关文献，介绍一些适合物理学科的具体的阅读方法和阅读技巧。

（1）要点阅读法。找出阅读内容的关键之处，以此来增强阅读和记忆的效果。

（2）笔记阅读法。要求学生对阅读中的重要内容和典型例题做记录。

（3）归纳阅读法。结合教材中的知识结构表，让学生在清晰的知识框架的引导下，全面回顾自己所学的知识，增强头脑中知识的条理性。

（4）结合阅读法。指导学生结合所学内容阅读相关的课外书籍。结合物理学的学科特点，在物理阅读能力的培养中还要重视学生对某些特殊材料的阅读和把握能力。根据物理高考的相关要求，这里的特殊材料主要是指"数学公式"和"物理图像"。

①数学公式的阅读。物理学科中有许多规律都是通过数学公式来表达的，因此学生能否正确阅读数学公式对于他们理解物理规律有着十分重要的作用。在阅读数学公式时主要关注以下几个方面：第一，公式中各个符号的意义；第二，公式中的逻辑关系；第三，公

---

① 江小欢.初、高中物理学习方法转变的策略 [J].考试周刊，2015，21（22）：154.

式的适用条件；第四，公式的主要用途。②物理图像的阅读。物理图像的运用在物理教学中十分普遍，一幅简单的图像其中包含的物理信息是相当丰富的，许多问题通过对图像的阅读就可以轻松解决，因此物理图像的阅读对于物理学习也是十分重要的。在阅读物理图像时主要关注以下几个方面：第一，明确图像中横坐标和纵坐标所代表的物理量；第二，根据物理原理表达出自变量和因变量的关系；第三，根据函数关系分析物理特征和规律；第四，运用物理特征和规律针对具体情况解决问题。

3.通过课后复习，提高学生阅读能力

课后及时复习对于巩固课堂中所学的知识是十分必要的，传统的课后复习往往是以练习题的形式出现的，然而实际上课后复习的范畴远远大于做教师布置的练习题。

（1）教师可以布置阅读性的课后复习作业，让学生对已学物理知识进行归纳总结，绘制出这个章节或者这节课的知识结构图。

（2）对学生进行阅读指导培养他们的发散性思维能力。指导学生在阅读中提出疑点，发现问题，对学生发现提出的问题，教师应引导学生通过查阅资料、思考、讨论等方式来解决问题。指导学生在阅读中要多扩展触类旁通的思路，从不同视角进行思考，进而解决问题，从而提高学生的发散思维能力，同时也使他们所学的知识在头脑中进一步升华，思维过程也逐渐形成系统化、规范化、层次化。

（3）运用信息拓展题，提高学生分析问题和应用知识解决问题的能力，让学生从对知识的掌握逐渐过渡到对知识的运用和分析。由于信息拓展题给出的信息往往是学生在课本中没有学过的，如物理科技最新成果、联系当前生产和生活实际的内容等，结合有关材料的内容，让学生阅读、训练这种类型的题目，不仅可以拓宽学生的知识面，也可以让学生开阔眼界，更重要的是学生通过对这些题的求解，进行了一系列的分析、判断、推理等心理活动过程，从而提高了对所学知识的分析应用能力。

二、物理表达能力

（一）物理表达能力概述

物理表达能力是指能用简明准确的物理语言（包括口头语言、文字语言、符号语言、图像语言）来表达有关物理概念、物理规律、物理现象、物理过程等一系列物理问题。这里，物理语言是指有鲜明特色的一种特殊语言。物理表达能力实质上是理解和运用这种特殊语言的能力。它不仅包括文字表达，还包括口头表达，在物理学习活动中，能够准确、自如地表达自己的物理思想是一种重要的学习能力。语言文字是思维能力的表现，不注意表达能力的训练，不仅影响与他人的交往，而且会影响物理思维的发展，进而影响学习。

有学者对学生物理语言表达能力提出了以下几点要求：

1.严谨性

严谨性就是要有逻辑性、科学性。物理概念、规律、定理、法则本身就十分严谨而科学，教师在讲述时，要准确阐明概念的内涵和外延、规律的条件和结论、法则的内容和适用范围，使学生在学习接受时能够恰如其分地理解和掌握。

2.清晰性

清晰性就是语言要确切，不要似是而非，让人看后产生误解。

3.通俗性

物理语言的通俗性是指要符合物理的习惯用语和符号。

4.简明性

简明性就是详略要得当，简单明了，叙述物理问题时，避免重复。

（二）能力培养

表达能力对于任何一个学科而言都是非常重要的，物理表达能力不仅是获得物理知识的必要条件，也是发展物理思维能力的必要前提。培养学生的物理表达能力是发展学生智力的重要手段，在物理教学中，我们要给予充分的重视。许多一线的中学物理教师和相关的教学专家都对高中生物理表达能力的培养提出了自己的见解。

1.注重学生口头表达能力的培养

要想使学生具有一定的书面表达能力，首先应充分利用课堂45分钟训练他们的口头表达能力。课堂上学生之间，或师生之间通过讨论交流分享信息、提出建议、表达看法或共同致力于解决某一问题，是学生学习知识的主要方法，也是培养学生口头表达能力的主要途径。

2.重视教学信息的反馈

要想有效提高学生的物理表达能力，同样必须重视教学信息反馈。反馈包括课堂同步反馈和课后延时反馈两方面内容。课堂同步反馈主要表现在课堂提问、随堂解答学生提出的问题上。课后的教学反馈是一种延时反馈，批改作业、试卷一定要及时，以努力缩小延时差，有效调控物理教学。

3.充分发挥物理教学的潜在功能，指导学生阅读物理教材上的内容

怎样简明准确地表达？物理教材本身就是很好的榜样。在教学中，我们要指导学生阅读物理课本上的内容。让学生在阅读中，感受课本中精妙的物理语言，它是如何展现物理现象、描述物理概念和物理规律的。另外，物理教材中编排了相当数量的物理论述题，其题型有举例物理现象、解释物理现象的，有推断物理规律的，也有质疑物理问题的……形式多样，内容非常丰富。我们要重视这些题，让学生揣摩、学习如何表达物理的思想，进

一步提高其物理表达能力。

4.激发学生科学写作的兴趣，提高学生的物理书面表达能力

物理学是一门揭示自然界所遵循的基本规律的科学，在日常生活、生产技术中有着广泛的应用，但是传统物理教学，在有意和无意中拉开了与实际的距离，使物理变得无味，也使学生远离了物理。以问题为中心的探究写作，可有效地体现物理学科的本色。

（1）以问题为中心的探究写作。作为要求写作的问题，常常由实际现象提出，主体必须用物理知识将其转化为物理模型，没有现成的解题模式，需要从多角度进行思考和探索，且存在答案的不确定性、条件的不确定性，体现了问题的实际性、开放性和趣味性。通过写作，使学生感到学物理有用，有兴趣，更有助于他们开放思维。至于写作要求，则可灵活掌握，根据问题的具体情况，可长可短，只要把问题表达清楚即可。

（2）组织开展学后感、心得体会的写作：①概念、规律的理解和深化。如学了摩擦力概念后，写一篇"假如地球上没有摩擦力"的科幻短文，不仅巩固了对概念、规律的理解，而且进一步拓展了知识。②科学家发现规律的启示。如学了万有引力定律后，让学生选写"牛顿发现万有引力定律给我的启示"等。通过写作不仅学会了科学的研究方法，还领略了科学家严谨、顽强、肯吃苦的工作作风。③知识的类比和归纳。如"原子模型和太阳系模型的比较"等，通过比较不仅增强了知识的联系，而且领悟了大自然的统一与和谐。④实验和解题方法的创新。如"牛顿定律应用中的整体和隔离""伏安法测电阻的拓展"等。⑤观点、问题、方法的评价。评价解题方法的正确与否，如"评价伽利略在物理学发展中的地位和作用"等，对物理史实的评价和对某些观点的评价。⑥章节的概括和体会。如学了电场一章后，让学生概括本章要点；在学了光的本性后，让学生谈谈人们是怎样认识光的本性的等，达到对原有的零碎知识的总结和归纳。⑦教师也可编印一些资料或指定一些科普读物，让学生阅读，并写出读后感、体会，进一步扩大学生的知识面。

（3）结合学科开展卓有成效的研究性学习写作。①开发探索性物理实验。如"单摆周期公式要求摆角小于5度的探讨""探索影响弹簧振子周期的因素""探索影响动摩擦因数的因素""水的电阻率的测定"等。②设计社会调查型。如"从静电除尘到一般吸尘器""保温材料之应用市场调查"等。③引导学生接触新科技。如"纳米材料应用研究""太空保温技术研究""阿尔法磁谱仪和宇宙探索""汽车防抱死技术研究"等。

（4）强化解题的逻辑关系和文字说明。杨振宁教授在谈到中学生物理学习时说，当前中学生学习物理的方法有待纠正，很多学生看了题目就写公式，然后便是乱代数据，而对问题的过程、方法想得很少。物理问题科学的研究方法应是，从定性到半定量再到定量。要求在写下每一个物理公式前，都应有充分的思考，说明写这个式子的原因，这才是正确有效的解决物理问题的方法。重视解题过程中的逻辑关系和文字说明，不仅能提高学生分析问题、解决问题的能力，更能培养学生良好的研究问题的习惯。

三、物理推理能力

（一）物理推理能力概述

在物理学习和物理研究过程中，常常需要通过观察分析一些特殊事件的现象和结果，通过总结归纳，最后得到一个普遍的规律或结论，或者通过论证得到一个可靠的结论，或者从一个普遍的结论（物理概念、物理规律等）推出一个特殊的结论，这个过程就可简称为推理。

物理推理能力是根据已知的知识和所给物理事实和条件，对物理问题进行逻辑推理和论证，从而得出正确的结论或做出正确的判断的个性心理特征。它可以分为归纳推理能力和演绎推理能力两部分。

1.归纳推理能力

归纳推理是由一些个别性的结论，推出一般性规律的方法。归纳推理能力是顺利完成归纳推理活动的个性心理特征，一方面它是通过归纳推理培养成的一种心理调节机制，另一方面它又制约着归纳推理活动的速度和质量。归纳推理在高中物理教学中经常使用，通过归纳总结个别事例得出某类事物的共同本质而形成概念，通过归纳推理建立物理定律，通过归纳总结解题的步骤和方法等。

2.演绎推理能力

演绎推理是从一般性的结论推出个别性的结论。即从已知的某些原理、定理、法则、公理或科学概念出发，推出新结论的一种思维活动。演绎推理的思维过程是根据已知的一般性规律，通过分析，并限制条件，运用数学的推导，得出个别性的规律。

演绎推理是科学研究中经常运用的一种必然性推理方法，只要推理的前提正确，形式符合逻辑，那么，由此推出的结论必然是可靠的。运用演绎推理不仅可以使人们扩展和深化原有的科学知识，而且可以推出科学的假设，为科学知识的延伸提供启迪性的线索。演绎推理能力是顺利完成演绎推理活动的个性心理特征。

3.归纳与演绎推理能力的特点

（1）静态与动态的统一。学生的归纳与演绎推理能力是静态结构和动态结构的统一。从归纳与演绎推理能力的构成要素来看，物理归纳与演绎推理能力是静态的，它是物理知识、技能、策略经过内化和概括化在学生头脑中形成的认识结构。从归纳与演绎能力的形成和发展来看，这个结构是动态的。一方面学生的物理归纳与演绎推理能力是以物理知识为载体，通过生动的学习活动形成和发展的，并且随着学习活动的丰富，学习内容的深入，学生年龄的增长，归纳与演绎推理能力在不断完善和深化发展。另一方面学生归纳与演绎有助于学生对物理知识的学习，提高知识掌握的速度和质量，从而又促进归纳与演绎推理能力向更高层次发展。

（2）渐进性与长期性。学生归纳与演绎能力的培养及方法的训练不可能一蹴而就。只有通过多次实践，反复训练，由易到难，教师不能急于求成，不能期望通过几次训练，就能使学生的归纳与演绎能力有很大的提高。有计划、经常性地在物理课堂教学中进行归纳与演绎方法的指导与训练，才能在学生的认知结构和实践活动中形成稳固的归纳与演绎推理能力。

（3）实践性。能力只能在实践中形成，在实践中提高，在实践中发展。实践活动是主客观的交点，实践是客观的活动、能动的活动。离开了实践活动，就不会有心理的源泉，不会有思维的源泉。思维是在实践活动中发生和发展的，教师在教学中应重视教学环节，要引导学生联系实际理解基本知识，并加强运用知识的归纳与演绎的思维训练，养成学生学会归纳与演绎的技能技巧，培养学生归纳与演绎的能力。

（二）能力培养

1.归纳推理能力的培养

（1）在形成物理概念中培养学生的归纳能力。物理概念教学是培养学生归纳推理能力的重要途径。因为在这个认识过程中，既需要经历一个由感觉、知觉和表象构成的感性认识阶段，更需要经历一个由比较、分析、判断、推理等构成的理性思维阶段。在物理教学中，若能充分把握每个物理概念在其形成过程中所经历的主要推理形式，并注意结合学生的思维特征来组织教学，就能有意识地让学生了解物理概念是如何建立起来的，指出归纳的步骤。

（2）在物理规律的学习中培养学生的归纳能力。物理规律是从大量的实验事实归纳概括出来的，这决定了归纳方法必然成为物理学研究的基本方法。物理规律包括"物理定律、定理、原理、法则、公式和方程等。物理定律一般是在物理实验观察的基础上，经过归纳推理和判断等思维方法所获得的结论"。通过一些物理规律的学习，能有效地培养学生的归纳能力。

（3）在习题教学中培养学生的归纳能力。物理解题是应用已知的物理规律去解决具体的实际问题。但是，如果因此认为物理解题只有演绎思维，没有归纳思维，则是错误的。因为解题作为物理学习的一种活动方式，学生总是先从数量不多的具体问题开始，获得关于这些具体问题的知识，然后通过归纳，获得反映同类各种问题共性的知识。归纳使学生扩大解题的知识面，使学生对问题的认识得到升华。学生不可能求解任一类型中的所有问题，但运用归纳的方法，便可以获得某一类型中各种问题所遵循的共同规律。从个别问题的求解中归纳出反映某一类型问题的规律性的知识，然后运用这些规律性知识去求解同类型的其他问题。学习者就是通过这样一个辩证运动的过程丰富自己的知识，提高自己的能力的。

（4）在物理实验中培养学生的归纳能力。物理学是一门以实验为基础的科学，物理实验作为物理教学的基本手段，有其特殊的教学功能：不仅为学生提供学习的感性材料，验证物理定律，而且能够提供科学的思维方式，归纳正是从经验事实中找出普遍特征的认识方法，即从个别到一般的方法。因此，物理实验是培养学生归纳推理能力的重要途径。

演示实验是以教师为主要操作者的表演示范实验，通过表演示范把要研究的物理现象展现在学生面前，有时请学生充当教师的助手或在教师的指导下让学生上讲台进行操作，它的目的主要是把要研究的物理现象展示在学生眼前，引导学生观察思考，并配合讲授或穿插讨论等方式把知识传授给学生。在演示实验中培养学生的归纳能力，不仅要重视感性材料的获得，更重要的是确定事物或现象之间的因果关系，实验与思维加工结合，注重归纳方法的训练。在演示实验中如何提问，如何指导学生观察，如何启发学生思考，采用哪种归纳法，如何总结归纳，要仔细进行推敲。让学生充分发表意见，调动学生思维，分析归纳出结论。

学生分组实验是学生在教师的指导下利用整节课时间，在实验室分组进行实验的教学形式。它是学生亲自动手操作仪器、观察测量、取得资料数据，并亲自分析归纳总结的过程，是培养学生归纳能力的重要环节。一般分组实验都要写实验报告，学生归纳能力的培养重点在指导学生分析数据，找出实验结论的过程中。在定性的因素分析中如何得出实验结论，在定量的数据中如何得到实验结论。有时教师引导学生共同分析归纳实验结论，有时可以让学生自己分析结论，发现问题并及时更正。

2.演绎推理能力的培养

（1）在物理概念的学习中培养学生的演绎能力。在物理概念的学习过程中，物理演绎能力的培养主要表现在"建立物理概念"和"应用物理概念"两个环节之中。

物理学中的概念组成一个体系，各个概念间有着紧密的逻辑联系，一个物理概念往往既是前面概念的发展，又是后面概念的基础。因此，抓住新旧概念的逻辑联系展开演绎，也是建立物理概念的方法之一，尤其是在高级阶段较多地采用这种方法学习物理概念。

在物理概念建立中经常使用的演绎是，以对象或内容所处的具体物理图景为小前提，选择已学过的物理概念或规律为大前提，经过分析概括推导出新的物理概念。这种情况又可细分为两种情况：一种是在基本概念的基础上，运用演绎推理的方法，得出一些新的概念，即由一些概念导出另一概念；另一种是在基本概念的基础上，从某一种物理规律出发，运用演绎推理的方法，得出一些更一般性的概念，即规律导出概念。

物理概念的运用是学习物理概念的目的，也是检验物理概念掌握情况的重要标志，还是培养演绎能力的重要途径。当学生初步形成概念后，必须及时给他们提供运用概念的机会，让他们将抽象的概念"返回"到具体的物理现象或某种现实中去，使他们在运用概念解释或解决实际问题的过程中，巩固、深化和活化概念。这种情况归结为理论导出物理问题的解决方法，在物理解题中很常见。

（2）在物理规律的学习中培养学生的演绎能力。物理规律中一些物理定理是从已知命题出发，用演绎推理等思维方法推导出来的结论，物理规律应用的主要思维形式是演绎。物理规律的学习过程是培养演绎能力的重要载体。在物理规律的学习过程中，物理演绎能力的培养主要表现在"建立物理规律"和"应用物理规律"两个环节之中。

第一，在物理规律的建立中培养学生的演绎能力。建立物理规律常用的方法之一就是从已知命题出发，通过逻辑推理和数学推理等思维方法导出新的结论，即用一种规律导出另一种规律，如运用牛顿第二定律结合匀变速运动公式导出动能定理。此方法本身是演绎推理，能有效地培养演绎能力。

第二，在物理规律的应用中培养演绎推理能力。引导学生运用规律解决问题，加深对物理规律的理解和掌握。在讨论的基础上安排一些典型的例题和习题，有助于学生进一步深刻地理解规律，还能训练学生运用知识解决实际问题的能力，即演绎推理能力。此环节演绎的类型主要是理论导出物理问题的解决方法。

解计算题的演绎步骤如下：

第一，认真审题，明确题中所述的物理过程或物理状态，题中所含的已知条件和未知条件。

第二，分析其物理过程或物理状态，确定演绎过程中前提和结论与三段论的个数。逆向思维时，将要求的结论作为最后一阶三段论的结论。根据结论和部分已知条件（其中的一个小前提）确定符合条件的物理规律或公式选择大前提，找出缺少什么条件（其中的一个小前提），作为前面的三段论的结论……直到把所要求的结论都求出。用三段论搭起已知条件和结论的桥梁。

第三，解题时，先从已知条件入手，按顺向思维运用有关的物理规律列出数学式，根据列出的数学式求出结果，必要时对结果进行讨论或验证。

（3）在习题教学中培养学生的演绎推理能力。学生在做物理习题时，要将学过的物理概念规律应用到个别具体情况中去，因此习题是培养学生演绎推理能力的最佳载体，求解物理习题，一般都要运用演绎方法。其大前提涉及的是物理概念规律，小前提所涉及的是问题的情境。这就要求解题时既要准确理解所用的物理概念规律，认识它的使用范围，又要认真分析问题情境，对问题建立起正确、清晰的物理图像。

四、物理观察能力

（一）物理观察能力概述

物理观察能力是以物理学知识为基础，在运用各种机体感官感知物理现象、物理过程，并通过一定的思维加工，发现和解决有关物理问题的过程中所形成的，顺利进行物理观察所必需的个性心理特征。

高中物理教学中需要观察的内容有：①实验现象，这是教学过程中最重要、最经常观察的内容；②直观现象，如实物、模型、图像等，它们是课堂教学中学生获取感性认识的重要来源；③自然现象，包括自然、环境、生活、生产等，这是学生自主的开放性观察，是物理联系实际的必然要求。

（二）能力培养

物理观察是物理学习中重要的实践环节。通过观察不仅可以获取大量感性知识，而且能够对已有知识加深理解。善于观察的学生能够随时发现新问题，获取新知识。可见培养较高水平的观察能力是学生学好物理的关键。对于怎样在物理教学中培养学生的观察能力，许多一线的中学物理教师和相关的教学专家都对高中学生物理观察能力的培养提出了自己的见解，我们在此基础上加以总结和归纳。

1.激发学生观察物理现象的兴趣

由于物理现象（物理原型）是物理学习的源泉，而物理原型问题和经过编制的物理习题在培养学生的观察能力上，其效果是明显不同的。传统的习题往往与物理原型相脱离，使学生在大量的训练中，处在经过提炼后的模型的包围之中，这样使学生感受不到物理现象真实生动的一面，使习题教学切断了学生物理学习兴趣的源头，脱离了生活中的真实性，学生的观察能力受到了很大的抑制。所以，在物理课堂教学中，注意引导学生观察物理现象，特别是物理实验所呈现的现象，提高学生对物理现象的观察兴趣，与此同时，引导学生观察生活中的实际例子或与物理相关的现象，学会在观察中分析和思考，是使学生在产生物理学习兴趣的同时，提高学生观察能力的重要途径。

2.为学生积极创造观察物理现象的机会

教师可以从以下五个方面为学生创造更多的观察物理现象的机会。

（1）观察教师的课堂演示实验。通过教师的指导，明确观察目的和对象、学会观察细微的实验现象，学会对现象的分析，从而达到培养学生观察能力的目的。教师充分利用演示实验能有效缩短教学时间，将各种物理现象和复杂的数量关系直观地展示给学生。同时物理演示实验具有形象生动的特点，能为学生在形成物理概念、得出物理规律前创设必要的物理情境，激发学生学习物理的兴趣。

（2）观察自身的分组实验。分组实验以测量性实验为主，通过现象观察、数据测量及分析处理，达到发现物理规律或验证物理原理的目的。在分组实验中，教师应通过恰当的指导，了解具体的观察要求和观察重点，对可能出现问题的地方通过引导讨论，让学生做好观察预案，在实验过程中，教师要巡视指导，对个别小组出现的问题进行个别指导，对共性的问题，适时组织讨论，使学生掌握观察的方法，做出及时调整，达到观察的目的。

（3）增加"实验练习课"或"实验习作课"。多安排一些实验让学生有机会动手操作，以此来增加学生实验的次数。

（4）举办实验展览，开放实验室。将基本的实验器具和重要的演示实验和学生实验的仪器都陈列出来，让学生课后到实验展览室参观，并进行一定的操作和观察。

（5）布置预习性或者复习性的课外自然观察。要求学生自己动手做，细心观察，详细记录，培养他们认真记录、积累观察结果的好习惯。

3.向学生明确观察的各项要求

（1）在观察之前要有明确观察的目的与周密的观察计划。必须有明确的观察目的任务，要有观察的中心和观察的范围，这样才能把学生的知觉严密地组织起来，并集中于所要观察的事物上，深入细致地进行观察。观察的目的任务越明确，学生对知觉现象的反映就越完整、越清晰，因而观察的效果就越好。同时，观察的计划性和系统性也是观察成功的重要保证。只有根据事先所拟定的周密计划，才能有步骤地观察而不至于遗漏某些部分和环节。如在每次观察之前要求学生制订观察计划，包括观察目的、观察内容、观察步骤、观察的方法等，并严格地按照计划有系统、有步骤地进行观察，养成良好的观察习惯。

（2）要有认真细致的观察态度。观察时应该专心致志，否则就不能深入了解事物，也就发现不了物理事件的本质，概括不出相应的物理规律。

（3）要认真做好观察的记录和总结。进行观察时，所使用的方法、仪器和当时的环境条件，所得的数据和发现的新现象等都应当及时且准确地记录下来，并且某一阶段观察告一段落后还要进行总结，总结时可以检查观察的目的任务是否完成。

4.教会学生科学的观察方法

在物理教学中，除了培养学生的观察兴趣，为学生的观察创造积极的条件，以及向学生明确观察的各项要求之外，教师还要在教学中教会学生科学的观察方法。

（1）比较观察法。比较就是在观察中区分客体，确定客体的异同，从而促进思维活动。由于事物和事物之间、现象和现象之间总是既有联系又有区别，因此总有可比之处。教师在教学过程中，要注意物理现象的分析比较，善于在相似的事物和现象中，通过比较找出它们的不同点，在不同的事物和现象中通过比较找出它们的共同点。

（2）顺序观察法。一般的观察顺序为从上到下，从外到内，从前到后，从左到右，教师应该教会学生按照一定的排列顺序进行观察。

（3）整体观察法。其观察程序为由整体到部分，再由部分到整体。即先对整体有一个初步的、一般的、粗略的认识后，再分出对象的各个部分，对这些部分细致地观察，从而对整体对象形成正确的认识。

（4）重点观察法。即抓住事物本质的、核心的关键部分或现象进行观察，培养学生观察的选择性。引导学生注意收集反映物理现象本质特点的信息，依据观察的目的，区分哪些是需要观察的，哪些是不需要观察的。在观察物质时，引导学生根据观察的目的确定优先观察的核心部分；在观察实验时，引导学生注意对关键的、重要的以及不易观察的操作进行重点观察；在观察物理现象和图标模型时，引导学生观察能反映事物本质的现象和部分，避免无关现象的干扰。

（5）归纳观察法。归纳法运用到物理实验中就是从一个个的现象观察中，先得出一个个结论，然后归纳出一般的规律，是一种由特殊到一般的认识过程。

5.培养学生良好的观察品质

还应注意对学生观察品质的培养，是否具有良好的观察品质也是物理学习能否成功的必要条件之一。

（1）培养学生不怕挫折、锲而不舍的精神。实验观察时往往不能一下就获得正确的观察结果。由于客观或主观因素出现一些偶然事故，如在操作过程中由于偶然的疏忽或在读取数据时的不细心，都有可能得出错误的结果。这时应教育学生不畏困难，不怕挫折，重新再来，直至得出正确的结论。

（2）培养学生实事求是、谦虚严谨的作风。实验观察时要尊重客观事实，按照客观事实获得真实、准确的信息。若观察的现象与预期的结果有出入，应仔细分析实验的操作过程，了解实验器材的性能，分析是由实验的误差还是实验操作不当引起的，并尝试减小误差和纠正不当操作。若有与事实不符之处，应果断改正，重新实验，绝不允许假造实验现象、实验数据，最后应认真分析现象及数据，总结出正确的结论。

（3）培养学生在观察中积极思考的习惯。在观察时，由于思维活动的参与，可以大大地提高观察的效果。因此，观察时要求学生尽量摆脱思维定式的束缚，使学生有充分的思维空间，鼓励他们质疑，好问，勤于思考，这样才能在观察实践中勇于探索，发现新的物理现象和规律。

五、物理实验能力

（一）物理实验能力概述

从广义的角度来讲，物理实验能力是指运用物理实验理解、验证理论观点以及借助物理实验获得新认识的能力。它包括发现、选择和确立课题的能力，选用实验方法和设计实验方案的能力，使用仪器和实验操作的能力，观察实验的能力，实验思维的能力，收集资料数据的能力，分析、研究和处理实验资料、数据的能力，发现物理实验规律的能力，表述实验及其结果、最终解决问题的能力等。

从能力的高低层次来看，物理实验能力应具有三级构成（相对而言）。第一级是实验基本能力，即能顺利完成一般教学实验的能力。它包括实验准备能力、实验观察能力、实验操作能力、数据处理能力、图表绘制能力、报告写作能力六个方面。第二级是实验迁移能力，即在掌握实验基本能力的基础上，能进一步灵活运用所学物理实验知识开展一些物理实验活动的能力。它不但包括实验基本能力（第一级），还主要包括实验设计能力、自制器材能力、故障排除能力、实验资源利用能力等。第三级是实验科研能力，即在科研活动过程中通过实验达到研究目的的能力。科研是一种高度复杂的活动，科研实验的根本目的是探索新知识，因此实验科研能力不但包含了实验基本能力（第一级）和实验迁移能力（第二级），更为重要的是包括课题选择能力、资料检索能力、规律总结能力、实验推理能力、创新思维能力等。

从能力的表现形式来看，物理实验能力又可分为外在表现和内在表现两种形式。外在表现的实验能力是指在实验中容易被观测的、显性的动作技能，主要包括实验观察能力、实验操作能力、图表绘制能力、数据处理能力、报告写作能力、故障排除能力、自制器材能力、资料检索能力等。内在表现的实验能力是指在实验中难以被观测的、隐性的智慧能力，主要包括实验准备能力、实验设计能力、课题选择能力、规律总结能力、实验推理能力、创新思维能力等。

（二）能力培养

物理实验能力是物理学习中至关重要的一项能力，因此很多一线的教师和相关的学科专家都对中学生物理实验能力的培养有所研究。在综合相关研究的基础上，我们从"基于课堂实验"和"基于课外拓展"这两方面对现有的培养方法进行了总结和归纳。

1.基于课堂实验能力的培养方法

（1）改进课堂演示实验：

第一，在教师层面，用出声思维报告的方式给学生示范一般的解决实验问题的策略。教师在进行课堂教学演示实验时，要尽可能将学生容易犯的错误和容易碰到的问题都展示出来，并且将自己思考的过程通过言语的形式向学生表述出来，让他们能够直观地理解教师在遇到问题时的思维方式和思考过程，这就是所谓的"出声思维报告"方式。

第二，在学生层面，把部分演示实验改成学生上台演示或边讲边实验的形式，给学生提供更多亲自动手操作的机会。当演示实验所需的器材配备十分充足，且在生活中也较易取得的情况下，就可以把演示实验转变成学生的分组实验。

（2）强化学生实验的效果：

第一，培养学生使用基本仪器的能力。

高中物理实验中常用的实验器材有弹簧秤、斜面板、小车、频闪照相设备、刻度尺、秒表、电流表、电压表、电阻箱、滑动变阻器、气体注射器、U型管、磁铁、原副线圈、静电起电器、阴极射线管、光栅……

第二，培养学生进行实验过程必须掌握的能力。

①掌握实验的一般原理、进行实验设计和运用实验方法的能力。要求学生明确各个实验的目的、原理，根据实验的原理、要求对实验进行设计。包括实验的理论依据，实验中的已知量和需检测量，所要选择的仪器和实验条件，设计好实验步骤，画好记录表格，数据处理的方法等。②正确记录实验数据，并进行运算和分析，得出正确结论的能力。要求学生读取和记录数据时要注意以下几个方面：读数记录要及时；记录数据要完整；数据单位要正确。③了解误差概念，学会初步的误差计算和分析。实验后要指导学生分析实验误差的原因，其中实验的误差主要有系统误差和偶然误差。要培养学生的实验能力，必须让学生了解减少误差就要想办法发现误差的来源，还要明白减少误差的方法，即用增加测量次数的方法来提高测量值的可靠程度。④会写一般的实验报告。学生在实验结束后，应根据原始记录和实验体会，撰写实验报告，这是一个十分重要的技能。教师对实验报告的写法和格式要严格要求，报告中要总结出实验成功的经验或失败的原因，使学生将来进行科学实验时能写出自己的实验成果。

2.基于课外拓展的培养方法

学生在教师的引导下开展课外的实验活动，能够充分发挥个人的想象力和创造力，对自己所关心的问题进行有目的、有计划的研究，不再受课本的束缚。学生通过观察科学现象，探索科学规律，并将其用于生活实际，完成对物理学习的自主构建。教师在课外拓展中提高学生的物理实验能力时要注意以下几点：

（1）以课堂教学为基础，注意课内外知识向课外实验的延伸。学生只有具备了一定的基础知识，才能够进一步拓展。只有这样的知识拓展才能够起到帮助学生知识联系实际，在实践中锻炼实验技能的作用。

（2）重视教材中的阅读材料，积极拓展课题学习前的课外实验。教材中有许多阅读材料，这些材料有的与学科前沿有关，有的与现实生活有关，这些都能够激发学生探究的积极性。如果教师能够适时加以引导，就能够起到促使学生积极开展研究的作用。

（3）加强物理课外实验与其他学科的横向联系。引导学生将物理课外实验与数学、生物、化学、地理等学科相结合，加强知识的综合研究，能有效地提高学生实验设计和科学探究的能力。

六、物理建模能力

（一）物理建模能力概述

物理建模能力是指学生在掌握物理基础知识的前提下，在对物理问题进行本质特征分析的基础上，建立合理的物理模型，并能对物理问题进行模型识别和再现，进而解决物理问题的能力。

1.物理模型

在物理学中突出事物的主要因素、忽略次要因素而建立起来的一种理想化"模型"，叫作物理模型。将它作为研究对象，以简化对原有事物的研究。

2.物理模型的分类

（1）物质模型。物质可分为实体物质和场物质。实体物质模型有力学中的质点、轻质弹簧、弹性小球等；电磁学中的点电荷、平行板电容器、密绕螺线管等；气体性质中的理想气体；光学中的薄透镜、均匀介质等。场物质模型有匀强电场、匀强磁场等。

（2）状态模型。物理事件在变化过程中，往往在特定的时间、特定的位置、特定情境下，描述物理事件的物理参量之间遵循一种确定关系，我们把可以用若干参量描述的这种特定情形，称为物理状态。物理状态一般有两种类型，一种是状态参量保持不变的稳定状态，如物体的受力平衡状态、研究理想气体时气体的平衡状态等；另一种是状态参量发生变化过程某一特定的状态，如波的图像反映了波在传播过程某时刻介质中各质点的振动状态、绳系小球在竖直平面内运动到最高点的临界状态等。

（3）过程模型。在研究质点运动时，如匀速直线运动、匀变速直线运动、匀速圆周运动、平抛运动、简谐运动等；在研究理想气体状态变化时，如等温变化、等压变化、等容变化、绝热变化等；还有一些物理量的均匀变化的过程，如某匀强磁场的磁感应强度均匀减小、均匀增加等；非均匀变化的过程，如汽车突然停止。这些都属于理想的过程模型。

3.中学物理建模的方法

（1）相近类比法。彻底理解题意，根据两个对象在某方面上的共性，把一个研究对象的属性移接到另一个对象上去，使问题得以解决。

（2）近似处理法。分析事物性质、变化规律产生影响的各种因素，舍去次要因素，抓住问题的主要矛盾建立物理模型。

（3）描点观察法。选择恰当的坐标系，通过描点把一些简单函数的一般形态与已知的若干图形的物理意义进行比较来解答问题。

（4）假设推理法。在事实的真相不明朗时，为了描述事物的本质，运用直觉思维和逻辑思维建立物理模型。

（二）能力培养

建立物理模型、识别物理模型和应用物理模型这三个阶段是相辅相成、相互渗透的，对学生物理建模能力的培养是必不可少的。在高中阶段，物理建模能力的训练主要体现在两方面：一是融合在物理概念、定理和定律等新知识点的学习中；二是在相应的习题训练中提高学生的建模能力。

1.要培养学生正确的思维方式

物理学的发展历史展示着思维能力在物理模型的建立和发展中起着重大作用。无论是概念模型的建立或物理定律的发现，还是物理基础理论的创立和突破，都离不开思维能力。思维能力高低的关键在于思维方式的正确与否。

（1）在物理概念和规律的教学中培养学生正确的思维方式。首先要排除学生的思维障碍，转变思维方式，每一个新的物理概念和规律都建有新的物理模型，它们的产生意味着物理发展史上思维方式的变化，而学生的思维方式未必能够适应这种变化，这就要求教师寻找各种方法打破学生的思维定式。其次要克服思维的意义障碍，培养创造性思维。任何一个概念和规律的发展，都是创造性思维的结果，都是思维方式的一次重大飞跃。

（2）在物理习题的教学中培养学生正确的思维方式。物理问题教学是应用物理知识解决实际问题的过程，是培养学生正确思维、提高学习能力的大好时机。在开展习题教学的过程中，教师要以培养学生正确的思维方式、提高学生的能力为目的，绝不能就题讲题，寻求答案，否则将失去习题教学的意义。在习题教学中要注重一题多模型、多题一模型等培养分析综合思维。

2.要教会学生运用模型的方法

（1）在物理建模中要引导学生善于抓住具体问题进行分析，把握问题的关键，排除次要因素，突出主要因素，将研究对象抽象出来建立正确的物理模型。

（2）理解物理模型，培养学生的抽象思维能力和分析推理能力。高中物理的广度、深度和难度较初中物理而言都有了大幅度的提高。为了使学生适应这种变化，我们要指导学生善于将文字描述转化为图形描述，将图形描述进一步转化为数学描述。

（3）提炼物理模型，是解决实际问题的关键和常用方法。在解决实际问题时，我们要让学生树立"研究对象"的意识，通过分析问题中研究对象的条件、物理过程的特征，提炼与之相匹配的物理模型。在目前的高考中，一些"信息给予题"的关键就在于恰当地提炼出所给现象的物理模型。

（4）迁移物理模型，指导学生将物理模型运用于实际问题。有些问题物理现象比较复杂生疏，我们可以将陌生的物理情境与熟悉的物理模型相比较，通过深入分析，寻找共性，进行类比迁移；借助辩证思维，对本质不同的物理现象，进行联想迁移，从而获得使问题得以解决的替代模型。

物理问题常常源于生活和生产实际，但又是对生活和生产实际的提炼和抽象，这种提炼和抽象又往往用数学的语言加以表达。因此，寻找生活的物理原型，通过适当处理形成物理的模型，再用数学的语言表达为数学的模型，就可以使学生将物理学习建立在个人的经验之上，从而建构具有生命活力的物理知识。由此可见，引导学生学会物理模型建立，是学生学会物理学习的一个重要途径。

第八章 高中物理教学策略探索

第一节 科学探究实施策略

《义务教育课程方案和课程标准（2022版）》将"学习科学探究方法，发展自主学习能力，养成良好的思维习惯，能运用物理知识和科学探究方法解决一些问题"列入课程目标、内容目标和实施建议之中，它标志着科学探究不仅是物理学习的一种方法，同时还是物理课程的目标和重要内容，也标志着学生学习重心应该从过去的过分强调知识的传授和积累向知识的探究过程转化，从被动接受知识向主动获取知识转化。《义务教育课程方案和课程标准（2022版）》根据科学探究的一般要求，结合高中物理课程的特点和学生的认识水平，将科学探究分为7个要素，并对每一要素提出了探究能力的要求。

在高中物理课程各个模块中都安排了一些典型的科学探究或物理实验。高中物理教学中实施科学探究可以采取以下策略。

一、制定翔实的科学探究实施计划

高中物理课的科学探究课题可分为两类。一类是学生根据自己的观察和发现所提出的课题（或者是在教师推荐下由学生选择的课题），是利用课外时间进行的，学生自主程度较高，经历的科学探究要素比较多，探究周期较长，但每一个学年所能完成的课题数目极其有限；另一类是在课堂内进行的，因受到课堂教学时间限制，一般只能根据教学内容的特点，突出科学探究的一个或几个要素，但这类科学探究的数量较多。

高中物理教师应该根据物理教学的特点、高中各年级学生的特点、学校的设备与环境、个人的特长，对整个高中物理教学进行统筹规划，制订渗透或进行显性科学探究方法的计划，合理地安排每个知识点应该突出的科学研究的要素，制订在每个学期让学生利用课外时间进行的较为完整的科学探究的计划，以使学生的科学探究能力得到系统的培养。

二、创设有助于学生选择探究课题的情境

科学探究的第一个要素是提出问题，而提出可以探究的问题的前提是发现问题，要使学生发现问题必须创设发现问题的情境。

创设情境的方法很多，教师可以描述学生熟悉的一个生活实例，也可以演示一个学生不熟悉的实验，还可以阅读一份报刊资料，用以激发学生的问题意识，将学生引入一定的问题情境，自发提出问题，也可以由教师围绕学习主题，搭建"脚手架"，为学生铺垫最近发展区，给出一些启发引导，让学生描述自己知道的一系列事实（生活中经历的或在网络、书刊中阅读到的），激活学生的思维，让学生发现问题。对同一情境，教师或学生可能会提出多个不同的问题，但不可能对每个问题都展开探究，通过"独立探究，协作学习"，让学生自己分析、探究，并通过小组协商、沟通和交流，使原来"意见互相矛盾、态度复杂纷繁"的局面逐渐明朗起来，形成问题焦点，提炼出主要问题，明确探究方向。在问题阶段，教师根据教学任务和学生发展的需要，协助学生对提出的探究课题进行筛选和梳理，选择那些对学生发展有意义，而学生又有能力进行探究的课题。

正确选择科学探究的课题是学生将来从事科学研究必须具备的一项能力，选题的正确与否关系到研究成果的大小、研究工作的成败和进展的快慢。一般来讲，正确选题应该遵循以下四项原则。

（一）需要性原则

研究的课题，应当是物理科学或相关领域需要认识和解决的理论问题或实际应用问题。

物理科学或相关领域研究的课题，必须理论联系实际，其成果应从理论与实践结合的高度上，既讲清道理，又达到解决问题的目的。也就是说，研究课题要具有实际意义、现实意义。当然对高中生的要求不能太高，但原则要求要说明。

（二）可能性原则

高中生选择研究的课题必须具有可行的主观条件（如个人水平、能力、经验、兴趣等）和客观条件（如占有必要的资料、设备、时间地点、协作单位等）。也就是说，高中生应该在自己熟悉的范围内和现有的条件下，选择经过努力可以驾驭、完成的课题。题目不易过大，过大容易分析不透彻、不到位，蜻蜓点水，研究价值就会大大降低。

（三）创新性原则

物理科学或相关领域研究的课题应是物理科学或相关领域需要认识和解决，而没有

解决或没有完全解决的问题，因此，研究的成果一定要在原有的基础上有所提高，有所创新，有独到之处。

"新"字的含义，是"与众不同"或"前所未有"（起码是选题者本人前所未知的）。也就是说，学生在前人研究成果的基础上，通过研究有所延伸、发展、完善或补充。对别人的某一观点、理论或实验结果有所修正或补充。对司空见惯的事物从新的视角加以审视和研究，填补前人的研究空白，且有自己发现的新的见解。把原来一些分散的材料加以综合化或系统化，或用新的观点、新的方法加以论证，得出新的结论等。

（四）科学性原则

研究应当在一定的物理科学或相关领域理论指导下进行，要取得充分的事实依据，并保证研究方法的科学性，从而得出正确的结论。像永动机的研究等，只要违背了这一原则的课题就不能选。

研究课题应能把要探究的问题明确和具体地提出来。如果问题停留在暧昧、笼统、不确定状态，如，"研究一个有关非电量的测量问题"等，科学探究就难以展开，因为任务和目标尚未明确。为了把笼统的问题具体化，必须对问题进行一定的了解与分析。

三、教给学生撰写开题报告的方法

开展科学探究的基础性工作就是制定探究方案，也就是为完成研究任务而详细编制"施工蓝图"。探究方案包括确定探究目标，拟定探究工作方法和实施步骤，安排大致进度，确定切实可行的技术路线。编制探究方案的最后一项工作就是撰写开题报告，开题报告通常包含以下几项内容。

（一）选题依据

包括课题的研究目的与出发点，课题的理论意义或现实意义，当前的研究动态，预期在哪些方面有所突破，新的见解是什么或解决哪些实际问题，借以说明课题研究的必要性。

（二）研究范围

包括课题的研究对象、研究内容、研究任务、研究难点等。确定研究范围，是为了有的放矢，集中优势兵力。明确选题任务是为了有所为、有所不为，避免徒劳无功。突出研究难点是为了在研究中引起注意，以便集中力量予以解决。

（三）研究方法

在选择研究方法时，要兼顾课题要求和研究者的特长以及可能提供的研究条件。高中生在物理学习中应用科学探究时常用的方法有以下四种。

1.观察研究法

观察研究法是指在不对客观事物施加影响的情况下，有计划、有目的地对自然或社会现象进行了解和收集有关资料的一种研究问题的方法。观察是一种简便易行且可靠地获得研究资料的一种常用方法，采用照相机、录音机、摄像机等现代技术手段，进一步提高了观察的效率。

2.实验研究法

实验研究法是针对某一问题的假设进行，设计实验，实施实验，收集证据，从而得出一定的科学结论的方法。自然科学的实验法是指根据研究的目的，人为地控制或干预研究对象，使某种现象在有利于观察的条件下发生或重演，以便集中研究各种因素之间的联系和因果关系，并获得科学事实，探讨其自然规律的一种研究方法。

3.调查研究法

调查研究法是有目的、有计划、系统地了解某些现实情况，借以发现存在的问题，以便探究其发展趋势和规律的一种研究问题的方法。它又分为问卷调查法、访谈法与个案追踪研究法。

4.文献法

文献法是针对某一问题，通过上网或查阅有关档案、书籍、报刊等，收集资料，然后根据一定的标准，对资料进行统计、比较、分析得出结论的研究方法。

（四）课题的可行性

包括课题小组成员特长的分析，具备的物质条件（包括学校、社会和家庭三方面的）分析，已经具备的工作基础分析，分析研究中可能遇到的困难及解决方法（包括指导教师与其他专家）等，使听或看报告者感觉课题组有完成课题任务的能力，方案是可行的。

（五）时间安排

就是对课题研究的时间进行规划，规划时要考虑到可能遇到的问题和困难，注意留出一定的备用时间，做到有备无患。

（六）预期成果

预期成果包括论文、研究报告、制作模型、实验报告等；表达形式包括文字、图片、实物、音像资料等。

撰写完开题报告后，教师应该组织开题评审。开题评审是对学生前一段探究成果的一次评定，也是为课题研究的后续工作的顺利进行打好基础。开题评审一般包括以下几个程序：（1）开题报告。小组成员简单明了地陈述课题报告的主要内容。（2）方案评审。教师就立题是否有事实根据或理论依据，学生的知识和能力是否能驾驭这个选题，小组成员的课外知识、爱好特长、社交能力的匹配是否大致合理，时间条件和物质条件是否基本上落实，研究方案的可操作性怎样等分别提出问题，由学生答辩。（3）综合评价。教师根据学生的答辩情况，确定条件成熟者就可以开题研究。对条件尚欠缺者，或提供咨询意见、或指导查资料方向，以便进一步完善，达到开题的目的。

四、培养学生有理有据地猜想与假设的习惯

不论是物理课堂教学过程中开展的科学探究，还是课外学生自主开展的科学探究过程，都要让学生根据已有的物理知识和实践经验，对解决问题的方式和问题的答案提出猜想和假设，对物理实验结果进行合乎逻辑的预测，养成有理有据进行科学猜想与假设的优良习惯。例如，推测探究可能出现什么结果？应该怎样进行探究过程和方法的设计，根据已有的知识和经验，能够对探究的问题作出哪些解释？哪些必须通过探究后才能作出解释？猜想与假设一定要符合物理逻辑，符合一定思维预期，猜想与假设也是物理研究和学习的重要内容之一。

五、教给学生制定计划与设计实验的策略

对研究的问题提出猜想与假设后的工作是：制定验证猜想与假设是否正确的研究计划或实验方案。高中物理学习中制定计划与设计实验的策略有以下两种。

（一）操作化策略

操作化策略就是把一般的学习内容转化为可进行操作的探究内容。现代科学的主要特征就是实证和量化，实证和量化都要求对引起事物变化的变量进行测量，以寻求变量间的因果联系。这就要求对学习内容进行处理，确定一定的常量、变量以及对变量的测量方法，便于进一步设计实验、验证假设。教师要有计划地教给学生实验设计的比较法、平衡法、放大法、补偿法、再现法与转换法等。

（二）具体化策略

具体化策略主要应用于比较抽象、概括的内容。这些内容一是由于离学生生活较远，很难引起学生的兴趣，二是涉及范围太广，无法着手进行探究，这就需要把问题具体化、生活化。

六、让学生学习进行实验与收集证据的方法

根据制定的研究计划与设计的实验，学生应该能按照说明书进行实验操作，会使用基本实验仪器和具有安全操作意识。尝试选择实验方式及所需实验器材和资料的准备、探究的程序和过程（包括观察实验、信息与数据的收集和处理）、实验的变量及控制方法等。

学生开始通过观察、实验、调查、测量、网络等途径收集与问题相关的信息，教师应该给予必要的帮助和指导。学生完成各自信息收集工作之后，重回探究小组，利用新信息重新审视问题，进行质疑、交流、研讨、合作解决问题，教师参与到小组的讨论中去，给予积极和及时的指导。

七、让学生学习分析数据资料得出结论的方法

教师要引导学生整理收集各种信息、实验数据和证据。对信息、数据和各种证据进行统计、分析处理，应用科学的思维和方法，通过分析和归纳，找出规律，尝试根据实验现象和数据得出结论，并对实验结果进行解释和描述。

学生在实验的基础上，根据逻辑关系和推理找到问题的症结所在，对其中的因果关系形成自己的解释。在解释阶段，学习重点是将新旧知识联系起来，在旧知识的基础上，将实验探究所得事实纳入原有的知识结构中，形成新的理解和解释，教师要给予学生方法上的指导。要求学生尊重事实、尊重规律、实事求是地表达研究结果。

八、培养学生反思研究过程的习惯

高中生在经过分析论证得出结论后，往往就认为万事大吉了，事实上还不够。要让学生养成反思科学探究过程的习惯。开始教师要和课题组成员一起对已形成的结论进行评价，可以让学生思考和回答：通过探究得到了哪些启示；探究的结果与事先的预测是否相符；探究的设计和计划的进行过程是否有缺陷，还有哪些需要改进的地方；实验的误差有哪些，如何改进实验减小误差；探究过程中遇到了哪些问题，如何解决的等。这些都需要学生反思。只有通过这样的反思和评估，学生的科学探究能力才能逐步提高，这也是整个探究学习活动的必要组成部分。

九、让学生经历撰写研究报告与答辩的过程

（一）撰写课题研究报告

课题研究报告是在课题研究完成以后，让学生编写科学探究报告。研究报告是一个概括反映研究全过程和研究思想的书面材料，研究报告要做到明白、准确和简练，可以使用表格、图像等。课题研究报告要经过课题小组讨论，得到指导教师与所有合作者认同。

（二）研究结果的展示与答辩

研究成果的展示与答辩，是在课题研究结束后，分别以答辩会、报告会、辩论会、展览会、表演、小型比赛等形式向全体学生、教师、家长和专家展示课题研究的成果，通过研究成果的展示和答辩，使研究成果产生辐射作用，体现其研究价值，锻炼学生的展示才能和口头表达能力，对全面提高学生的素质有重要意义。

研究结果的答辩程序一般为：一位课题组成员作为主讲人，向专家和同学们展示课题研究过程和研究结果，其中包括课题研究的目的、研究方案的设计、资料的获得、成果的产生、英文概述以及研究工作结束后的反思等。专家针对学生研究的课题提出有关问题，学生对于专家的提问进行现场答辩。

要让每个学生都有充分的语言表达机会，要循序渐进地培养学生尽可能用已有的科学知识和较为准确的语言表述自己的探究成果。

第二节 必修模块教学策略

共同必修模块是为全体学生设计的，旨在引导学生经历对自然规律的探究过程，学习基本的物理内容，了解物理学的思想和研究方法，初步认识物理学对科学技术、经济、社会的影响，学习科学精神和科学态度。

根据必修课的特点，提出以下几点教学建议。

一、低起点，高目标

"低起点，高目标"就是要从最基础的知识入手，利用形象生动的教学手段，采取浅

显易懂的教学方法，教学要求逐渐提高，教学目标分层次达成。通过从低起点开始，循序渐进地提高教学要求，分步提高教学难度，分层次达到较高的教学目标，使每一位学生在课堂上都能听懂、学会。

（一）必修模块物理1的内容特点

必修模块1是高中物理的第一个模块。在本模块中，学生将在初中所学物理的基础上，进一步学习直线运动、相互作用、牛顿定律等内容和相应的物理科学方法，了解物理学在技术上的应用和物理学对社会的影响。

本模块中有关运动的概念、力的概念以及物体的直线运动规律、牛顿定律是进一步学习的基础，有关打点计时器的实验、探究加速度跟力和质量关系的实验是高中物理的典型实验，要让学生通过这些实验学习，掌握基本的操作技能。

本模块中的内容与学生的生活联系密切，并且学生在初中已经学习了一些相关的基础知识。所以，在学习本模块时，学生对模型的建立、概念的理解、规律的掌握都不会感到很困难。但是，由于高中物理中的物理过程更复杂了，综合性也更强了，对学生分析问题解决问题的能力要求更高了，所以学生在用这些概念、规律解决问题时，仍然会遇到不小的困难。

（二）必修模块物理2的内容特点

学生将在物理1的基础上，通过本模块中曲线运动、万有引力、机械能的有关概念和规律的学习，进一步了解物理学的核心内容，体会高中物理课的特点和学习方法，为以后进一步学习物理打好基础，为后续选修模块的选择做准备。

相对于必修模块物理1，本模块中的大部分内容学生在初中没有接触，并且知识更抽象了，综合性更强了，难度明显提高。

由于高中物理对学生的理解能力、分析综合能力、判断能力、推理能力、应用数学知识解决物理问题的能力要求更高，所以，学生进入高中后，普遍感到高中物理难学。

（三）建议在必修模块教学中采取的策略

在必修模块的教学中，为了降低高、初中的台阶，教学中要采取以下策略：第一，必修模块教学设计的起点要低，特别是高一刚开始，要让学生都能接受，然后循序渐进地提高要求；第二，要体现分层次教学，由于高一学生物理基础不同，对物理学习的需要也不同，有些学生按照课程标准达到最基本的要求就可以了，而一些物理基础好的学生就有更多的需要，对他们就可以提出更高的要求，提供更丰富的学习材料，让他们参与更多的探究活动。

二、落实三维目标，体现课程理念

《普通高中物理课程标准》在知识与技能、过程与方法、情感态度与价值观三个维度上，提出了高中物理课程的具体目标。在教学中，课程目标的这三个维度不是相互孤立的，它们都融于同一个教学过程之中。在设计教学过程时，需要从三个维度来构思教学内容和教学活动的安排。

应该对学生在高中阶段的物理课如何实现课程目标有一个总的思考。与初中相比，高中物理课程无论在知识的深度和广度上，还是在学习方法上都有很大的不同，要增强学生学好物理学的自信心，让学生有一个逐步适应和学会学习的过程。教师应帮助学生，使他们在独立获取物理知识、探究物理规律、解决物理问题等方面获得具体的成果。让学生得到成功的体验，享受成功的愉悦，激发学习的热情和责任感。

例如，匀变速直线运动的研究是高中物理课程运动学中的重要学习内容，不仅要求学生认识匀变速直线运动的特点，而且要求学生经历匀变速直线运动的实验研究过程，体会实验在发现自然规律中的作用，这体现了"过程与方法"的培养目标，强调了物理实验的重要性，反映了对科学探究过程的重视。同时，还要求学生理解位移、速度和加速度等，了解匀变速直线运动的规律，这些是对物理知识的要求，也是"知识与技能"培养目标的体现。

在让学生经历匀变速直线的实验研究过程时，可用打点计时器、频闪照相或其他实验方法研究匀变速直线运动。还可结合物理学史，让学生了解伽利略研究自由落体运动所用的实验和推理方法，了解伽利略对物体运动的研究在科学发展和人类进步上的重大意义，体会实验在发现自然规律中的作用。

三、体验探究过程，提高探究能力

通过初中课程的学习，学生对科学探究的过程有了一定的体验，并具有了初步的科学探究能力。高中阶段的物理课，应该在这个基础上更加关注学生在科学探究过程中的学习质量，进一步加深对科学探究的理解，提高科学探究的能力。

由于课时的限制，课程标准在必修模块中只是安排了以下探究内容：

（1）经历匀变速直线运动的实验研究过程，体会实验在发现自然规律中的作用；

（2）通过实验，探究加速度与物体质量、物体受力的关系；

（3）通过实验，探究恒力做功与物体动能变化的关系。

但是，培养学生的探究能力不是一蹴而就的，在平时的教学中，应该根据教学内容的特点，突出科学探究的一个或几个要素。

例如，在牛顿第二定律的教学中，学生要通过实验，探究加速度、质量、力三者的关系。在这个实验探究过程中，学生可以通过实验测量加速度、力、质量，分别作出表示加速度与力、加速度与质量的关系的图像，根据图像写出加速度与力、质量的关系式等，可以突出猜想与假设、设计实验、进行实验与收集证据、分析与论证等要素。通过探究过程，不仅有利于学生更深刻地理解牛顿第二定律，还有利于学生在探究过程中体会所用的科学方法，培养科学探究的能力。

四、渗透科学方法，提高科学素养

在课程标准中，"过程与方法"作为课程目标提出来，体现了科学方法教育的重要性。物理学科是一门具有方法论性质的学科，物理学在长期发展中所形成的科学方法，不仅对物理学的进一步发展产生了巨大影响，也对其他学科的发展产生了积极推动作用。物理科学方法既是物理知识发展的手段，又是物理知识发展的产物，科学方法蕴含于物理知识中，物理知识是物理科学方法的载体，它们密不可分，共同形成了物理的完整的知识体系。这就要求我们在知识教学中渗透科学方法教育，学生在探究的过程中体验科学方法，在解决问题的过程中应用科学方法。

（一）在物理概念教学中，渗透科学方法教育

物理概念是一类物理现象和物理过程的共同性质和本质特征在人们头脑中的反映，是对物理现象和物理过程抽象化和概括化的思维形式。一方面，物理概念反映着人类对物理世界漫长而艰难的探究历程，是人类智慧的结晶；另一方面，它又使人们在纷繁复杂的物理世界中，把握了事物的本质特征，成为物理思维的基本单位和有力工具。借助于这种简约、概括的思维形式，人们找到了支配复杂的物理世界的简单规律，建立了假说、模型和测量方法体系，从而筑起了规模宏大的物理学理论大厦。显然，物理概念的形成过程中，包含了丰富的科学方法。在物理概念的教学中要挖掘其方法教育因素，使学生在形成物理概念的过程中，学习观察法、实验法、归纳法、抽象法、理想化方法、数学方法等科学方法。

观察方法是在自然发生的条件下对各种自然现象进行考察研究的一种方法，是获得感性知识的主要手段。它对物理学的研究与发展起着重要的作用。如力、速度、光的反射和折射等都是在观察的基础上建立和发展起来的。在物理概念的教学中要注重培养学生的观察意识，在观察中捕捉有效信息，认识事物的本质属性。

理想化方法是物理研究中经常用到的另一种科学方法，物理现象所经历的过程大都是复杂的，要仔细描述它们也是很困难的。为此，在物理研究中常常把具体事物抽象化，用理想化的物理模型代替实际研究的对象，并简化有关过程，以便从理论上加以研究。高中物理必修模块的概念学习中应用理想化方法比较多。理想化对象有质点等，理想化过程

有匀速直线运动、匀变速直线运动、匀速圆周运动等。对这类概念的教学，不仅要求学生认识概念的物理含义，更重要的是让学生在概念的学习过程中，体验物理学中抓住主要因素、忽略次要因素、突出主体、删繁就简的理想化方法，加深学生对理想化方法的理解。

数学方法也是物理学中研究问题的重要方法。例如，建立瞬时速度的概念，需要用到数学上取极限的方法，速度、加速度等概念的建立都用到了比值定义法等。

（二）在物理规律教学中，渗透科学方法教育

物理规律揭示的是物质的结构和物质运动所遵循的规律，因此，必然与人们认识物理世界的途径有关，即与观察、实验、思维、数学等方法有着密不可分的联系。每个物理规律都是人类知识的结晶，不仅具有科学的价值，也铭刻着人类思维发展的烙印，蕴含了丰富的科学方法，具有思想文化的价值。如果我们在物理规律教学中，创造条件让学生经历科学探究过程，引导学生循着前人的研究思路来重新"发现"这一规律，再现浓缩在其中的思维历程，从中体验和学习科学思维的方法，那就等于给学生一把打开思维宝库的金钥匙，从而把物理规律的教学，作为帮助学生认识事物本质、训练思维能力、掌握科学方法的手段。

五、教学内容要贴近学生生活、联系社会实际

把物理教学的内容和学生的生活实际联系起来，有利于激发学生的学习热情，强化学生的实践意识，提高学生分析问题和解决问题的能力；把物理知识与应用技术、人文学科相结合，能使学生获得一个更为宽广的视野，有助于学生形成科学的价值观，增强社会责任感。这些都是高中物理课程目标所强调的。教师应该精选相关的事例，把它们组织在自己的教学内容中。

共同必修模块（物理1和物理2）的内容标准中，关于加强物理学与生活、社会的联系方面，相应的条目有：

（1）用牛顿运动定律解释生活中的有关问题；

（2）用动能定理解释生活和生产中的现象；

（3）用机械能守恒定律分析生活和生产中的有关问题；

（4）分析生活和生产中的离心现象；

（5）关注抛体运动和圆周运动的规律与日常生活的联系；

（6）了解能源与人类生存和社会发展的关系。

在共同必修两个模块的共25条内容标准中，明确提出与生活、生产相联系的有以上6条，占到24%。

家庭、学校、社会都有大量学生感兴趣的物理问题。如，家庭中新型电器、炊具中的

物理原理，公共交通设施、交通工具中某些新装置的物理原理，新型通信工具等。教师应选择与学生生活联系密切的素材用于教学。课堂教学中，教师可以使用可乐瓶、易拉罐、饮料吸管、胶带纸等生活中的常见物品来做物理实验。学生的课后作业也应该因地制宜地引导学生关注周围的生活，例如，游乐场中的物理，车站、码头上的物理，超级市场中的物理等。把这些与学生的生活密切相关的事物引入物理课，就会增加学生对物理课的亲切感。

第三节　选修模块教学策略

选修课程是在共同必修课程的基础上，为满足学生的学习需求而设计的。在选修课程中既考虑了学生的基本学习需求，又为学生的进一步发展提供了空间。既为学生设计了适合其兴趣爱好和能力倾向的不同模块，又考虑了不同模块的相互联系和共同要求。

选修模块的课程更能体现本次课程改革的理念——注重从知识与技能、过程与方法、情感态度与价值观三个方面全面提高学生的科学素养，关注每一个学生的终身发展。更能体现课程的选择性，有利于提高学生的学习兴趣；更能体现物理知识的基础性和时代性；更加有利于学生开展自主学习、合作学习和探究学习。所以，我们要重视选修模块的教学，让物理选修模块成为提高全体学生科学素养的主阵地。

物理选修模块的选课和选修模块的教学，可以采取以下策略。

一、要指导学生选择适合自己的选修模块

选修课程设置了3个系列共计10个选修模块，在这10个选修模块中，除选修3-1与选修3-2之间有较大的联系外，其他模块的相对独立性都较强，学生可以根据个人的兴趣、发展潜能及自己的职业需求和价值取向分别选学。学生在学习物理1与物理2之后，只需在1-1、2-1与3-1中任选一个模块选修，即可完成物理课程的必修学分。学生选择的余地大了，学习的主动性和积极性必然提高，学习的个性化也必然会得到加强。

（一）要让学生及时了解选修模块的内容和要求

选修课程的每个选修模块的侧重点有明显不同。教师可以在介绍物理课程的结构后，把各选修模块的概述提供给学生，让学生了解各个选修模块的内容与特点，以便更好

地选课。

（二）要指导学生选择适合自己的选修模块

1.教师在指导学生选课上应遵循三个基本原则

（1）学生为本原则。教师的任务主要是"导"，在指导过程中，应以学生为主，尊重学生的意愿，不能包办代替，更不能把自己的意愿强加给学生，这是指导学生选课最重要的原则。

（2）因材施教原则。教师应依据学生的兴趣爱好、学业成绩、特长与潜能等，对学生进行有针对性的个别指导。

（3）科学性原则。教师给出建议要有一定的科学依据，如，以学生的兴趣爱好、个人特长等个人因素为依据，或以就业状况、高校招生动向等社会因素为依据。

2.给学生提供下列选课建议

学生在高一年级两个学期完成2个共同必修模块的学习后，可获得4个学分。在此基础上，学生可以根据自己的兴趣、发展潜力以及今后的职业需求，结合学校教师和场地的实际情况，继续学习其他选修模块。

（1）希望在人文与社会、音体美方向发展的学生，在选修系列1中选择1～2个模块，连同必修模块共获得6～8个学分。

（2）希望在工业、农林、医学等应用方向发展的学生，在选修系列2中选择1～3个模块，连同必修模块共获得6～10个学分。

（3）希望在理科方向发展的学生，在选修系列3中选择4～5个模块，连同必修模块共获得12～14个学分。

（4）由于每个选修系列中的第1个模块知识范围不尽相同，在指导学生选修时，应该尽量在同一个系列中选修，例如，一个学生选修了系列1的1-1模块后，如果要继续学习，应该尽量选修1-2模块；选修了2-1模块后，如果要继续学习，应该尽量选修2-2和2-3模块；选修3-1模块后，应该尽量选修3-2、3-3、3-4或3-5模块。

（5）课程的组合具有一定的灵活性，不同的组合可以变换。学生作出选择以后，可以根据自己的意愿和条件向学校申请调整，真正体现以学生为本的课程理念。

（6）学生不论选修哪个模块，只要参加学分认定考试或考核合格，就获得该模块的学分。

二、要注重转变教师的教学方式

传统的教学方式主要是教师讲、学生听，这种传授式的教学模式已远远不能适应新课程改革形势下的课堂教学。教师要转变教学观念，由注重研究教师怎样讲转到研究如何指导学生学。转变以往教师是知识的所有者和传授者的理念，打破教师的权威地位，实现角色的转变。使教师成为课堂教学的组织者、服务者、参与者、帮助者、促进者。

教师的任务不再是讲授，而是运用新的教学策略，转变学生的学习方式，为学生的学习活动提供多方面的帮助。在教学内容上，要增强课程内容与社会发展、科学进步、现实生活的联系，增强课程与学生自我发展的联系，帮助学生规划人生，促进学生的全面发展。

在教学模式的选择上，多采用有效互动，倡导把讲台让给学生，让学生充分展示自己的个性和才能，使他们在操作、交流、展示等一系列过程中，通过动手、动口、动脑，提高各种能力。教师要在课程标准的指导下，善于引导学生学习，调控课堂气氛。

同时，教师要加强学习。新课程加强了学科之间的综合与渗透，使各自然学科之间联系更加密切，对一个问题的探究往往涉及物理、化学、生物等学科的知识。新课程也加强了物理同社会学科的联系，使学生在学习自然科学文化的同时，接受人文教育和熏陶。这就需要教师不能局限于以往单一学科教学的知识要求，还要学习各种科学文化知识。随着教学、学习方式的改变，学生了解接触的信息，尤其是一些反映最新科技成果的物理知识越来越多，教师必须具有精深的专业知识，并且学会充分利用和有效开发课程资源，加强信息技术与物理教学的整合，实现对学生的有效指导和帮助。

教师教学方式的转变可以体现在以下几方面。

（一）师生平等

师生平等体现了一种新的师生关系，它打破了以往课堂教学中师生关系的模式，搭建了一个平台，使学生在师生共建的民主和谐的氛围中，有充分的机会展示自己，成为学习的主人。

（二）师生互动

学生在互动的学习过程中，既获得了知识，又提高了实践操作能力，增强了学生合作、交流的意识，有利于学生自主学习方式的形成。学生的探究性活动由此可以变得张扬，有利于建立一种新型的师生关系。

（三）方式多样

在课堂教学中，要灵活运用多种课堂教学模式，通过学生表演、学生描述、学生讨论、师生换位等多种课堂活动方式，为学生创设展示自我的平台，真正让学生参与到学习过程中来。教师在整个过程中，及时给予肯定和指点，创设情景让学生发散思维，从而提高学生的学习兴趣，培养发展学生的能力，使学生高质量地完成学习任务。

（四）探索求知

教师通过设计教学环境给学生不断营造探索研究的氛围、情景和场面，使学生以探索者、研究者的角色，通过观察现象、设计方案、实验操作、思考分析、归纳综合等，探索程序对所学知识实现由感性到理性的飞跃，让学生在未知中探索、在探索中求新、在求新中迁移、在迁移中应用。

（五）新评价观

新课程下的课堂教学评价，重点不再是看教师讲得怎样，而是重在看教师指导学生学习得怎样。看是否创造了促进学生良好发展的情景氛围，看是否提高了学生的参与度和思维度，看是否激发了学生的自主性和创造性，看是否有效地促进了学生的发展，看是否统一了教学的规范性和创造性，看是否落实了三维目标。

教师的教学是一项创造性的劳动。教师需要研究课堂中实际发生的问题，创设出适宜于具体情景的实施方案。通过多样化的教学方式，帮助学生学习物理知识和技能，培养其科学探究能力，使其逐步形成科学态度和科学精神。

另外，要注重教学方法的优化组合。在一节课中，仅用一两种教学方法，难免使课堂教学单调苍白，难以取得好的教学效果，应该根据教学内容与学生特点，合理选择几种教学方法，然后将它们优化组合，才能使课堂教学丰富多彩，充满活力。

三、要注重因材施教，培养发展学生特长

新课程开设选修课的目的，就是搞好因材施教，培养发展学生特长。我们在教学过程中要注意把握好学生学习的基础，在初中和高中必修课学习的基础上，针对学生学习的实际搞好选修课教学。

（一）搞好教学内容衔接，为学生降低学习台阶

教师在讲到相关内容，尤其是有一定难度的内容，或者与以前学过的知识联系较大的内容时，要先对学过的知识进行有针对性的复习。这种有针对性的复习在学习选修课程时显得尤其重要，因为这部分内容学生没有初中基础，或者初中学得很肤浅。更为重要的是，即便学生有初中的基础，由于已经过去一年多的时间，多数内容可能已经遗忘。

有些内容与初中学习的知识相比，跨度较大、台阶较高，学生学习起来难度比较大。教师在教学过程中，对所学知识不要强求一步到位，可以根据学生的实际情况和学习内容，适当降低教学要求和放慢教学进度，或者增加教学层次，搞好知识铺垫，帮助学生理解掌握。

例如，选修3系列对"场"的理解，教材安排先让学生知道电场是电荷周围的一种特殊的物质，知道电场最基本的一些性质。但由于是第一次认识"场"这种看不见摸不着的特殊物质，学生的认识肯定很肤浅，这也是情理之中的事。随着学习的深入，又接触到电场与重力场同时存在的复合场，类比重力场中的基本规律，这时学生对场的认识就进了一步，学习磁场后对场的物质性的理解能更深入一些，学习电磁场与电磁波后学生就能对场有较深层次的理解，会从内心里接受场是物质存在的一种特殊形态。这样让知识在不同阶段反复出现，逐步加深，学生就容易理解和掌握。

在教学中，为了提高学生学习的有效性，也可以采用学案导学，每学习一节内容，都先给学生发一个学案，指导学生自主学习。学案可以包括内容导学、知识铺垫、问题思考与探究、巩固深化练习等。实践证明，学案能够照顾到各个层次的学生，尤其是基础较差的学生。学生可以根据提前下发的学案，针对自己的实际情况进行预习，对于不能独自解决的问题做出标记，这样可以在课堂上有的放矢地听讲。学完一节课，学生还可以根据学案了解自己还有哪些问题没有完全弄明白，以便课后进行再思考、与同学讨论、请教老师等。

适当降低作业题和练习题的难度，也是减小学习难度的途径之一。物理习题在物理教学中起着很重要的作用，它能够有效帮助学生加深对基础知识的理解，培养学生的思维能力。在习题的选编中，适当降低难度，按照由易到难的顺序编排题目，使学生能够自己解决绝大多数习题。把有一定难度的题目放在后面作为选做题。这样就能够解决"吃不饱"和"吃不了"的问题，这也是分层次教学的重要体现。

（二）教给学生学习方法，培养学生自主学习能力

不少学生在学习高中课程时，仍采用初中的学习方法，只是通过单纯记忆或通过教师重复讲解而学习，不适应高中课堂容量大、速度快的特点，缺乏学习高中物理的方法。因此，要有针对性地对学生的预习、听课、笔记、作业、复习等环节进行指导，教给学生学习的方法，让学生适应高中物理的学习。

同时，教师也可以结合学生的实际，选取一些难度稍低、可读性较强的章节，采取学生自学、讨论的方式进行教学，培养学生的自学能力。新课学到一定程度之后，可以让学生自己进行单元总结，画出知识结构图等。这样不仅可以克服遗忘，而且可以将知识系统化，学生运用知识解决问题的能力也会有所提高。

四、要注重转变学生的学习方式

新课程教学要求转变学生的学习方式，倡导自主学习、合作学习与探究学习。通过必修内容的学习，学生已经具备了一定的自主学习、合作学习与探究学习能力，初步掌握了

这些新型学习方式的基本步骤。但由于传统教学方式和学习方式的影响根深蒂固，在选修模块中，我们仍然需要教给学生正确选择学习方式的策略，进一步转变学生的学习方式，使学生进一步提高自主学习、合作学习与探究学习的意识与能力。

还应当看到，由于传统观念的束缚，"老师讲、学生听"的学习方式还未从根本上得到改观。我们要改变传统的以教师讲得怎么样为标准评价教学的模式，形成符合新课程标准要求的以学生学得怎么样、能力是否得到了提高、合作能力和探究精神是否得到了培养为标准评价教学的模式。

课程标准中强调自主学习，是社会发展的需要，是构建学习化社会的需要。自主学习的关键在于学生的自主。因此，调动学生学习的积极性，给学生更多的自主权、选择权、支配权非常重要。选修课程是学生根据个人发展规划及兴趣自愿选择的课程，它为学生开展合作学习创造了良好的条件。值得注意的是，合作学习必须建立在充分的自主学习和独立思考的基础上。否则，合作学习会成为无源之水、无本之木。探究学习则重在让学生主动地探究，教师起一个指导者、帮助者、参与者的作用。

在实际的学习情境中，这三种学习方式之间存在一种相互支持、互为补充的关系。如果要充分利用三种学习方式的优势、促进学生的发展，寻求一种最佳的学习搭配方式，就应该是：首先鼓励学生对学习内容进行自主学习；如果自主学习过程中产生疑问，就鼓励个体开展探究性学习；如果个体研究还不足以解决问题，就开展小组或集体合作的探究学习，直至把问题解决。

五、要注重物理知识与现代科学技术的结合

在选修模块的内容中，选择了许多现代科学技术，这些内容都是现代和未来科学技术的基础。另外，选学某一方面选修模块的学生，大都是在这些方面有兴趣和特长的，他们很有可能将来成为这方面研究的顶尖人才。因此，在教学中要注重介绍一些现代科学技术的成就，把物理教学与现代科学技术的发展紧密联系起来，使学生能够用现代观念看待物理知识的应用，应该使学生真正认识到物理学是一切自然科学和技术科学的基础，形成学好物理的强烈动机。例如，在学习选修3–5模块时，可以结合学习内容介绍核物理的科技前沿动态或新能源的开发等，使学生了解最新科技成果，从而开阔眼界，产生学习物理的浓厚兴趣，对学生继续深造或从事工作都十分有益。

六、要注重培养学生的科学素养，充分挖掘选修课程的教育功能

按照科学素养的分类，物理课程中的科学素养包括物理知识与技能、物理方法、物理能力、物理思想和物理科学品质。选修课程中包含着大量的培养学生科学素养的内容，值得教师们深入地挖掘。

物理知识（包括物理概念和物理规律）与物理技能是能力形成的基础。物理方法是人们在认识物理世界的过程中形成的具有普遍适用性的活动方式。物理能力是顺利解决物理问题的个体心理特征。物理能力包括观察与实验能力、思维能力、分析与解决问题的能力、运用数学处理物理问题的能力。近些年来还提出科学的语言表达能力、物理学习能力等。物理思想是对物理概念、规律和方法进一步概括而形成的认识，它对人们运用物理知识解决实际问题具有方向性的指导作用。物理科学品质是物理学科中所蕴含的人文素质因素，它与物理学内容和人们的物理认识活动相联系。物理科学品质包括科学精神、科学态度、科学道德、科学思想。

我们在教学过程中，要特别注重培养学生的科学素养，挖掘选修课程的教育功能，有针对性地对学生进行教育，使学生得到科学认知的培养、得到智慧的启迪，对学生的世界观、精神面貌产生重要影响，树立科学的价值观和审美情趣。

第四节　高中物理教学策略的新探索

一、教材整合教学

《普通高中课程设置及教学指导意见（试行）》颁布后，高中物理教师面临的最大问题是：时间少，内容多。如何在有限的课时内完成规定的教学任务，成为广大一线教师亟待解决的问题。

解决这个问题的途径之一是：整合教材上的教学内容和其他教学资源，设计有效的学案。充分利用学案，切实落实学生学习的主体地位，提高学生课堂学习的效率，提高教师的课堂调控能力，增强课堂教学的有效性，进而形成崭新的、高效的教育教学方式。

二、高效循环课堂

在基础教育课程改革中，学校创造性地提出和实施了"循环课堂教学模式"，目的是通过"课上"和"课下""双高效"实现从"高效课堂"到"高效学习"的飞跃。这样的"大课堂"被称为"三步六段""35+10"循环课堂教学模式，俗称"一课分两段""三步为一课"。

（一）"三步"

"三步"是指课前、课中、课后。

循环课堂教学模式实施过程中，所有课都分为两段，即"35+10"，也就是"展示+预习"。

每节课的起点是后10分钟，教师要围绕"导学案"带领学生做下节课的预习，将预习目标具体化。

这个尾巴虽短，但可以一直延续到课下，把预习时间拉长，以导学案为抓手，用"预习"这根线，把课前、课中和课后三部分贯穿起来，与下节课前35分钟对接，形成一个"环状大课堂链"。

课堂前段35分钟的主要内容是，组织学生充分展示，展示的内容是上节课的最后10分钟里布置的"学习任务"。

该模式实现了学习前置、问题前置，通过两个"前置"，让"展示"作为调动学生学习的内驱力。

（二）"六段"

"六段"是指在课中35分钟按照六段要求对课堂学习过程进行控制，即重申目标、学情调查、问题汇总、精讲点拨、当堂检测、课堂小结。

1.重申目标

上课老师重申学习目标，目的是让师生紧扣目标学习，做到"形散神聚"。

2.学情调查

学情调查共分三次：

第一次是收学案并批改学案，第二次是课间板书时，第三次是上课五分钟站立交流期间。

调查的目的，是解决教与学的衔接和针对性问题，防止"重叠浪费"或"教学真空"的出现。学情调查是教师备课的现场生成过程。

3.问题汇总

教师根据调查的情况将问题归纳汇总，快速设计解决方案。

4.精讲点拨

教师通过观察学生板书展示、讲解展示、对抗质疑展示的状态和效果，及时进行点拨性介入、激励性介入和整合性介入，充分发挥教师的"学长"作用，做到"点石成金""拨云见日"，实现学习内容与学习状态的权威认定和有效拓展。

5.当堂检测

围绕学习目标进行学习效果的检测，一般六分钟左右的时间，组内学生之间相互评出成绩，老师可对各组成绩汇总进行比较，给出评价，确保课堂的实效性。

6.课堂小结

（1）学案的最后问题的设计，要求围绕学习目标和学习内容，形成本节课的知识系统和网络，教师在学生总结的基础上再一次进行梳理、归纳和强调。

（2）学生根据上述学习活动，结合自己预习的情况，把《导学案》落实好、完成好（D级问题可选做），下课时老师将《导学案》收齐、带走批改。

（三）导学案

在实施循环课堂教学模式的过程中，《导学案》被称为教与学的"路线图""方向盘""指南针"，是学习内容的载体，是实现高效教学的关键。教师把主要工作放在课前的"引导"准备上，通过"三三"生成程序，认真编写《导学案》。《导学案》以引导学生"实现高效和充满兴趣的学习前置"为目标，重点放在"学习引导"上。

"导"是手段、是方法，"学"是主体、是目的，"案"是设计、是灵魂。《导学案》须具有引导学习和突破问题的功能，以学生学习为中心，是为学生学习服务的。

《导学案》和"作业""试卷"有根本的不同，分为八个环节：学习目标、重点难点、知识链接、学法指导、问题逻辑、学习反思、作业布置、归纳小结。

教师编制《导学案》，就是对教材的"翻译"和"二度创作"，把教材严谨的、逻辑性极强的、抽象的知识，翻译成学生能读懂、易接受的、通俗的、具体的知识。好学案应做到深入浅出。

教师设计《导学案》应做到知识问题化、问题层次化，学习内容分为ABCD四个级别：A为"识记级"，要求学生在课前时间必须解决；B为"理解级"，要求学生能把新知识与原有知识和生活挂钩，形成融会贯通的衔接；C级为"应用级"，学以致用，能解决例题和习题；D为"拓展级"，要求学生能把知识、经验和社会以及最新科研成果挂钩。

"四级要求"便于学生根据自己的能力自主选择。对于教师而言，导学案则实现了从教师带着书本走向学生，变为教师带着学生走向书本，学生带着问题走向教师的转变。

每个学生都有三样"宝贝"——活页夹、双色笔和纠错本。其中活页夹是专门用来保存学案的，双色笔用来当堂纠错，而纠错本则是学生自己积累下来的"个性化复习资料"。

第九章　高中物理教学模式与方法

第一节　高中物理课堂教学模式与教学方法

一、高中物理课堂教学模式

（一）课堂教学模式的特征与结构

课堂教学模式是教学活动的基本结构，每个教师在教学工作中都在自觉或不自觉地按照一定的教学模式进行教学。了解课堂教学模式的特征和结构，有助于教师在教学过程中更好地运用。

1.课堂教学模式的主要特征

教学模式作为一个完整的功能系统，有区别于其他系统的特征，课堂教学模式的主要特征包括以下几个：

（1）指向性。任何一种教学模式都是围绕着一定的教学目标设计的，而且每种教学模式的有效运用也需要一定的条件，因此不存在对任何教学过程都适用的普适性的模式，也谈不上哪一种教学模式是最好的。评价教学模式的标准是在一定的情况下达到特定目标的就是有效的教学模式。因此，教学过程中在选择教学模式时必须注意不同教学模式的特点和性能，注意教学模式的指向性。

（2）可操作性。课堂教学模式可操作性的特点是指任何一种教学模式都应该是便于把握、理解和运用的。教学模式如果不具有可操作性，就难以让人把握、模仿和学习，以致教学模式难以发展到今天比较完善的层面。同时，教学模式是一个程序、是一套完整的系统。应用教学模式在一定层面上说就是要按照一定的程序和规范来进行教学活动。

（3）开放性。教学模式是随着教学实践、观念和教育理论的变化而不断进步的。虽然教学模式一旦形成，其基本构架就具有一定的稳定性，但是这并不意味着一种教学模式的构成要素、内部结构就不会发生变化。一个教学模式在形成初期，它只是一个雏形，很多东西还不完善，需要在实践中不断地检验和完善。五段教学模式的发展历史就可以充分说明这一点。赫尔巴特最初提出的是四段教学模式，但是他的学生在日后的实践中不断获得新的经验、新的观念，从而把四段教学模式中的第一段分为两步，逐步形成了现在的五段教学模式。

（4）完整性。教学模式是教学现实和教学理论的统一，所以它有一套完整的结构和一系列的运行要求，体现着理论上的自圆其说和过程上的有始有终。它是一定教学理论的简要形式，又是一个完整的过程与体系。

（5）稳定性。几乎在所有教学模式的定义中，都强调了教学模式应具有相对稳定性。这是因为教学模式不是从个别的、偶然的教学实践中产生出来的，它是对大量教学活动的理论概括，在不同程度上揭示了教学活动的普遍性的规律。而且，从实践角度看，科学性、普遍性是稳定性的基础。只有具有稳定性，才有可行性。但是，教学模式的稳定性是相对的。一定的教学模式总是与当时的社会经济发展水平相一致的，总是和人们对教学的理解相关的。人们对教育目的的看法发生变化，教学手段随着科技水平的提升发生变化，教学模式也会不断地发生变化。

（6）灵活性。教学模式具有相对的稳定性，这并不否认教学模式具有一定的灵活性。教学模式的灵活性，一方面表现为对学科特点的充分关注，另一方面则表现为教学方法的多样化。由于教学模式中的程序需要起到普遍参照的作用，因此一般情况下教学模式并不涉及具体的学科教学内容，而只是对教学内容的性质提出特定的要求。同时，教学模式作为某种教学理论或思想在教学活动中的具体表现形式应受到学科特点、教学内容的影响和制约，不能不考虑学科特点、教学内容的主动适应。

2.课堂教学模式的基本结构

任何教学模式都有其内在的结构。教学模式的结构是由教学模式所包含的诸因素有规律构成的系统。完整的教学模式一般包括以下几要素：

（1）理论依据。教学模式是一定的教学理论或教学思想的反映，是一定理论指导下的教学行为规范。不同的教育观往往提出不同的教学模式。比如，概念获得模式和先行组织模式的理论依据是认知心理学的学习理论，而情境陶冶模式的理论依据是人的有意识的心理活动与无意识的心理活动、理智与情感活动在认知中的统一。

（2）教学目标。任何教学模式都指向和完成一定的教学目标，在教学模式的结构中教学目标处于核心地位，并对构成教学模式的其他因素起着制约作用。它决定着教学模式的操作程序和师生在教学活动中的组合关系，也是教学评价的标准和尺度[①]。正是教学模式与教学目标的这种极强的内在统一性，决定了不同教学模式的个性。不同教学模式是为完成一定的教学目标服务的。

（3）操作程序。每一种教学模式都有其特定的逻辑步骤和操作程序。它规定了在教学活动中师生先做什么、后做什么，以及各步骤应当完成的任务。

（4）实现条件。实现条件是指能使教学模式发挥效力的各种条件因素，如教师、学生、教学内容、教学手段、教学环境、教学时间等。

（5）教学评价。教学评价是指各种教学模式所特有的完成教学任务、达到教学目标的评价方法和标准等。由于不同教学模式所要完成的教学任务和达到的教学目的不同、使用的程序和条件不同，当然其评价的方法和标准也有所不同。

（二）物理课堂教学模式介绍及举例

1.情境教学模式

（1）情境教学模式简介

情境教学模式是指在教学过程中，运用各种教学媒体创设以渗透教学为目的、充满美感和智慧的情境，并利用暗示、移情的原理帮助学生感知具体形象，形成表象，掌握知识，并且通过具体场景的体验，激发起积极的情感。与其他教学模式不同的是，情境教学模式通过创设具体情境，将学生置于某种特定的氛围中，形成一种心理环境，使学生产生移情效应，获得在其他情况下无法得到的情感。这样，从刺激学生第一信号系统出发，由感知深入思维和情感领域，引起认知与情意的变化。

理论基础。情境教学模式的心理学基础是人本主义心理学理论。人本主义心理学的代表人物是马斯洛和罗杰斯。他们把人作为一个有思维、有情感的统一体加以研究，也就是说，作为教育对象的学生是健全的、完整的人，他们的认知、行为和情感是紧密相连的统一体，在很大程度上，人的情感会对认知和行为起决定作用。

人本主义心理学强调人的潜能和价值，反对把学生看作知识的被动接收者，认为教学要以学生为中心，把注意力放在人身上，创立良好的学习气氛和环境，促进学生发挥内在潜能，实现其创造价值。人的潜能和价值与社会环境的关系是内因和外因的关系。潜能是主导因素，是价值的基础，环境则是限制或者促进潜能发挥的条件。因此，创设良好的环境是促进学生内在潜能和内在价值发挥的重要途径。

情境教学模式在理论方面还吸收了活动课程理论。活动课程理论十分重视教学中师生之间的合作关系与情感交流，认为在教学过程中要充分调动学生的积极主动性，发掘学生

---

① 李远俊.中学物理教学中引入物理学史的作用研究 [D]. 重庆：西南师范大学，2002：31-32.

的潜能。因此，在师生共同参与活动的过程中，教师或学生越少意识到自己在那里施教或受教就越好。虽然活动课程理论就传授知识的系统性而言，存在着很大的局限性，但是重视创造活动环境。这在激发学生情感、培养学生思维习惯和解决问题的能力方面有着积极意义，为情境教学模式提供了一定的理论依据。

教学原则。教师在运用情境教学模式时，要遵循情境适应原则、情境激发原则以及情理统一原理。

情境适应原则。情境教学的基础是要为学生提供必要的、恰当的情境。情境教学的一个重要特点就是要运用多种教学媒体，把与教学内容有关的情境全貌呈现在学生面前，让学生在整体情境的把握中展开认知。但是，出现的情境必须符合学生的知识背景和认识能力，把需要解决的问题及要形成的概念有意识地、巧妙地寓于恰当情境之中。这些情境要有充分的适应性，必须适应学生的认知水平。这样，学生才会主动地去适应情境，产生兴趣，达到智力活动的最佳状态，完成对情境问题的探究。因此，情境设置要符合三个要求：情境信息要有一定量度；情境问题要有一定难度；情境所包含的问题要符合学生探究深度。

情境激发原则。情境教学的关键是要设法学生的情感，达到移情境界。情感是与人的意识紧密联系的内心体验，具有强烈的情境性、稳定性和长期性。学生的情感不能用灌输的方式或强制的手段培养，只能通过具体的情境来激发，产生情感共鸣。情境教育所设的情境，首先要注意渲染具有一定力度的氛围，使学生对客观情境获得具体的感受，从而激起相应的情感。然后，自己的情感不由自主地移入教学情境的相关对象上。随着情境的延续，学生的情感逐步加深，最终由于情感的弥散渗透到学生内心世界的各个方面，最为相对稳定的情感的价值取向逐步融入学生的个性之中。

情理统一原理。情境教学的目的，一是激发情感；二是形成认知。因此，情境、情感、理智三者的和谐统一，是教学追求的最佳境界。情理统一原理包括两方面内容。首先，情境教学的创设必须要体现一定的知识、概念和规律，引导学生进入角色，激起情绪，引发思考，从具体形象感知中产生真挚情感，达到情感与理智的统一。这是一个统一的、和谐的教育过程。其次，情感的激发并非孤立地进行，而是与发展认知、掌握知识结合在一起。在学习的原始动机里，在具体活动中和最后的效果上都有着学生的情感。

（2）操作程序

情境教学是生动、具体、形象的教学模式。运用情境教学模式时，一般分为四个阶段。

第一阶段：创设情境。创设情境要以教学目标、教材许可程度和学生已有条件为出发点。其类型大致可以分为两种：一种是真实的情境。其主要通过教学媒体来创设，一般有以下几种：实物媒体、光学媒体、音响媒体和影视媒体。另一种是虚拟的情境。例如，通过角色扮演、戏剧表演、形象模拟等方法，创设一种教学情境。

第二阶段：观察想象。面对情境设置，学生需要在教师指导下，有目的、多角度地观察，使头脑中积累的旧知识和观察到的表象重新组合。这一环节是情境教学的关键，是使教师的教与学生的学相互融合的基础与条件。

第三阶段：激发情感。激发情感与观察是同步进行的。教师除了要有意识地利用情境激发学生情感外，还要发展学生的积极情感，引导他们去探究问题，并且适时进行思想教育。

第四阶段：情能转化。在教学组织中，创设情境是基础，观察想象是方法，激发情感是动力，情能迁移是目标。情能转化就是让学生的学习由情境体验转化到智能发展上来，其转化方法就是应用。智能发展有三个水平层次：第一是掌握；第二是活用，即学生能将所学到的知识在新的情境中灵活运用；第三是创造，即学生将知识应用到新情境中并有所创新。

2.尝试教学模式

尝试教学模式的做法是在课堂教学中，教师先不对学生进行教学内容的讲解，而是大胆地让学生试一试，做对了很好，做错了也无妨。学生在尝试之后，教师根据学生在尝试中存在的问题再进行有针对性的讲解。

（1）尝试教学模式简介

尝试教学是指让学生在尝试中学习，成功地改变了传统的教学模式，不是先由教师讲解，把什么都讲清楚了，学生再做练习，而是先由教师提出问题，学生在旧知识的基础上，自学课本知识和互相讨论，依靠自己的努力，通过尝试练习去初步解决问题，最后教师根据学生尝试练习中的难点和教材的重点，有针对性地进行讲解。在现代的教学条件下，把教师的主导作用和学生的主体作用有机结合起来，创设一定的教学条件，使学生的尝试活动取得成功。

根据尝试教学的实质，可以把尝试教学模式分为三类：基本模式，它主要适用于一般情况的常用教学模式；灵活模式，它是灵活运用基本模式的变式；整合模式，它是把尝试教学模式和其他教学模式整合起来的模式。

尝试教学模式的理论基础。尝试教学是将学生作为学习的主体，因此它主要体现了以学生为本的思想。

①充分体现以学生发展为本的思想。现代教学论的核心是以学生发展为本。教学必须建立在充分尊重学生、相信学生的基础上。尝试教学模式的核心是学生能尝试、尝试能成功、成功能创新。这些观点的提出，表明了教师充分相信学生、尊重学生。传统的教学模式认为学生是无知的，教师必须把知识讲得明明白白、清清楚楚，学生才能够理解和掌握；在此基础上，才能让学生进行练习。这种讲授、练习的教学模式在一定程度上体现了

教师对学生的不尊重、不信任，教师不相信学生经过尝试可以自己掌握知识。尝试教学模式让学生先试做练习，这是充分发掘学生的潜能、激发学生的学习智慧的体现。因此，它充分体现了以学生发展为本的教育思想。

②符合学生认知规律和教学规律。尝试教学模式的提出问题—学生尝试—教师指导—学生再尝试—再实践—解决问题的过程充分符合学生的认知规律，也反映了实践—认识—再实践的知识获得的规律。

尝试教学模式的一个特点就是根据学生的认知规律，把学生的认知过程放在课内完成。这样可以保证学生的尝试活动在教师的指导下进行，教师可以有目的、有步骤地为学生创设尝试的条件；学生在尝试过程中遇到困难或发现错误时，教师可以及时辅导和帮助。

（2）操作程序

尝试教学的一般操作程序为准备练习、出示尝试题、自学课本、尝试练习、学生讨论、教师讲解、第二次尝试练习七步。

第一步：准备练习。这一步是尝试教学的预备阶段，要做好两个准备：心理准备和知识准备。心理准备是指要创设尝试氛围，激发学生进行尝试的兴趣。知识准备则是因为新知识都是在旧知识的基础上引申发展起来的，尝试教学的奥秘就是用"七分熟"的旧知识，自己学习"三分生"的新知识。所以，必须准备"七分熟"的旧知识。为了使学生有可能通过自己的努力解决尝试问题，必须要为学生创设尝试条件：先进行准备练习，然后以旧引新，突出新旧知识的联结点，为解决尝试题铺路架桥。

第二步：出示尝试题。这一步是提出问题，是为学生的尝试活动提出任务，也是确定尝试的目标，让学生进入问题的情境之中。提出尝试题是尝试教学的起步，它将影响全局。编拟、设计尝试题是应用尝试教学法的关键一步，是备课中应当着重考虑的问题。

第三步：自学课本。出示尝试题不是目的，而是诱导学生自学课本的手段，起着引起学习动机、组织定向思维的作用。学生通过自学课本，自己探索解决尝试题的办法，这是培养学生独立获取知识和能力的重要一步。在自学课本这一步中，学生的主体作用得到充分发挥，它同教师的主导作用和课本的示范作用有机地结合在一起。因此，这一步不是简单地让学生看看书，而是一个复杂而重要的教学过程。

"自学课本"是尝试教学的第一次尝试，是让学生通过自己阅读课本，尝试探索解决问题的思路和方法，从而去解决尝试题。在这一步中要注意以下几项：

首先，自学课本要得到时间上的保证。要让学生有充分的时间进行自学，不能因为时间紧而让自学课本流于形式。在现实中，有些教师只留极少的时间给学生进行自学，学生只能初步地看看书本后就进行尝试做题了。这严重影响了尝试教学的效果。

其次，自学课本需要引发学生的兴趣。兴趣是学生学习最好的导师。尝试教学过程中教师要注意激发学生的兴趣，将教师要求学生自学转变成学生主动自学，要从课本中寻找自己需要解决的问题的答案。

最后，学生自学课本还需要教师对学生进行指导。由于学生的学习能力还没有达到一定的水平，因此在自学的过程中，教师要对学生进行指导。由于学生的学习能力有差异，教师对学生的指导也要因学生能力的不同而有所不同。对自学能力强的学生，教师只要提示一下重点就行了；对学习能力中等的学生，教师可以在学生自学过程中适时进行指导；而对自学能力不强的学生，则要一步一步领着学生进行学习。

第四步：尝试练习。出示尝试题是诱导学生自学课本的手段，尝试练习则是检验自学课本的结果。这一步在尝试教学模式中起着承上启下的作用。搞好"尝试练习"这一步的关键，就在于教师要及时掌握学生的反馈信息：学生做尝试题正确与否？错在哪里？有几种错法？什么原因？学生对本节课的教材内容哪些理解了，哪些还有困难？学习有困难的学生做尝试题的情况如何，困难在哪里？

学生在做尝试练习时，教师要勤于巡视，一方面及时了解学生的解题情况，掌握反馈信息；另一方面及时辅导学习有困难的学生。

第五步：学生讨论。"尝试练习"后，发现学生有做对的也有做错的，已经了解到他们理解新知识的情况。"学生讨论"要求学生说出解题思路，以验证自我尝试的正确性。通过这一步，能培养学生的语言表达能力，发展学生思维，加深理解教材，同时也会暴露学生在学习新知识的过程中存在的缺陷，为教师有针对性地重点讲解提供信息。讨论一般从评议尝试题开始着手，讨论时不能就题论题，应该联系预先布置的思考题进行。

第六步：教师讲解。教师从尝试练习、学生讨论中得到学生理解新知识的程度的反馈信息。在此基础上，教师再进行有针对性的重点讲解，这是保证学生系统掌握知识的重要一步。

教师的讲解要适度。由于学生在前面已经有了自学基础，在尝试练习的过程中也暴露出了自己的弱点，因此教师在讲解的时候要根据学生暴露出的问题有针对性地进行讲解，而不是将课本的知识再从头到尾讲一遍。有针对性的讲解一方面提高了教师的时间利用率，另一方面也提高了学生的学习效率。

第七步：第二次尝试练习。这一步是对学生的学习状况再做一次了解和把握。第一次的尝试练习是在学生自学课本的基础上进行的，学生是在对课本知识自我了解的情况下完成的。而第二次的练习则是教师在对学生第一次暴露问题的基础上、在学生领悟的基础上进行的。通过第二次尝试练习，教师可以再一次了解学生掌握新知识的信息，以及通过练习巩固和加深学生对新知识的理解。当然，第二次尝试练习的问题既与第一次尝试练习的问题有着相关联系，又有适度的变式。

在第二次学生尝试练习后，教师同样也要对学生的尝试情况组织学生进行探讨，根据反馈信息进行个别指导。

尝试教学模式的七个步骤是一个紧密相连的有机整体。七个过程通过教师一步一步地引导，学生在自主学习的基础上掌握新知识，温习旧知识。

3.探究教学模式

（1）探究教学模式简介

关于探究教学的思想最早可以追溯到苏格拉底的"产婆术"和孔子的"启发式教学"。而为探究教学奠定了思想基础的是法国教育家卢梭，他提出了人与生俱来就有探究欲望的观点。美国教育家杜威最早提出了"问题学习法"，要用探究的方法学习科学，还概括出了科学探究的五个步骤。杜威的五个步骤使探究教学从理论层面向实践层面推进了一大步。

施瓦布认为探究性学习是指这样一种过程：学生在对客观事物进行探究的过程中，通过自身积极主动的思维活动，自主地参与知识的获得，发展探究意识和掌握研究自然所必需的探究能力；同时形成认识自然所必需的科学概念，进而培养探索未知世界的积极态度。

理论支撑。美国芝加哥大学施瓦布教授以"科学的本质是不断变化的"为前提，最早提出了"探究性学习"方法。他在"作为探究的科学"和"通过探究教学"理论的基础上建构了研究性学习理论，指出研究性教学是"对探究的探究"。他主张：不能把科学知识当作绝对的真理教给学生，而应作为有证据的结论；教学内容应当呈现学科特有的探究方法，如解决问题的方法、探究叙事等，教师应当用探究的方式来教授知识，学生也应通过探究活动展开学习，即在学习科学的概念原理之前，先进行探究活动，再根据自己的探究提出科学的解释。

发展建构主义十分重视学生的主体地位、积极性与主动性，并认为学习不是被动地接受信息的刺激，而是主动地建构意义，是根据自己的经验背景，对外部信息进行主动选择，通过新旧知识经验间的反复的、双向的相互作用而获得自己的意义。在探究教学模式中，学生是学的主体，教师是教的主体，是整个教学活动的设计者、组织者和引导者。教师的主导地位不能削弱。教师对问题理解的深度、广度以及解决问题的速度等，一般都要强于学生。探究教学是在教师的启发引导下，学生积极主动地完成知识的建构的过程。教师是启发式地教，学生是探究性地学，两者的有机统一构成探究性学习。辩证建构主义理论认为教学的意义是指导发展，而不是跟在发展的后面发生影响。这些都为探究教学模式奠定了理论基础。

教学原则。教师运用探究教学模式要遵循学、退、悟三个原则。

所谓"学"是指教师要研究学生、研究学法。备课时，教师不仅要认真地钻研教材，还必须研究学生遇到这些问题时，将会怎么想、怎么做，进而探究如何引导学生打开

175

思路。总之，教法要受学生支配，服务于学生，按学生探究的规律去教，才会使学生学得主动，学生也才能主动探究。

所谓"退"是指探究法着眼于能力，要让学生循序渐进，要使学生善于挖掘自身知识和思维的潜力。"退"，就是把未知转化到已知，由新忆旧，化抽象为形象，由一般举出特例，把复杂分解为简单，"退"到已知和已有能力的基础上。"退"是探究法的主要特征之一。"退"的目的是打开思路，"退"的关键是"转化"。常用的九条"退"法为观察、举例、画图、分解、温故、逆向、反面、比较、猜想。

所谓"悟"是指解决问题、学会研究。"悟"的关键是"调节"。学生思维的主动性发挥出来了、思路开阔了，必然出现"放"的形式，其中有正确的，也有错误的，就是要通过比较评价，择优集中。对错误的要正视，要引导，要以错为鉴，就要出现"收"的形式。这是要善于调节学生、调节过程，使课堂有张有弛，有进有退，有对有错，有快有慢，相辅相成。学会调节，才能学会学习、学会探究，才能领悟理论。指导学生"悟理"，就要发挥教师的主导作用，及时进行反馈调节，引导学生思维集中，组织检验评价。培养学生领悟理论的"进"法，主要是调节、集中、评价和优化。

（2）操作程序

第一，激疑设疑。这一阶段是指根据教学的要求，利用教材或学生已有知识经验，启发学生提出问题，或由教师归纳学生关心的问题提出所要探究的课题。由于提出的问题关系到整个探究过程的意义和价值，因此问题必须有针对性、实用性和解决的可能性。这一阶段的目的是明确解决什么问题，其作用是定方向。在教学中要求具有吸引力，以利研究活动的准备。激疑设疑的时间不长，一般占整个教学过程的10%左右。

第二，强化动机。提出问题和定向以后，并不是每个学生都能自觉地、积极地投入探究活动中的，这就需要教师强化学生的内在动机、调动学生的积极性和主动性。因此，应强调解决所提出问题的重要意义和必要性，使学生的学习动机从单纯兴趣向自觉探究转化。在教学中，要求具有感染力和激发力，以利探究活动的展开。这一阶段时间一般占整个教学活动的10%左右。

第三，分步探究。这是探究教学过程中最重要的阶段。它在提出问题和强调问题的基础上着手解决问题，就是使学生明确怎样解决问题，其作用是懂方法。在教学中这一阶段要求具有说服力，以利探究活动的深入。这一阶段占整个教学过程的80%左右，具体又可分为以下四步。

第一步：授法。中心内容是明确怎样解决问题，即明确解决问题的要领。其作用在于促使学生领悟方法，时间约占分步探究阶段的10%。

第二步：探究。这一步的中心工作是逐步深入解决问题，进行活跃的探究活动。其作用在于引导学生试用方法，时间约占分步探究阶段的50%，是探究过程的中心环节。

第三步：应用。这一步中心内容是学习自行解决问题，即运用上一步中获得的经验举一反三解决类似或相关的问题。它是探究成绩的巩固，又是探究效果的检验。其作用在于帮助学生学会方法，时间约占分步探究阶段的30%。

第四步：小结。中心内容是明确今后如何解决问题，既要总结探究活动的基本收获、得出结论，又要为学生今后解决类似或相关问题导向引路。其作用在于进一步让学生牢记方法，时间约占分步探究阶段的10%。

（3）应用建议

探究教学模式改变了传统的教师讲授、学生接受的单一的知识传递局面，它让学生自己寻找解决问题的办法、自己寻求问题的答案。因此，教师在探究式的课堂教学特别重视开发学生的智力，发展学生的创造性思维，培养自学能力，力图通过自我探究引导学生学会学习和掌握科学方法。在探究式教学中，教师主要扮演的角色是学生的导师，教师的主要任务是调动学生的求知欲和积极性，促使学生能够自己去发现问题、提出问题、分析问题进而解决问题，培养学生的探究能力。在学生的探究过程中，教师要适时进行指导，帮助学生解决在探究过程中遇到的困难，为学生的探究提供帮助。

同时，在探究过程中，教师要创造一个有利于探究教学的环境。受传统教育形式的影响，学生习惯了接受式的教学；对于进行探究式教学，部分学生可能会有一定的惰性，不愿意改变。因此，教师要在班级中营造一种探究学习的氛围，为探究教学做好思想上的准备，从而促进探究的开展。在探究式教学中，学生是探究式课堂教学的主人，他们要根据教师提供的条件，明确探究的目标，思考探究的问题，掌握探究的方法，敞开探究的思路，交流探究的内容，总结探究的结果。因此，在探究式教学中，教师要充分发挥学生的主体作用，要从学生的实际出发，运用多种教学方法调动其探究欲望，提高其探究能力。

二、高中物理学科主要教学方法

（一）教学方法概述

教学方法是教师和学生为了实现共同的教学目标、完成共同的教学任务，在教学过程中运用的方式与手段的总称。教学方法是反映一定的教学思想，学科特征，师、生相互作用关系，依据一定的教育理论构建的用以联系教育实践的中间环节。

教学方法包括教师教的方法（教授法）和学生学的方法（学习方法）两大方面，是教授方法与学习方法的统一。教授法必须依据学习法，否则便会因缺乏针对性和可行性而不能有效地达到预期的目的。但由于教师在教学过程中处于主导地位，所以在教法与学法中，教法处于主导地位。教学方法不同于教学方式，但与教学方式有着密切的联系。教学方式是构成教学方法的细节，是运用各种教学方法的技术。任何一种教学方法都由一系列的教学方式组成，可以分解为多种教学方式；教学方法是一连串有目的的活动，能独立完成某项教学任务，而教学方式只被运用于教学方法中，并为促成教学方法所要完成的教学任务服务，其本身不能完成一项教学任务。

教学方法也不同于教学模式。教学方法往往与特定教学内容相联系，一定的教学内容可以运用一种或多种教学方法进行教学，但不是所有的教学方法都适用某一特定的教学内容。因此，针对某一特定的教学内容，存在一个教学方法的优先问题。

教学模式是在一定教学思想指导下建立起来的为完成某一教学课题而运用的比较稳定的教学方法的程序及策略体系，它由若干个有固定程序的教学方法组成。每种教学模式都有自己的指导思想，具有独特的功能。它们对教学方法的运用、对教学实践的发展有很大影响。物理教学方法，是针对物理教学的内容和任务为实现物理教学目标而采用的教学手段和教学方式的总称。

物理教学方法中，既包含适用于一般学科教学的教学方法（如讲授法等），也包括具有物理学科鲜明特色的教学方法（如实验探究）。

（二）高中物理主要教学方法介绍及举例

1.实验探究教学法

物理是一门以实验为基础的自然科学，因此通过物理实验探究认识物理现象的本质、获得对世界的认知并在实验过程中增强实践能力、培养创新意识乃是高中物理的重要教学目标。

物理实验探究法，主要是通过实验情境的创设，引出所要探究的物理问题；通过对实验现象的初步观察，提出对问题的假设；根据对问题的假设，选用适当的仪器或器材；根据假设和器材条件，设计实验探究的方案；依据实验方案进行实验探究，记录实验数据；根据实验数据分析，获得问题的解决，形成对物理本质的认识。

2.物理概念（规律）教学法

物理基础知识中最重要、最基本的内容是物理概念和物理规律。教好物理概念和物理规律，并使学生的认识能力在形成概念、掌握规律的过程中得到充分发展，是物理教学的重要任务。

物理概念和物理规律的教学，一般要经过以下四个环节。

（1）引入主题。这一环节的核心是创设物理环境、提供感性认识。概念和规律的基础是感性认识，只有对具体的物理现象及其特性进行概括，才能形成物理概念；对物理现象变化规律及概念之间的本质联系进行研究归纳，就形成了物理规律。因此，教师必须在一开始就给学生提供丰富的感性认识。常用的方法有：运用实验来展示有关的物理现象和过程、利用直观教具、利用学生已有的生活经验以及利用学生已有的知识基础等。

　　为形成概念、掌握规律而选用的事例和实验事实，必须是包括主要类型的、本质联系明显的、与日常观念矛盾突出的典型事例。例如，在引入功率的概念前，提出这样一个问题：一辆行驶着的汽车，速度越大时牵引功率就越大吗？并在课前让学生向老驾驶员调查：汽车在单位时间里的油耗跟汽车的速度有什么关系？这样的问题情境的创设，为学生理解 $P=Fv$ 的公式提供了强有力的意义联系。

　　（2）建立物理概念和规律。物理概念和规律是人脑对物理现象和过程等感性材料进行科学抽象的产物。在获得感性认识的基础上，提出问题，引导学生进行分析、综合、概括，排除次要因素，抓住主要因素，找出所观察到的一系列现象的共性、本质属性，才能使学生正确地形成概念、掌握规律。例如，在进行"牛顿第一定律"教学时，其关键是通过对演示实验和列举大量日常生活中所接触到的现象的感性材料进行思维加工，使学生认识"物体不受其他物体作用，将保持原有的运动状态"这一本质。但是这一本质却被许多非本质联系掩盖着。例如，当"外力"停止作用时，原来运动的物体便归于停止；恒定"外力"作用是维持物体匀速运动的原因等。因此，教师必须有意识地引导学生突出本质、摒弃非本质，才能顺利理解牛顿第一定律的意义。

　　（3）讨论物理概念和规律。教学实践证明，学生只有理解了概念和规律，才能牢固地掌握它们。因此，在物理概念和规律建立以后，还必须引导学生对概念和规律进行讨论，以深化认识。一般要从以下三个方面进行讨论：一是讨论其物理意义；二是讨论其适用范围和条件；三是讨论与相近概念和规律间的联系和区别。在讨论过程中，应当注意针对学生在理解和运用中容易出现的问题，以便使学生获得正确的理解。

　　（4）运用物理概念和规律。学习物理知识的目的在于运用，在这一环节中，一方面要用典型的问题，通过教师的示范和师生共同讨论，深化活化对所学概念和规律的理解，逐步领会分析、处理和解决物理问题的思路和方法；另一方面更主要的是组织学生进行运用知识的练习，要帮助和引导学生在练习的基础上，逐步总结出在解决问题时的一些带有规律性的思路和方法，形成问题解决的策略。

　　3.物理习题教学法

　　习题教学，也是物理教学的一种重要形式。在讲述若干重要概念和规律，或者在重要的教学单元之后，一般都要安排以解题指导为主的习题课，及时而有重点地进行复习和解题训练。

　　习题教学法，通常由以下几个环节组成：

　　（1）知识回顾与提炼：形成某一知识应用的问题情境特征。

　　（2）知识运用思路形成：通过对知识特征、知识间前后联系的分析，形成知识运用的思路框架。

　　（3）问题情境创设：提供有鲜明的情境特征的问题示例。

（4）示范互动，感知运用：运用示例，提炼情境特征，示范分析提炼解决问题的思路，让学生参与分析、解题的过程，通过教师的示范，感知问题解决一般思路的运用。

（5）恰当变式，小步迁移：在示例的基础上，提供恰当的问题变式，让学生自主运用知识和思路解决问题，在解决问题过程中获得解决问题的技能迁移。

（6）作业跟进，巩固迁移。

4.六步教学法

六步教学法是全国著名语文特级教师魏书生老师通过多年的教学实践、探索形成的语文教学方法。六步教学法通过适当的改造，完全可以移植到高中物理的教学中。

（1）定向。定向就是确定本节课的教学重点，包括知识学习、能力形成、德育熏陶等方面内容。确定重点的方式，有时是教师自己提出，有时是由学生提出，也有时是由学生的讨论而定。重点确定之后，教师应把重点写在黑板上。

（2）自学。学习目标已经确定，学生可以根据学习目标，自己去深入学习内容，可采用自己最常用的学习方法去学习、去探讨、去找答案。

（3）讨论。经过自学后，大部分问题能够解决。解决不了的，自己记下来。四个人组成讨论组，研究自学过程中各自遇到的疑难问题。

（4）答疑。分组讨论后，仍没有解决的问题，则提交全班学生解答。如果全班学生解答不了，则由教师解答。若遇到疑难问题具有普遍性，教师可以予以回答。为了节省课堂时间，一些深奥的问题课后与学生讨论研究解决。

（5）自测。学生自我检测，检测方式不同。有的学生根据学习重点自己出题，自己解答。有时请一名学生出题，大家解答。有时也有每组出一道题，其他组抢答。学生自测完之后，教师以红笔评卷。这样自测，学生既明确了自己当堂有哪些知识点没有掌握，又明确了经过课后努力期望所能达到的进步。

（6）自结。自结，即学生自我总结。学生自己回忆本节课的学习重点是什么，学习过程有哪几个主要环节，自己掌握的情况如何。自结的形式一般是每个学生都坐在自己的座位上，七嘴八舌地大声说。

从以上对"六步教学法"的介绍中我们可以看到，这一教学法贯穿了一个教育思想，就是"还学于生"，让学生成为自己学习的主人。

第二节　高中物理学科教学设计与效果检测

教学设计是一种有目的、有计划的特殊认知活动。为达到教学活动的预期目的、减少教学中的盲目性和随意性，就必须对教学过程进行科学的设计。

一、物理学科教学过程设计

（一）课堂教学设计目的

教学设计是指教师以现代教学理论为基础，依据教学对象的特点和教师自己的教学观念、经验、风格，运用系统的观点与方法，分析教学中的问题和需要，确定教学目标，建立解决问题的步骤，合理组合和安排各种教学要素，为优化教学效果而制订实施方案的、系统的计划过程。

教学是一个极具创造性的过程。教科书只能单向传递信息，不能根据学生的现场反应组织教学内容和选择教学方式。另外，教科书是根据广泛的、统一的读者对象编写的，无法对学生认知水平的差别和情感态度的差别等某一方面做具体的设计。然而，教师面对的学生是具体的、有特点的，因此教师只有把《课程标准》的目标、理念和要求，把教科书的教学内容和所体现的教学方法转化为符合自身特点的教学设计，才能有效地达到新的课程目标。

高中物理课堂教学设计的目的就是通过优化教学过程从而提高教学效率，它将有利于学生物理课程的学习。具体地说，物理课堂教学设计是教师的设计思想在教学中的运用，是教师在一定的教学理念指导下，以物理教学理论为基础，运用系统的方法，为达成一定的教学目标，事先对教学活动进行规划、安排与决策的过程。

教学设计有以下几个特点：

（1）物理教学设计必须有确定的教学内容和教学目标。

（2）教学设计是将诸要素有目的、有计划、有序地安排，以达到最优结合。

（3）教学设计仅是对教学系统的分析与决策，是一个制订教学方案的过程，而非教学实施，但它是教学实施必不可少的依据。

（4）教学设计并不排斥教学经验，教学设计是教师极富有创造性的工作，成功的教学方案凝聚着教师个人的理念、智慧、经验和风格。教师在长期的教学实践中积累起来的教学经验是宝贵的，是教师进行教学设计的依据之一。经验与理论的恰当结合，才能使教学设计既有共性，又富有个性，体现出教学的艺术性。

高中物理《课程标准》提出了四个方面的教学建议：

（1）从课程目标的三个维度来设计教学过程；

（2）提高科学探究的质量，关注科学探究学习目标的达成；

（3）使物理贴近学生生活、联系社会实际；

（4）突出物理学科特点，发挥实验在物理教学中的重要作用。大量的教学实践说明了课堂教学设计成功与否与教学设计的目的是否明确，以及设计的程序、方法是否得当有很大的关系。

（二）课堂教学设计的原则

1.理论指导与实践研究相结合

物理课堂教学设计不能以感性经验为依据，而要以先进的教育思想和教育理论为指导，这样才能以先进的教育理论来规范教学实践，提高教学质量，以减少实践的盲目性，增加自觉性。正是为了发挥理论的指导作用，教学设计又必须把理论转化为教学行为，给出教学流程，明确可操作的方法。

2.静态设计与动态设计相结合

教学过程由教学初始状态、目标状态及二者的中间联系过程三者构成，因此教学设计既要重视静态设计（初始状态与目标状态），又要重视动态设计（教学过程的发展），使二者在相互促进、相互转化中向前推进。

3.施教者与学习者交互协调

教学过程既是施教过程，也是学习过程。教学设计的关键是促进两者的交互与协调。但交互的出发点与落脚点都应该以促进学生的发展为目的。

（三）教学设计的要素

课堂教学过程，它包含了许多方面：教师、学生、教材、媒体、教学目标、教学内容、教学方法、教学手段和教学测量、教学评价等。如何使这些方面有机配合、有序运行，促使教学效果最优化，这是课堂教学设计的主要问题。课堂教学设计一般有四个要素：教学对象、教学目标、教学策略和教学评价。它们相互联系、相互制约，构成了课堂教学设计的总体框架。

1.教学对象

教学活动的服务对象是学习者。为了做好教学工作，必须认真分析、了解学习者的情况，掌握他们的一般特征和初始能力，这是做好课堂教学设计的基础。

2.教学目标

通过教学活动，学习者应该掌握哪些知识和技能、培养何种态度和情感，用可观察、可测定的行为术语精确地表达出来。同时也要尽可能表明学习者内部心理变化（科学方法的目标应体现在教学设计之中）。

3.教学策略

为了完成特定的教学目标所采用的教学模式、程序、方法、组织形式和对教学媒体的选择与使用的总体考虑（科学思想方法体现在教学过程中）。

4.教学评价

教学评价包括诊断性评价、形成性评价、总结性评价三部分。评价的目的是了解是否达到教学目标，从而作为修正教学设计的依据（诊断性评价对教学设计的修正尤为重要）。

（四）教学设计的步骤

1.分析教学内容，确定重点问题

教材分析是进行教学工作的一项最基础、最重要的工作。教材是教师教学的主要素材，对教材内容解读分析是教师确定教学目标、进行课堂教学设计的首要步骤。教学难点是根据教材的特点和学生学习物理的思维规律和特点决定的[1]。确定教学难点要从学生实际出发，重视对学生学习心理的分析，重视思维障碍的表现与成因。重点并不一定都是难点，难点从知识的重要性角度看也不一定都是重点。

2.分析学生状况，创设问题情境

教学的一切活动都要着眼于学生的发展，并落实在学生学习效果上。因此，在教学中要充分地认识和把握学生学习物理的心理规律和学习状况。只有在充分了解和分析学生的基础上，才能使教学活动落实到学生身上。因而，分析学生学习物理的接受水平、心理特点和思维规律是分析学生状况的另一个重要依据。

在引入加速度的说法时，基于学生接受能力不是太强，先让学生感受。让他们感受的第一层是运动物体有速度，第二层是运动物体速度有变化，第三层是运动物体的速度变化有快有慢，从而自然地引入"加速度"这个物理量来描述运动物体的速度变化快慢程度。

3.设计和选择指导学生探究的教学策略

高中的物理教学以学生的探究为主，根据教学内容和教学重难点，教师在教学设计中要根据学生的个性特点以及学生的学习状况设计和选择适合学生学习的教学策略。

---

[1] 徐洋. 微视频在中学物理教学中的理论研究与案例分析 [D]. 大连：辽宁师范大学，2016：8-9.

要得出加速度概念遇到的第一个问题是，分析所需的一系列速度值从何而来？大多数教师只是提供一堆现有数据给学生，由此归纳得出结论。这种方法虽然有效，但它缺乏科学性和可靠性，学生会误以为教师在"造假"。为避免这种不必要的质疑，也为了让学生接触科学的真实，应让学生实际测量、现场采集数据。必须设计一个实验，在较短的时间内准确地测出一组速度值，然后学生才可以清晰地比较这两个小球的速度变化的快慢情况。如何测出物体运动的速度呢？实验室没有现成的测速度的仪器，而教材在第二章第一节才正式使用打点计时器探究小车速度随时间变化的规律，因此这里不宜使用打点计时器。所以，提供给学生的仪器是气垫导轨和光电计时器，比较两个小球的速度变化的快慢。教师向学生说明用挡光片的宽度除以时间即为物体在挡光处的瞬时速度，记下相邻两个光电门所记录的时间，可以算出时间段，这样既测出了某个位置的速度，又测出了两个速度变化所用的时间，就可以比较速度变化的快慢了。

4.设计和选择指导学生完善知识结构的教学策略

在教师利用问题探究的方式帮助学生了解和学习了教学目标中要掌握的内容后，要设计和选择教学策略来把学生零散的知识系统化、生活化、实用化。

引入加速度的概念后，通过有趣的实例体会加速度的实际应用。通过具体数据表格说明匀变速直线运动是加速度不变的运动。由于速度和加速度所具有的重要性及其关联性，应引导学生对速度、速度的变化量及加速度进行比较、分析，以期对它们有更深入的理解。可以用课堂讨论的方式向学生强调两个问题：第一，速度、速度变化的大小和加速度的物理意义是完全不同的，速度变化大的加速度不一定大，还要看这一变化所用的时间；第二，加速度的大小与速度的大小没有任何直接关系，高速公路上高速匀速行驶的汽车，它的加速度为零。

5.对教学设计的反思与评价

教学设计的反思，从本质上来说，就是教师的一种经常的、贯穿始终的对教学活动中各种现象进行检查、分析、反馈、调节，使整个教学活动、教学行为日趋优化的过程。通过对物理教学设计的反思，从而促进教师关注自己的教学行为，找出自己教学中的不足，也使得教师更深入地开展教学研究活动。

二、物理学科教学效果检测

根据教学目标设计的教学方案，实施教学的过程，其最终的目的都是指向学生的成长——知识和技能的获得，学习过程的感悟和学科方法的形成，情感丰富、态度和价值观积极变化。而教学效果检测是评估我们教学成效的主要途径。物理学科教学效果检测常见的有纸笔测试、成长档案袋、学生学习成果交流、物理实验操作等检测和评估方法。本节侧重于学生知识和技能形成的测试，以试题测试为主要形式。

（一）物理学科基本题型与检测功能

高中物理考试题基本上分为选择题、填空题、实验题、计算题（包括评价题），每种题型都有着不同的检测功能。

1.选择题

（1）选择题的主要测试功能

第一，测试学习者对该记住的知识是否记住了，该学会的是否学会了。

第二，测试学习者对物理现象和一般知识是否真正理解了。

第三，测试学习者对容易混淆的概念是否真正掌握了。

第四，测试学习者对应掌握的规律是否掌握了。

选择题虽然也能考查分析综合能力、计算能力和实验能力，但其主要功能是通过比较、识别、鉴别、选择的方式来考查学习者的理解力和推断能力。

（2）选择题的解题思路

单项选择题具有表述简洁、在备选项之间答案唯一的特点，在解答时要注意：

重视一个"审"字。就是要认真审读题目，弄清楚选的是什么内容，是选对，还是选错。

突出一个"准"字。就是要选准确，这就要加强对物理基本概念的理解和辨析。命题者往往抓住容易混淆的概念，在答案的编排中造成一种似是而非的假象。

注意一个"快"字。由于单项选择题数量多，答案又是唯一的，因此解答时要加快速度，善于发现明显不正确的答案并立即排除——可以定性分析的，尽量定性分析；肯定某个答案正确，则对其他答案的考查可以从简。

2.填空题

（1）填空题的主要测试功能

第一，测试学习者是否能记住、了解所学物理现象、定义和规律。

第二，测试学习者能否说明某些物理量的大小、方向等方面的变化情况，如速度、加速度、力、周期、压强、温度、电流、电压、势能、动能等物理量的变化。

第三，测试学习者能否用作图的方法处理问题。

第四，测试学习者能否进行一些简单的计算，得出正确的计算结果和单位。

填空题是一种答案并不显露的测试题，给解答者提示和诱导的因素比选择题少得多，其难易程度相差较大，有的十分浅显，有的则相当于一些小型计算题。

(2)填空题的解题思路

第一，填入空格内的语句要准确、确切和恰当。填好之后还应再看一遍。

第二，计算形式的填空题，在草稿上运算时也要认真分析、列式，保证计算数据的准确性。

第三，作图形式的填空题应力求正确规范，应标的箭头、字母不能错、漏。

3.实验题

（1）实验题的主要测试功能

实验题不是一种独立的题型，它可以是选择题、填空题，也可以是顺序编排题或简答题，但由于它围绕实验进行测试，通常又单独形成一组题目，因此也作为一种题型来讨论。

测试学习者对演示实验的目的、现象、结论的了解程度。

测试学习者是否会使用基本量度仪器，并正确读数。

测试学习者是否知道某些重要实验的原理、目的、使用器材、操作步骤等，是否会做这些实验，包括取得数据、处理数据、得出结论以及必要的误差原因分析。

测试学习者能否根据学过的实验进行新情境下的探索性实验，包括实验过程设计、仪器选用、列出正确步骤等。

（2）实验题的解题思路

对演示实验要了解其实验的目的、演示中的关键问题以及重要结论。

关于实验过程的测试题，要注意实验的关键步骤，这些地方常常能反映出学习者是否具有一定的实验技能。

探索性实验测试题考查的是从未直接经历过的实验。这要求在平时实验中要独立操作，并善于发散、联想。只有平时多做多思考，才能培养这种能力。

4.计算题

（1）计算题的主要测试功能

计算题是测试题中难度较大的试题，解答要求明确写出解题过程和应有步骤。

测试学习者掌握物理规律的熟练程度。

测试学习者分析物理问题的逻辑能力。

测试学习者对所学知识的一般应用能力。

测试学习者对各部分知识的综合运用能力。

计算题不但能考查学习者解决物理问题的思路是否清晰，而且能考查其解答问题时是否有独特的见解和创造性能力。

（2）计算题的解题思路

分析好物理过程，抓住关键点，选择好参量及其符号。计算题的综合性程度一般都比较大，往往可以划分为几个阶段，有一个发展变化的过程，因此一定要把过程分析好。

寻找各种等量关系，发掘隐含条件。解答物理计算题通常要根据题目给出的条件列出若干个未知量，列出若干个方程，通过解方程求出结果。

巧用分析法和综合法。分析法就是把整体分解为部分，把复杂分解为若干简单要素进行研究。从解题过程看，分析法往往是从含有未知量的"原始公式"出发，逐步上推，由一个问题引到另一个问题。综合法是把对象各部分、各方面因素联结为一个整体进行研究。从解题过程看，综合法从已知量出发，按它们之间的关系，逐步推出待求量。

（二）物理学科教学效果检测方法举例

对单元知识教学的整体效果检测，往往采用试卷形式。采用试卷形式检测教学效果，需要预先编制好试卷。编制试卷事先需要对本章教学的目标进行把握、对知识内容进行梳理。在此基础上，针对各部分知识内容的特点和教学目标要求，确定适当的题型予以编制。这一过程通过编制测试的"双向细目表"予以统整，然后根据"双向细目表"进行试题的编制。

第十章 人工智能在高中物理教学中的应用

第一节 人工智能在物理教学中的调查

一、相关概念

（一）人工智能

AI是人工智能（Artificial Intelligence）的缩写，这一词最初在1956年达特茅斯学会（Dartmouth Workshop）上提出。它是一门具有交叉性质的学科，涵盖哲学、心理学等多门大学科的综合性学科。虽然有智能二字，但它并没有血肉之身，主要是通过计算机对人们的行为进行模仿，例如可以模拟知觉、交流、推理等复杂活动，还可在一些领域代替人类进行活动，为人类的生产生活提供方便。由于具有人工智能技术，使得人类很多简单的、重复性的工作可以由机器代替完成，甚至是人类需要花费大量时间解决的复杂性的工作都可以被人工智能代替。人工智能发展至今，社会对于劳动者的需求产生翻天覆地的变化，而这一变化所带来的影响无法忽略。

由于AI是一门交叉的前沿学科，所以，它在不断改变人们的思考方式和传统观念，改变着人们的认识方式和人们对教育的态度。在教育发展史上，为教育的改革发展带来巨大的推进动力的往往是推出新的技术方法，使教学管理工作变得越来越简单有效，使教育越来越公开、普及和大众化。拥有人工智能的教学软件，它能够像人一样能看、能听、能说、能学习，甚至可以理解并反馈用户的情感或心理，从而使用户可以通过语言、文字、手势、表情等方式自然而流畅地与计算机实现信息交流，达到人机交互。综上所述，随着计算机技术给现代教育教学领域带来巨大变革，作为与空间技术、原子能技术等一同称为20世纪三种重要科技成就之一的人工智能技术也将被广泛应用于教育领域，并将对学校教育理念、教育流程、教学管理等工作产生重要影响。[①]

（二）智能课堂

国内研究者对于智能课堂的概念尚未统一，如庞静文等学者提出智能课堂是在新一代的信息技术环境下，以培养学习者智慧能力为目标，运用创新型的课堂教学模式形成简单、轻松、个性化、数字化的新型课堂教学。智能型课堂与普通的多媒体课堂之间差异巨大，基于信息网络、数据库以及和传统课堂比较，结合课堂实际情况，提出智能课堂这一说法。将智能课堂工具用于教师课前教育教学准备和学习课前预习、课中互动交流、课后拓展延伸的全过程，从而实现集信息化和智能化功能于一身的高效交互式课堂教学。课堂是学校素质教育的主阵地，赋予课堂生命活力和创新精神是教师应尽的责任。在新课程理念的指导下，智能课堂是学校关注学生发展，培养学生综合素质的关键之一，是培育学生创新精神，发挥个性，丰富和开启学生的智力，将学生的智慧与教师的智慧共同构建在一起形成生动活泼的课堂教学。智能课堂的核心理念是，"一切为了每一个学生的发展"，使每个学生都能参与到课堂当中，打造一个平等交流、共同进步的课堂。

（三）物理实验教学

物理实验是一种观察物理现象和探究物理变化规律的实践活动，可检验物理理论正确与否，也可为发现新理论创造契机。在物理课程中，物理实验是必需环节，是进行实验探究的有力手段，可使学生在活动过程中习得物理知识、锻炼科学思维、提高实验创新能力并形成良好的科学品质。一般来说，中学物理实验可分为演示实验、边学边实验、课内小实验、学生分组实验和课外实验与制作几种教学形式。演示实验指教师在课堂给学生示范标准的实验过程，强调实验细节和注意事项，是一种"教师做，学生看"的实验教学模式。边学边实验指教师在课堂上自己操作实验，并使学生参与其中，教师指出学生在实验中暴露的问题，并指导学生解决实验中存在的问题，是一种教师和学生都参与其中的实验教学模式。课内小实验是以辅助学生理解课堂上教师所讲知识为目的，让学生动手操作的课内实验。学生分组实验指教师对学生进行分组，尽量使所有学生都能参与到课内实验活动中去的实验教学形式。课外实验与制作是学生主要利用生活中易得物品作为实验器材，按照教师要求设计或操作的课下实验或制作。

（四）智能手机

智能手机同电脑一样，有自己的操作系统，不仅具备通信功能，还可利用其内置的储

---

① 王娣. 信息技术在高中物理教学中的应用调研与实践探索研究 [D]. 重庆：西南大学，2022.

存空间下载、安装、升级和卸载各类应用程序，具有丰富的扩展功能，是非常人性化的手持终端设备。智能手机功能强大，可用于工作、社交、购物、娱乐等，本研究的顺利进行离不开智能手机内部多种传感器的支持。每部手机都有自己的操作系统，系统不同，可兼容的软件类型也就不同。早期的手机操作系统主要有Symbian，Blackberry OS，Meet等，目前用户最多的手机系统是Android和IOS。世界上第一台智能手机诞生于1993年，一经问世就风靡全球。智能手机拥有巨大的市场，2011年全球智能手机用户超过7亿，2012年达10亿，至2020年已超过35亿。随着智能手机的不断普及，不久后功能机将永远退出历史舞台。近年来发展较快的国产手机品牌主要有小米、华为、VIVO，OPPO，ONE PLUS等，国外常见的手机品牌有三星、索尼和苹果，这些手机品牌在全世界广受欢迎。

二、理论基础

（一）分布式认知理论

分布式认知理论由赫钦斯（Edwin Hutchins）于20世纪80年代，是在对传统知识观点加以批判的基础上所提出的。此学说指出，分布式是人类认知的根本，认知的现象不仅可以存在于人们的头脑当中，甚至在人与人之间、工具之间的交互交流过程中都可以进行认知，并且同时存在于环境、媒介、文化等方面。分布式认知理论是考虑到参与者在认知活动中各种影响程度的分析单元，涉及参与者全体、人工制品和他们与其所处特定环境中的交互关系。

分布式认知理论对于人工智能在高中物理教学中的应用研究具有指导意义，发挥重要作用。首先，在分布式认知领域，工具和技术等"人工制品"能够转移认知任务、降低认知负荷。如果学习者所学习的知识超出其认知范围，则可借助智能化学习软件帮助他们减轻学习负担，使学生拓宽认知的深度和广度，进行深度学习。同时还可以将一些简单的、有重复性的认知任务交给人工智能机器完成，从而使得学习者有时间进行更具有创造性的认知活动。今后将会是人和智能协同的时代，二者擅长的领域可能不同，但二者结合，所产生的智慧，必定会是一加一大于二的局面。人机协同已成为个体面对复杂问题的基本认知方式，人类的认知正由个体认知走向分布式认知。其次，分布式认知重点在于认识个体和周围的环境之间的相互作用。个体在交互过程，有助于建立自己的认知构架。在教学中，交互不仅是教师与学生之间，还有生生间的、人机间的。在智能化的教育背景下，人机互动将会变得越来越多元化，从而可以极大地提高学习者的学习体验，包括视觉、听觉、触觉都可影响学习者的认知情况。

（二）多元智能学习理论

传统的教育心理学观点认为，智能是指进行智商分类测验的能力，具有一定的可操作性，因而可以利用统计学方法对不同年龄段测试人员的答题状况进行统计分析，通过答题成绩推断测试人员的智力能力。不同年龄的人在各类不同智力测验中的成绩呈现出较大的相关性，但是不少研究者指出人们的智慧与年龄的关系微乎其微，属于某种与生俱来的特殊力量。

而加德纳的观点却和上述不同，他认为智能是处理一些固定问题的能力，类似于计算能力，是在一定环境下人类的基本生理本能。加德纳所提倡的多元智能学说指出人类的思考和认知方式有九种智能，各种智能之间彼此独立，即尽管某个人拥有较高的一种智能，例如自省智能，但可能缺乏相同程度的数理智能或运动智能。与传统的智能理论比较，多元智能理论还具备多样性、情境性、整体性等优点，同时掌握多元智能理论，也有助于帮助教师实现课程创新，有利于教师培养创新型人才，注重学生的个体差异，发挥各自特长，依据不同的性格和学习程度进行个性化教学。通过发展智能优势还可以提高学生的学习兴趣，改变学生的思维方式，突出学生的主体地位，让学生发现自己的智能长处从而发展自己的才能。

本研究中人工智能的教学理念与多元智能理论所关注的内容联系密切，打造智能型课堂，在其中引入情景学习体验，有助于改进学生学习思维方式，提高学生发现问题和解决问题的能力，拓宽学生思考问题的深度和广度。

（三）建构主义学习理论

尽管建构主义理论深受各种学说、不同价值观念的影响，但建构主义者仍普遍认为学习是"建构"的过程，知识和经验的获取要借助于学习者积极主动的活动进行意义建构，这一过程需要在一定的情境中借助他人（教师和同学）和学习材料才能完成。建构主义的主要特征是情境性、社会性和主动性，其核心思想是通过问题的解决进行学习。

建构主义还肯定学生已有知识和经验的作用，认为教学不是简单的知识传递，而是知识的处理和转换，教师应该重视学生对现象的理解，引导学生针对问题进行探究，在探究中相互交流和质疑，在问题情境中构建观念。学习是指在知识点中确定一个特定的概念，以实现意义的构建。该理论认为，学习必须在一个特殊的情境中进行，学生不能跨越具体的情境去获取，只有在现实的情境中才能进行积极的探索，主动地和别人一起学习，用言语进行探讨和交流，才能使自己的知识体系得以建立。建构主义提倡的学习方法有助于学生获取"真正"的知识，但是它也有一个弊端，那就是过程太长、不经济实用。事实上，自古以来，人们所累积的海量的信息，并不是所有的学生都能够靠自己去探索、去创造，尤其是在互联网时代。

但教师在建构主义指导下应用人工智能辅助物理教学，学生在使用学习系统进行学习时加深对认知结构的理解，在学习中仍然处于主导地位；在课堂教学中更加注重交流与合作，可以有效地改善课堂教学。建构主义强调在教师引导下，以学习者为中心的教学活动，既重视学习者的主导性意义，也不忽略教师的指导作用。教师是意义建构的积极帮助者、促进者，而不是知识的积极灌输者；学生是信息加工的主体，是意义的主动建构者，而不是受外界影响的被动接受者和被灌输的对象。

（四）技术创新理论

技术创新理论由熊彼特在《经济发展理论》一书中提出，并在经济、社会等领域展开讨论。他对创新的解释是"新生产函数的建立，即对生产条件和要素进行全新的结合"，创新一般包含5个方面的内容：①制造新产品；②采用新的生产方法；③开辟新的市场；④获得新的供应商；⑤形成新的组织形式。

创新是一种不停运转的机制，不仅是工艺发明或某项单纯的技术，只有将生产或发明应用到实际中，并具有一定的影响，这才是创新。在创新教学方面，此理论有极为突出的指导意义：

1.利于推动教育教学的创新

新的技术会对教育教学产生影响，教师将人工智能引入教学环节中，则在教学工具、教学模式、教学评价等方面都能进行创新。教育者要主动接受最新的教育技术，转变教育方式，积极探寻人工智能与教育教学相融合的新方法，实现教育教学的创新性发展。

2.利于培养学生创新能力

在人工智能时代，技术创新已不仅仅限于技术本身的发展，而着力于对技术创新理念的培育，包括训练人类的创新创造才能、想象力、独立解决问题的能力、社会协调能力等，让学生在智能科技发达的今天立于不败之地，而这也是教育的改革。

（五）建构主义学习理论

建构主义学习理论强调学习者对所获信息的主动建构，以获取知识的意义，而不是简单地接收教师在课堂上传递的信息。学生在物理实验课堂上提取本次实验所需信息，根据已有知识主动对信息进行加工和改造，以具备更高水平的思维。每位同学已有的知识和经验都是独一无二的，在使用智能手机做物理实验时，无论是自己操作还是小组合作，或是课堂观察，所调动的知识和经验都不一样，对本节课所收到信息的反馈也会不同。在智能手机参与的物理实验课堂中，学生要与教师和同学多沟通交流和互动，在自己原有经验基础上，对实验过程中所获取新知识进行内化和重组，建构新的知识体系。因此，建构主义学习理论认为教师与学生、学生与学生应共同交流课堂上出现的问题，并相互学习、相互质疑，共同改进。智能手机应用于物理实验课堂不仅可以帮助教师和学生对实验中存在的问题进行更好的沟通，而且可以实现学习者之间的合作与交流，帮助学生建构所获知识的意义。

（六）戴尔经验之塔理论

1946年美国视听教育家戴尔在他的《视听教学法》一书中提出经典的"经验之塔"理论。该理论认为，人类应该顺应自身发展规律，先学习宝塔底部的简单经验，让最基础直观的经验作为自身成长的根基。接着模仿别人，通过观察他人示范来学习宝塔中间抽象层次更高的经验。最后学习塔顶的"词语符号"，该层次的经验最为抽象，也最难获得。因此，戴尔将宝塔分为三大层，最底层为"做的经验"，中间为"观察的经验"，最上面是"抽象的经验"。戴尔又将这三类经验细分为十个层次。视听教材必须与课程相结合，以后形成的教学系统方法等可以说都是这一基本思想的发展与深化。在学校教育中，由于硬件、场地等因素的限制，应提倡使用各种具体直观的教学工具，如经验之塔中的视听教育媒体，为学生提供易于理解的经验。智能手机可作为视听教育工具，利用其特殊优势，给学生提供更为具体和易于理解的经验，可在具体事物与抽象概念中起到桥梁的作用。基于此观点，将智能手机应用于物理实验教学，可用具体经验替代抽象经验，以适应中学生的认知发展水平。

（七）杜威的做中学理论

杜威认为，教育应该重视学生的经验，让学生从一系列的实践操作中获得所需知识。杜威的"做中学"理论强调：经验是从活动中获得的，学习者主动对事物采取行动，被动接受行动结果。学生从实际行动中所获得的知识和与之带来的结果之间形成联结，这种联结就是经验的学习。在物理实验课堂上，教师应引导学生结合已有生活经验，多给学生创造"做"的机会，将智能手机作为实验工具，在实际操作中锻炼学生能力，积累学生实践经验。杜威认为"从做中学"这种学习方式要比"从听中学"更为高效，从做中学更能体现"知行合一"，将做与学更好地结合起来。但并不是所有的经验都能起到正面的教育作用，教育应从学生成长的角度入手，引导学生主动去参与有利于身心发展的活动。结合杜威从实践中学习的理论，把智能手机应用到中学物理实验课堂上，教师可以通过具体的实验指导学生亲手操作，使学生从做中掌握科学的实验原理和方法，从而对学生的认知结构进行改造。

（八）信息技术与课程整合理论

信息技术与课程整合是指"信息技术"与"课程"的整合，而不是指"信息技术"与"课程整合"，这是我们理解其含义的关键。信息技术与课程整合鼓励学生积极参与到课堂活动中并加强与他人之间的合作学习，改变以教师为中心的课堂教学结构。在中学物理实验课堂，教师可将智能手机作为一种数字化教学工具，在了解实验目标与要求后使其与课堂进行整合。在实验活动中，教师应了解智能手机应用于物理实验各项功能，引导学生主动参与其中，发挥学生的创造性。信息技术与课程整合理论不仅为学生提供一个良好的数字化学习环境，还能发挥"学教并重"的教学优势，顺应了教育改革潮流。

三、研究背景

（一）时代教育背景

21世纪，信息技术飞速发展，不仅给我们的生活和工作带来了极大的便捷，同时信息技术在科技、经济、军事、人工智能等方面的密切应用也推动着整个社会和世界的飞速发展。不仅如此，信息技术在教育方面的广泛应用也达到了前所未有的程度，不可否认，教育信息化强烈地推动着现代化教育的发展。早在2005年教育部发布的《新课程改革》中就提出教育信息技术化不仅是综合实践活动有效实施的重要手段，也是其探究的重要内容。2010年7月29日颁布的《国家中长期教育改革和发展规划纲要（2010—2020年）》中就提出，信息技术对教育发展具有革命性影响，把教育信息化纳入国家信息化发展整体战略，必须予以高度重视，与此同时，如何加强学校的信息技术化教育，关键在于教师，各科教师应该主动学习并在实践课堂中应用，以此让学生也积极主动的结合现代手段去学习、探究和解决具体问题。从计算机进入学校教学开始，经历了cal阶段、网络时代，如今信息技术在学校教育教学中应用已经相当普遍。随着信息技术的飞速发展，近些年，教育部对教育信息化提出了更高更多的要求，在2019年由教育部提出的《教育信息化2.0》文件中，非常明确地指出，在现代化背景下，学校层面和教师层面要把现代信息技术与不同的学科适当并且有效地、深度地结合起来，从原本地简单应用逐步向创新创造的阶段发展。

（二）学科教育背景

物理作为一门自然学科，以观察和实验为基础，与生活、科学息息相关，科学信息技术、人工智能、无线感应技术、数字化发展等离不开物理，而科学信息技术的快速发展也反过来推动着物理学、物理教育的进步。由此可见，信息技术与物理课程教学相融合是物理教育的发展趋势。早在2011版高中物理课程标准，在课程资源开发与利用建议中就提道：随着科学技术的不断发展和应用，数字化实验应在中学物理实验中有更多的应用。而随着世界信息技术在21世纪的进一步飞速发展，在2017版普通高中物理课程标准中，无论是对教材的编写原则、内容选择上，还是对课程的实施建议上，对"信息科学技术与物理教学相融合"都提出了更多更深入的要求和展望。在课程实施建议中，《义务教育课程方案和课程标准（2022年版）》提出要重视数字实验，创新实验方式，利用数字实验系统可使很多难以测量或难以控制的实验顺利进行，也使很多实验的测量精度大大提升。同时要求学校重视引导教师研究数字实验系统对传统实验的改进方法，研究数字实验系统的教学方式，促进教学手段与方式的现代化。

（三）物理实验教学发展背景

近年来，传感器实验在中学物理课堂中应用越来越广泛，而智能手机作为科技发展在生活中的应用最广泛，其内部众多的传感器技术为现代化物理实验教学提供了新的方法和思路。利用智能手机进行物理实验教学，成为物理教育研究者的研究重点，同时也在物理教材中得以体现。

将人教版2007版的教材与2019版新教材进行对比发现，第一，教材上用传感器进行实验的数量有所增加，从原来的八个增加到现在的十二个，尤其体现在必修一和必修二的运动学部分。而在2019版新教材中，用传感器进行运动学部分试验共有八个，实验种类明显增加。第二，这部分最大的变化在于2019版新教材课本上明确提到了用手机传感器进行实验探究的三个实例，包括用手机测自由落体加速度、用手机加速度传感器测量电梯运行的加速度、用手机加速度传感器探究"关于甩手动作的物理原理"，教材对用手机测自由落体加速度进行了详细的介绍和说明，对另两个用手机进行实验提出了要求。第三，相较于2007版人教版教材《传感器》章节中，在2019版人教版教材选择性必修二中，第五章《传感器》部分还对手机内存在的传感器做了专门介绍。智能手机作为当代通信工具，相较于实验室里各种各类的实验仪器而言，智能手机具有价格适中，普及率高的特点，方便学生自行实验以及课后探究。其次，手机内置传感器具有高灵敏性和数字化特点，可以将实验数据高度灵敏和快捷地记录下来，便于定量分析。智能手机内部传感器涉及物理学中力、热、光、点、声各类物理信息的感应，在初高中甚至大学的物理各类实验中，都能发挥强大的作用。同时，利用智能手机进行物理实验形式新颖，有利于提高学生学习积极性。[1]

四、智能手机传感器介绍

传感器是一类能够将非电学信号转化为电学信号的仪器，具有体积小、重量轻、成本

---

[1]　雷宇. 智能手机应用于中学物理常规教学的叙事研究 [D]. 成都：四川师范大学，2021.

低、功耗低、可靠性高，易于集成和实现智能化等特点，传感器对现代化信息技术、物联网产业的发展至关重要。从本质上来讲，传感器的发展离不开物理知识在科技中的应用，反过来，传感器技术的蓬勃发展也可以促进和帮助青少年对物理知识的学习，现如今，不管是物理学科课程标准、新教材的编写，还是学校教学规划，都将利用传感器进行物理实验作为发展重点。

智能手机在我们日常生活中的应用普及且广泛，随着信息技术的发展，智能手机也从原本作为通话交流的通信工具，发展到集众多强大功能于一体的智能设备，功能越来越多，性能也越来越强大。这样的改变得益于信息技术的应用，智能手机智能在哪儿？主要体现在三个方面，第一，可以连接网络；第二，硬件系统强大；第三，传感器技术的大量应用。拿着手机跑步运动，就能记录跑了多少公里；左右颠倒手机就能实现横竖屏的翻转；打电话时手机靠近耳朵，屏幕自动黑屏等等，这些方便的智能操作就与手机当中的众多传感器息息相关。

（一）智能手机传感器分类

智能手机中传感器种类丰富，功能多元，一般的智能手机中都包含重力传感器、加速度传感器、陀螺仪传感器、压力传感器、气压传感器、磁力传感器、距离传感器、光传感器、温度传感器等等，它们通过检测环境中速度、位置、光照强度、声音大小等物理量的变化，转化为手机中电流的变化，实现自动控制和操作，那基于这样的工作原理，就可以利用智能手机来实现测量物理量，进行物理实验和物理探究的功能。

（二）智能手机物理实验App介绍

随着科学技术的发展，智能手机中的传感器应用众多，基于智能手机传感器而开发的手机App已有大量上市。此类软件利用手机内部的众多传感器进行工作，在生活中主要用于智能化测量，比如作为气压检测仪、亮度检测仪、噪声监测仪等等。同时，也有相当一部分此类软件是为了用于物理实验而特定开发的，内含直接测量重力加速度、测量向心加速度、测试多普勒效应等物理实验功能。现对已有的此类App进行介绍：

APP 种类	软件简介	关键功能
Phyphox	一款在 IOS 和安卓系统都有的程序，内涵多种物理实验操作，可进行中学物理中各类实验，在任何时候任何地点都可进行操作，自动记录数据生成图像变化。	1. 选择已有的或事先定义好的实验，即可按下启动键进行； 2. 导出数据到广泛使用的格式（CSV、Excel）； 3. 支持加速度传感器、磁力计、陀螺仪、压力计、光强度计等多种传感器；
SPARKvue	针对 STEM 学习的传感器数据收集、显示及分析应用程序；	1. 实时测量受力、加速度、温度等量； 2. 利用图表、柱状图、模拟仪显示传感器数据； 3. 利用内置的统计工具分析数据（平均值、标准偏差等），数据的线性拟合、二次拟合；
传感器工具箱	查看移动设备传感器实时数据，进行传感器测试，并输出文本；	1. 查看手机各项硬件参数； 2. 通过传感器测量加速度、重力、气压、海拔、运动数据等； 3. 输出数据及图像；
SensorSense	专为安卓设备打造的手机传感器检测	1. 可用实时测量气压、声压、光照、磁场、重力等数据的变化；

以上对4个常用的基于智能手机传感器开发的App进行了介绍，除此之外还有VR测试工具、摩尔传感器等相关软件。上述App虽然种类多样，各有优点，但本质上都是利用手机内置传感器，根据主要功能的不同，可以分为通用类和专用类，上述表中前四个都属于通用类，可用于进行与手机内部含有的所有传感器相关的实验测量。而Sensor logger和LUX Light Meter属于专用类，分别测量加速度和光强。

在以上所有的智能手机传感器中，Phyphox（手机物理工坊）是目前市面上使用最多最广泛的一款软件，它支持各种不同的高精度传感器功能，并且操作简单便捷，能直观记录并显示数据。在本研究中设计的三节课程中，都是用该软件来完成实验演示和探究的。

Phyphox软件的主界面展示如图，包括原始传感器、力学、声学、工具、日常生活、计时器这六个部分，可以测量力、运动、光、磁等多个物理量的变化。使用操作简单，比如，点击加速度模块，进入后就会显示出x、y、z三轴方向上的线性加速度数据图像，横轴表示时间，纵轴表示加速度大小，点击右上方开始，即可显示实时的三个方向上的加速度大小和变化曲线。除了图表显示，还可以选择绝对值、多方向、简明值等数据显示方式。单击进入某一方向的加速度图表中，可以对图像进行放大或缩小，跟踪每一个点的数据，也可以进行线性拟合和导出数据值。

五、国内研究现状

在国内，在喻漫雪、周海忠的《基于智能手机和Phyphox软件的小球弹跳实验研究》中，利用手机内置的传感器以及视频功能和Phyphox软件设计弹球试验，较准确地测出重力加速度、碰撞过程中的能量损耗与小球的释放高度及小球的材料关系。在丁彦龙的《基于手机Vernier Video Physics的物理实验教学研究》中，利用手机软件研究了小车的匀加速直线运动和匀速直线运动并得到了小车的运动轨迹，研究了投篮过程中篮球的二维斜抛运动，指出利用手机传感器不仅可以解决物理实验教学中的难测量、不便观察、效果不明显的问题，还能提升中学生的体验感和创新意识。在林春丹等人《基于智能手机的静电场描绘及模拟》一文中利用智能手机软件开发了电学实验。在宋艺华等人《利用智能手机传感器改进中学物理实验教学》一文中也给出了新颖的改进建议。在赖桂琴的硕士学位论文《智能手机在中学物理实验教学中的研究》中，作者在教育理论基础上（"经验之塔"学习理论、有意义的学习理论、建构主义学习理论）分析了基于智能手机开展物理实验的可行性分析，讨论了基于智能手机进行物理教学的设计原则，包括适用性、创新性、可重复性、直观性。在付静等人所写的《基于手机传感器的物理实验——以测自由落体加速度为例》一文中，用手机传感器测加速度的实验，沿不同方向做实验，得出的加速度更具有说服力。

丁彦龙等人《基于手机传感器的物理实验教学研究——以探究合外力做功与动能变化量的关系为例》一文中谈到，手机运动的加速度利用智能手机加速度传感器来测量，不仅实验新颖，操作简便，同时学生易于理解，实验精确度更高。在黄家军《基于手机传感器的中学物理实验混合教学模式》一文中，将手机传感器与线上教学有效地结合起来，让学生在家也能自主进行实验。

在林蔚然和郑卫峰所写的《基于物理课程与phyphox软件的整合培养学生自主探究能力——以"声"为例》一文中，利用phyphox中的示波器、分贝仪、频率探测等功能对日常生活中的各种声以及声现象进行简单的探索观测。在梁馨月和张勇所写的《借助智能手机验证机械能守恒定律》一文中，借助手机拍摄小球落体运动，导入电脑用tracker软件分析小球运动数据进而验证机械能守恒定律。在雷宇等人所写的《利用智能手机App对超失重演示实验的改进》一文中，通过智能手机软件phyphox，可以得到其加速度的变化图像，再利用投屏软件电镜（ApowerMirror）将手机屏幕投影到大屏上，增加其可视性，直观体会出现超失重的现象。在黄少楚和王笑君所写的《利用智能手机进行微小形变观察实验》一文中，利用智能手机当中的角速度传感器、加速度传感器、磁传感器进行实验，并且通过phyphox软件得到了相关的实验图像，根据实验图像，可以直观地判断桌面是否发生微小形变以及探究按压力度大小对微小形变的影响。卢惠利在《巧用智能手机，做好物理课外实验》一文中提到，利用智能手机来进行数据的收集和处理更加方便快捷，而且智能手机还可以详细记录整个实验过程。

在江华等人所研究的《手机"慢动作"功能在物理教学中的运用》中，利用手机将录取视频放慢，将不便于直接观察的实验现象以慢速、清晰的方式呈现在学生眼前。在苏凤和苏东所写的《运用智能手机APPO示波器优化中学物理教学——以"声音的特性"的教学设计为例》一文中，利用智能手机中的App Oscilloscope软件，能够显示出不同的响度、音调、音色的波形图，直观的实验现象能帮助学生更容易理解。在林芸等人所写的《智能手机传感器App在高中物理实验教学中的应用现状调查研究》中，调查了广东省几所初高中应用智能手机进行物理实验的现状，调查发现使用现状并不多，需要学校和老师进一步完善实验室建设，增强数字化试实验系统并有效开发课程资源。裴怀芳在《智能手机软件在初中物理教学中的应用》一文中，列举了两个利用手机直接参与课堂教学和物理实验的例子，以及分析了如何巧用智能手机，实现翻转课堂。寇虹在《智能手机在电学实验中的应用——以"测量小灯泡的电功率"实验为例》一文中，详细描述了利用"物理电学实验"与"Total Control"这两个软件实现了对测量小灯泡的电功率的仿真模拟实验。

韩美娟在《智能手机在高中物理教学中的应用》一文中，建议教师以创建高课堂为目标，充分利用软件的数据处理分析功能及交互动功能等辅助教学，为学生构建虚拟学习平台，充分发挥智能手机的作用。在李捷和张军朋所写的《智能手机在物理教学中应用研究现状及展望》一文中，对智能手机应用于物理教学这个该领域近几年的国内外研究现状进行梳理和探讨，并梳理和举例了相关的应用实例。[①]

六、人工智能用于物理教学实际调查

（一）教师访谈录

在课堂教学中，教师不仅需要写好教学设计使教学有序开展，还需要详细地了解与掌握学生的学习情况。所以，在调研过程中，作者的访谈对象为哈尔滨市一所高中的五名物理教师。五名教师的教龄有两名是5年左右，在教学时经常采用人工智能、互联网等技术；有两名教龄在20年左右，教学时偶尔利用；以及一位教师是35年以上教龄，使用传统教学方式较多。通过此次的谈话交流学习，五名教师解答关于人工智能在高中物理教学方面的现状，并为调查问卷的设计提供思路和方向。访谈内容如下：

（1）您在平时的教学过程中是否有应用人工智能辅助教学？如果有您一般会在什么环节使用？

教师1：我在教学过程中经常使用，特别是在课后留作业时应用，可以全面地评价学生对知识的掌握程度。

教师2：我经常使用，当学生注意力不集中时，会通过希沃白板随机抽选一名学生回答问题；有时还会制作课堂答题小游戏，吸引学生注意力。

教师3：有时候会使用，在绘制一些模型时，会使用智能软件中模型，使绘制的物理

---

① 黄小红.智能手机在中学物理实验中的应用研究[D].长沙：湖南师范大学，2021.

模型更规范。

教师4：偶尔会使用，有一些实验在课堂上不易操作，我会采用仿真实验与学生一起进行实验，不仅利于分析实验现象并将学生带入实验中，而且还便于学生观察现象，明确实验步骤。

教师5：我在教学过程中基本不使用。

（2）您认为应用人工智能的线上授课有什么优势？

教师1：我认为人工智能辅助线上教学可以帮助教师完成一些烦琐的工作，可以及时了解学生学习情况并反馈给家长，实现家长和学校实时联系。

教师2：我认为有利于课堂教学的互动，线上知识答题的小游戏和在线评价可以促进学生做得更好。但在使用时需要重点关注以下三点：①师生互动环节采用什么样的互动方式。②互动环节的时间分配。③课后采用什么方式对学生掌握知识的情况进行检测。

教师3：我认为可以使学生更好地吸收接纳知识，使教学过程更加立体。

教师4：我认为能够让学生更直观地感受某些物理现象与物理过程。

教师5：我对于线上教学的软件不太会使用，所以在线上教学时多采用手写板书授课。

（3）您对在物理课堂上应用人工智能教学有什么看法或者建议？

教师1：建议在应用人工智能辅助教学时侧重于课后服务环节，对课上教学过程中可以适当应用人工智能，但最好不要过于依赖，课堂教学还应该以教师讲授为主，这样既能让学生在课后感受到科技对学习生活的利处，也能在课堂上感受到听课学习的快乐。

教师2：我认为引入多元化的教学资源会让物理教学充满活力，随着科技的进步，教学也应紧跟时代发展的潮流。学生作为国家发展的新生力量，他们可以快速地接受新鲜事物，教师不应该将教学停留在只有黑板和粉笔的传统课堂教学，应尽可能地将现在流行的人工智能技术带到课堂中。

教师3：我认为教师应适当加入一些创新素材，但要掌握好使用时机，是用于课堂引入，还是对知识的深化，都要提前做好安排，这对教师的教学也是一种考验。

教师4：目前资源库还需要健全，教师也需要筛选适合这节课的资源，但是不可否认人工智能对物理教学有很大的帮助，人工智能的加入会使课堂更富有活力，为枯燥的物理学习添上一抹色彩，有时候会收到意想不到的效果。

教师5：年轻教师具有创新精神，但要注意引入新的教学手段是为了促进学生对知识的理解，提高学生学习成绩，要能够帮助学生形成良好的知识脉络，引导学生乐于学习，如何学习，要关注使用的有效性、适度性，人工智能仅仅是教学手段创新的工具，要避免滥用，注重师生互动，结合传统方式，切勿本末倒置。

通过以上对教师的访谈进行分析，对人工智能应用于教学总结了以下几点：

首先，在人工智能辅助教学方面，在教学中不同的时间节点上应用人工智能，会起到不同的效果。当学生注意力不集中时应用，会调动学生学习积极性，引起学生对学习内容的关注；在绘制物理模型时应用，即使模型画的形象立体又节省时间，提高教学效率；在讲解实验时应用，能将不易操作的实验清楚明了地展现在学生眼前；在课后作业中应用，会精准评测学生对各个知识点的掌握程度，找到学生知识的薄弱处。

其次，在应用人工智能线上授课方面，教师会利用它活跃课堂气氛，向学生展示直观的物理现象。还可以帮助教师收集分析学生的学习情况，提高教学效率。

最后，在应用人工智能的建议方面，教师们都认为人工智能对物理教学有帮助，但是不能过度依赖，要掌握好方式方法，更要取其精华去其糟粕。

（二）调查问卷的发放与回收

理论和实践相辅相成，为了获得足够数量的关于人工智能在高中物理教学中应用中真实的数据，作者参考了大量的文献资料，并根据实际情况，进行一系列问卷调查，作者主要以所在学校的学生为研究对象，并发放问卷。

作者共发放207份调查问卷，成功收回207份问卷，回收率为100%。它对作者的研究工作起到很大的推动作用。

（三）调查问卷的整理与分析

1.信度分析

本书采用可靠性试验方法，对试验结果进行可靠性验证，并对试验结果的可靠性进行评定。采用的方法是克隆巴赫系数法，克隆巴赫系数达到0.6以上说明问卷具有可靠性，且数值越大表示可靠性越好。作者将207份问卷的数据用SPSS24.0进行标注化处理，再将整体问卷分为学生对人工智能的接受程度、应用人工智能的教学优势、人工智能对学生的帮助、教学可行性四个维度，然后进行信度分析，得出整体问卷及各维度的信度系数。

作者对本次问卷在四个维度上进行信度分析，各个维度的信度值分别为0.907、0.845、0.863、0.898，均大于0.6，说明各个维度的信度良好。问卷整体的信度值为0.937，满足大于0.6的基本标准，说明本次问卷中的量表单选题信度良好，可以作为本次研究的实践依据。

2.效度分析

效度所测量出的结果与所要测量的内容越吻合说明效度就越高，反之则效度越低。在SPSS中检验结构效度主要是通过因子分析实现，利用KMO和Bartlett球度检验。在测量的结果中，一般认为KMO的值在0.7以上则比较适合做因子分析，0.6到0.7之间是可以接受的，当值小于0.5时表明很不适合做因子分析。Bartlett球度检验是用来检验数据的分部，变量之间是否独立，通常观察检验结果中的显著性。一般当显著性水平数值小于0.05时，则认为变量之间有显著的相关性，适合做因子分析，反之为不适合。量表总体KMO值为0.936，各个维度的KMO值均在0.8左右，都大于0.7，数值较高，表明各变量相关性较好。各维度累计方差百分比都大于50%，因子负荷量为优秀，Bartlett球形检验得出的显著性水平为0.000<0.05，说明本书选取的量表总体效度很好，可以进行因子分析。

3.相关性分析

利用相关分析学生对人工智能的接受程度与应用人工智能的教学优势，使用皮尔逊相关系数表示二者相关关系的强弱。具体分析如下：

第一，学生对人工智能的接受程度与应用人工智能的教学优势相关系数值为0.731，并且呈现出0.01水平的显著性，因而说明这两项具有显著的正相关。这说明，学生对人工智能平台的接受程度影响应用人工智能的教学优势。因此，要想让学生更好地通过物理人工智能平台获得优势，就需要提高学生的接受程度。

第二，学生对人工智能的接受程度与人工智能对学生的帮助的相关系数值为0.768，并且呈现出0.01水平的显著性，因而说明这两项具有显著的正相关。这说明，学生对人工智能的接受程度影响人工智能对学生的帮助。因此，要想让学生在物理学习中获得更多的帮助，就需要让更多的学生提高对于人工智能平台的接受程度。

第三，学生对人工智能的接受程度与教学可行性相关系数值为0.745，并且呈现出0.01水平的显著性，因而说明学生对人工智能的接受程度与教学的可行性存在显著的正相关。这说明，学生对人工智能的接受程度影响教学可行性。因此，可以说明学生在物理学习中对于人工智能的接受程度越高，教师在教学过程中使用AI技术平台的可行性更佳，教师可以更多地在课堂中使用到AI技术来开展教学与课后交流。

第四，应用人工智能的教学优势与人工智能对学生的帮助相关系数值为0.815，并且呈现出0.01水平的显著性，因而说明这两项存在显著的正相关。这说明，应用人工智能的教学优势和人工智能对学生的帮助呈现同向变化，也可以说通过人工智能平台的使用学生既可以提高学业成绩，也可以提高个人的创新能力及物理素养。

第五，应用人工智能的教学优势与教学可行性相关系数值为0.677，并且呈现出0.01水平的显著性，因而说明这两项具有显著的正相关。这说明，课堂上使用人工智能平台进行物理教学程度越高，学生在课后也会更多地使用人工智能平台进行学习和交流，对学生的学业成绩提升也会有很大的帮助。

第六，人工智能对学生的帮助与教学可行性相关系数值为0.752，并且呈现出0.01水平的显著性，因而说明这两项存在显著的正相关。这说明，人工智能对学生的帮助影响教学的可行性。因此，教师通过在教学过程中加入人工智能的教学方式和学习方式，可以使得学生在课后通过智能平台进一步巩固所学知识，加强学生和教师、同学间的交流，以获得更好的物理学业成绩。

4.描述性问题分析

问题1：我喜欢人工智能辅助的高中物理学习方式，共有62.5%的同学选择"完全符合"和"符合"，说明大多数同学喜欢人工智能辅助的高中物理学习方式。结合问题2和问题3可以发现，大多数学生喜欢通过智能平台完成课前预习和在线作业，并喜欢课后进行自我学习；结合问题4和问题5可知，多数同学会认真完成老师线上布置的预习学案，并标注好预习遇到的问题并且近一半的同学会主动使用智能软件学习物理知识。由这五道题可以说明大多数学生可以接受将人工智能应用于物理教学，在物理学习中喜欢通过智能平台进行物理知识的学习，但就个人主动使用智能平台缺乏一定的主动性，目前个人使用的范围不广泛。

从问题6：人工智能能辅助学习，和问题7：人工智能有利于开阔视野，可以发现，大多数同学认可人工智能在促进学生个性发展、培养创新能力、开阔视野和提升物理素养等方面的优势。结合问题8：人工智能可以实施课堂多维评价，分析60%左右的同学选择"完全符合"和"符合"，说明大多数同学通过智能平台得到的评价更加客观和多维度。结合问题9：利用人工智能仿真实验操作有利于观察实验的细节，和问题10：交互式智能软件可以打造课堂智能小游戏，提升课堂趣味性，可以看出，60%左右的学生认可仿真实验和课堂互动游戏，进而提高学习兴趣。结合问题11：人工智能有利于个性化的题库建设，可以看出，近70%的同学认为人工智能学习平台有建设个性化错题库的优势，说明学生希望智能平台可以找出自己知识点的薄弱处。因此，教师在教学过程中加入人工智能智对学生具有一定优势。

在问题13：在人工智能有助于巩固所学知识中，36.83%的同学选择选项"完全符合"，但是仍有10.82%的同学选择选项"不符合"和3.88%的同学选择"完全不符合"，这说明虽然大部分同学认同在物理学习中人工智能对练习和巩固所学知识有帮助，但是还有少部分同学没有意识到这一点。问题14：人工智能辅助的物理课堂有助于我与老师、同学们的互动交流，选择"完全符合"人数最多，占比为35.42%。结合问题15：通过人工智能有助于我获得更好的成绩，和问题16：在课堂上使用人工智能有助于提高注意力，作者发现，大约50%的学生经过人工智能辅助的物理学习会有更好的成绩并在课堂上注意力更集中。所以，教师可以在课堂上适时地使用人工智能帮助学生提升学习效率。因此，作者相信人工智能的加入会对学生有所帮助，会使课堂更富有活力，为枯燥的物理学习添上一抹色彩，达到意想不到的效果。

问题17：人工智能平台的学习数据能精准反映我的学习情况中，26.34%的同学选择"完全符合"和40.39%的同学选择"符合"，说明大多数同学认为在使用人工智能平台学习时可以了解自己的学习情况。问题18：老师在物理课堂教学中会融入人工智能的方式，对于这一问题有大约65%的老师会在课堂上适当地加入人工智能，也间接说明并不是每一节课都可以融入人工智能的方式。从最后一道题中可以发现超过一半的同学愿意采用人工智能的学习模式。通过这项调查为人工智能在物理课堂上应用的可行性提供重要的依据。

综上所述，我们可以认为人工智能应用于物理教学有利于学生学习其中的课件库，教师在备课时可以参考许多优秀教师的课件，为学习者提供高效的学习平台；如课堂互动环节可以及时地了解学生的学习情况，为学生提供具有针对性的学习建议，提高教学效果，帮助教师有针对性地调整教学。智能化生成的数据分析可减轻教师负担，提高教师教学效率，还可在创新教学方法上投入更多的精力，建立高质量的教学课程，激发学生的创造力，培养时代需要的创新型人才。

第二节　人工智能在物理教学中的设计

一、人工智能物理教学设计依据

（一）以学习理论为教学设计依据

学习理论是多种多样的，它对我国中小学课程改革有深远影响，并且是教学设计的依据之一。在信息化、智能化的教育背景下，人工智能与学习理论整合是高中物理教学的发展趋势。例如，建构主义学习理论认为学习是学生建立自己的思维，结合自己已有的经验和认知收获建构新知识，而教师将人工智能应用到高中物理课堂上，使教学内容丰富，课堂氛围有感染力，同时能够为学生提供个性化学习资源，为学生的知识建构和学习提供有效支撑。因此，学习理论与人工智能相辅相成，以学习理论为指导，运用人工智能辅助教学，会设计出更适合学生的教学设计。

（二）以教学目标为教学设计依据

教学设计包括教学目标、教学过程和教学评价，其中教学目标是教学设计的核心。在本研究中，教学目标是指教师期望通过教学活动所能实现的状态，是课堂教学的结果，也是教学设计的起点，更为教师进行教学设计指明方向，为学生的课前预习提供了依据，充分调动学生学习的积极性。同时，人工智能中大数据分析，使教师教学过程中可以较为准确地分析出学生是否达到预期教学目标，进而对教学设计做出相应的改进。此外，教学目标也对评价课堂教学质量具有关键意义。从宏观上看，新课程理念、课程标准等因素是教学目标的依据；从微观上看，学生的差异性、课堂教学环境等因素，也是教学目标的关键。所以，教师在教学活动中就必须要确定好课堂教学目标，而教学目标确定的关键便是要设计好教学设计、正确选择教学方式。[①]

二、智能技术支持下高中物理智慧教学模式构建思路

（一）高中物理智慧教学模式构建总体思路

从内涵来看，教学模式是基于一定的指导思想，围绕教学活动的某一特定主题，形成理论化、系统化和相对稳定的教学范型。从外延来看，教学模式是教学设计方法的高级形态，是教学设计的高度抽象概括所形成的规律，可称之为教学设计的一个模板。由于教学模式受教学目标、教学内容、理论依据等因素影响，因此，教学模式并非万能的，并不能适用于所有的学科以及所有的学生群体。

教学模式是教学活动程序化与规律化抽象出的一个模式，其实质是一个教学活动框架，也可称为一个规范化、规律化的教学活动流程。高中物理智慧教学模式是在智能技术支撑条件下所构建出来的教学模式，它是课堂教学模式的一种高级形态，因此智能技术支持下的高中物理智慧教学模式的构成要素与一般课堂教学模式的构成要素的类别一致，包含教学内容与目标导向、理论依据、实施条件、教学流程、教学评价五部分，但是每部分的内涵发生了不同程度的改变。本研究中，高中物理教学模式构建的目标导向是解决创新性思维能力培养、系统性思维能力培养和学生个性化学习的问题。理论依据不仅影响高中物理教学活动安排与流程，还影响教学模式的任务设计、路径选择、支撑工具和支撑手段。

教学内容、学情分析、目标导向是构建智能技术支持下高中物理智慧教学模式的基础，基于教学内容确立目标导向，充分考虑学情分析、教学理论、学习环境和条件与学习评价，这些影响要素共同聚焦高中物理的学习路径与方法，最终教学模式体现在教学流程上，还包括学习方法中学生如何学，即活动流程与实施方法，这是教学模式构建的一个总体思路。所形成的活动流程与实施方法只是确立了教学模式原型，还不能够生成模式，因此，对所形成的教学模式原型开展实证迭代，进行教学模式改进。通过四轮"实证—模式改进"，最终形成高中物理智慧教学模式，同时输出高中物理教学模式，以及支撑资源、

---

① 黄小红. 智能手机在中学物理实验中的应用研究 [D]. 长沙：湖南师范大学，2021

支撑工具与案例。高中物理智慧教学模式构建完成后，不仅要应用，还需要不断迭代提升。那么，它就需要资源不断地进化，需要支撑工具为其提供智能化的支持，只有这样才能够保证高中物理智慧教学模式越来越好用。针对现在的高中物理教学模式，它仅仅是一个流程式的，是理论方法层面的模式，缺少有效的支撑手段，而这种支撑手段又直接决定了高中物理教学模式的好与坏。

高中物理智慧教学模式的实施应满足三个方面：

第一，高中物理智慧教学模式需满足高中物理学科内容本身的需要。

第二，高中物理智慧教学模式需要有效的支撑资源，而这个有效支撑资源又离不开一些特别关键性的资源，即物理学科支撑工具。有效的支撑资源与工具能够针对教学中的不同环节，有针对性地支持学生活动和教师活动，并不断地进化和改进，依托智能终端设备为智慧教学模式提供有效支持。

第三，需要智能终端设备。智能终端设备能够为学生提供一些最基本的服务，如考勤、活跃程度、学生交互、学生讨论等，该学习终端还能够采集大数据，为学生提供评价工具。它能够支撑整个教学模式的运行，而学生也可以利用智能终端设备获取所需的工具和资源。

（二）高中物理教学模式构成要素分析

1.教学内容与目标导向

不同的教学内容，它的目标导向是不一样的，不同的教学内容决定了教学流程或者一些能力能不能形成、素养能不能实现，所以要以此为依据去确定流程和教学实施方法，如牛顿第一定律包含着力、惯性和参考系这些极富成果的科学概念，其目标导向就是让学生形成严谨的科学态度，领会牛顿第一定律的含义，那么在教学中就需要引导学生充分说明伽利略"理想实验"的实验基础和推理过程，展示伽利略斜面理想实验的猜想依据、推断结果这一思维过程，通过教学让学生明确运动和力的关系，加深对力、惯性、质量等基本概念的理解。而感应电流的产生条件是最适合探究的。

针对教学内容中疑难知识的学习，教师缺乏让每一个学生都能够理解知识的手段。常规条件下，教师通过讲授灌输的手段向学生讲解疑难知识，当教师没有将难点讲透时，往往利用题海战术的方式，让学生不断地大量做题训练，机械记忆疑难知识，这就是教师传统的教学模式。教师往往通过讲授灌输的手段尽可能为学生讲明白，如果学生仍出现不会的情况，就采用反复讲授与训练的教学模式，这种模式缺乏有效帮助学生理解的手段。传统教学模式中，针对教学内容所采用的学习方式，通常表现为当知识抽象不好理解时，学生依靠想象与不断地练习，通过机械、强化的手段学习疑难知识，一遇到相关的题型就机械地套用。

任何教学模式都是根据某一类型教学内容和相应的教学目标而设计的，教学目标的达成需要有与之相应的教学活动安排和实施方法。不同教学目标间的教学活动安排和实施方法会存在着一定的差别，因此，教学目标导向直接影响着教学模式的构建，它是教学模式构建的逻辑起点，同时也是教学效果评价的重要标尺。

目前，教师们的教学理念存在差异，有的教师要求学生学会知识并会做题，这是一种理念；而有的教师要求学生在学会知识会做题的同时，还能够有创新思维能力，这是另一种教学理念。这两种教学理念的目标导向是不一样的。那么，教师在要求学生学会创新的同时，还希望学生能够综合系统地解决问题，而不仅仅是单点创新，这便形成了能力。目标导向中包括系统解决问题能力和创新思维能力，而它们两者也直接影响教学模式的构成与安排。

在常规条件下，有很多以课程为载体培养学生思维能力，特别是创新性思维能力和系统思维能力的目标，由于缺乏必要的实施环境而无法实现，在教学模式构建时大多数教学设计并未将这些能力纳入教学目标设计中，所构建的教学模式对人才培养而言并不是最佳的。人工智能、大数据、"互联网+"、AR/VR等智能技术，为教师教和学生学提供了全新的支撑手段，使得课堂教学有机会、有条件突破常规条件下难以解决的人才培养瓶颈性问题。因此，在智能技术支持下的高中物理教学模式构建，不能简单地沿用常规条件下所确定的教学目标，应将创新性思维能力培养和系统性思维能力培养纳入教学目标中，作为重点目标来统筹安排，通过教学目标的调整和优化，真正实现立德树人，培养新时代社会发展需要的高素质人才。

2.教学流程

传统教学模式的教学流程中，教师对学生的指导、讲解和帮助是线性不可逆的，教师无法让每一个学生都得到个性化满意的指导。而且，在此教学流程中，不仅教师是不可逆的，多教师同时授课也是无法现实的。传统教学模式的教学流程中，体现出来的教师角色是单一的，而此教学流程也是不可能满足每一个学生需要的。

任何教学模式都具有其特定的教学步骤安排和实施方法，教学流程则是指所有教学步骤的实施顺序。在教学过程中教师要利用智慧平台的大数据，分析学生个性特征、学习偏好以及学习基础等，得到学生当前的知识水平和学习情况，善于结合学生的实际情况，创造性地设计教学流程，发挥教学智慧。然而，在常规课堂教学中，由于学生的总体学习情况很难实时精准获取，大多数教师会按照既定的教学流程开展教学活动，所确定的教学流程一般情况下是不会做调整的，这就导致课堂教学效果很难达到最优状况。

因此，智能技术支持下的高中物理教学模式所确定的教学流程，应能够根据课堂教学学生总体情况做实时调整，使得教学流程能够最大限度地与班级所有学生的实际情况相吻合，班级群体学生受益最大化。要想实现这样的目标，除了应用智能技术手段外，比较切实可行的做法是能够根据群体学生的实际情况，梳理总结出每类教学内容可能的多种教与学路径，在此基础上，对教学流程做动态调整和优化。

3.实施条件

不同的教学活动安排和所采取的教学方法对实施条件的需要是不同的，在常规课堂教学中，所能选择的教学手段和条件是十分有限的。学生只能在简单的问题上进行探究。有些探究教学活动，即便在教学模式中安排了探究的活动设计，由于缺乏工具和条件，教师通常取消探究步骤，学生也就无法进行探究活动。因此，工具直接影响着教学模式的构建与实施情况，缺少工具和条件，教学活动就无法变成可执行、可实施的教学流程，也无法设计及凝练出相应的教学模式。

针对无法进行完整探究的原因，第一，缺乏有效的探究环境。第二，学生缺少个性化指导。当学生在某一步骤探究不明白的时候，需要有教师指导，而教师无法分身对每一个人同时进行指导。第三，传统评价探究的方式是否正确。因此，教学中很少安排探究，只有针对那些简单的问题、不太需要条件支持的问题以及评价起来容易的问题，教师才会开展探究。在没有信息技术手段的支撑下，教师和学生能够使用的手段基本是书本、黑板、粉笔和实验设备等，学生所拥有的学习资源有限，除了书本之外，只有参考书。对于拓展性的知识或与之相关联的知识，学生很难及时获得，甚至无法获得，这就导致了学生"囫囵吞枣"式摄取知识内容。由于缺乏有效学习资源，教学就变成了结果记忆。多媒体教学设备普及后，课堂教学中教师的讲解有了新的手段支撑，学生回答问题可以利用多媒体设备来完成。但是，学生没有个性化学习终端，无法做到个性化获取学习资源，无法开展实时精准的评测，教学的动态优化和规模化课堂下的个性化学习难以落实。

智能技术支持下的高中物理教学模式倡导自主、合作、探究以及混合式学习，因此智能技术支持下的高中物理教学模式的实施条件应能提供支持学生获取高质量学习资源，动态采集教与学数据，支撑教师及时发现课堂教学问题，支持师生交互、生生互动等的智能终端和系统。通过智能化实施条件的提供，为教师动态优化课堂教学活动、改进教学方法，为学生深度理解与运用知识、开展探究学习活动提供有效支撑。

4.教学评价

传统教学模式中的教学评价，主要评价教师在教学设计中的教学流程和教学模式。而评价方式只能通过抽查式的手段进行，如教师课堂提问，教师做不到实时精准地分析每一个学生的情况。由于缺少条件和手段，只能通过提问的方式，观察学生举手情况，然后粗略估算一下哪些学生会，哪些学生不会，但这里还存在另一个问题，即举手的学生也未必是正确的，那么，教学评价本身就无法做到动态精准。

目前，教师虽然提出教学模式是以学生为出发点，在考虑学生的基础上构建的，但实际上教师没有真正动态去考虑学生的已有知识水平、认知水平、兴趣爱好。并且，无法看出教学活动安排是否真正适合于全体学生。因此，教学评价应综合考虑学生的个体情况。

　　教学评价是在教学目标的指导下，通过对教学过程中诸多要素分析评判，获取对教学过程和结果的评定，准确掌握学生学习情况，为教师改进教学和学生进一步完成学习活动提供依据，同时最大限度地激发学生学习动力。不同的教学目标导向和教学流程安排，其评价标准也不尽相同。在常规课堂教学中，由于条件和手段的限制，学习目标很难量化，教学评价仅局限于非实时的局部结果评价，对于教学过程中的方式方法和教学条件及资源的有效性评价更难以做到。

　　因此，在智能技术支持下的高中物理教学模式中，评价应朝着多元化方向发展。应着重解决学习目标量化、结果实时评价和教学方法与手段的有效性评价问题。应能够从知识掌握程度、问题解决能力和素养水平三个层面对学生的学习结果进行全面量化评价，应能够从教与学活动安排及实施，教学活动实施支撑工具与资源、支撑系统和智能终端等方面对所采用的教学方法与手段有效性进行全面评价。

（三）高中物理教学模式构建原则

　　构建智能技术支持下的高中物理教学模式应充分考虑条件支持，以智能技术与高中物理深度融合为原则，以高中物理教学创新为原则，侧重创新性与系统性思维能力培养的目标导向，侧重学生个性化学习，综合考虑学科特点与学生学习情况以及技术支撑条件来进行构建。

　　传统教学模式中，工具只是其构成要素中的一小点，并不是教学模式的核心。在常规条件下，教学条件是固定受限的，由于没有可供使用的工具和条件，工具没有可研究的价值，因此，传统教学模式研究中并没有把工具这一支撑条件作为教学模式的一个核心构成要素。目前，由于出现了互联网、大数据、人工智能，特别是AR/VR这些技术，而这些技术又是动态多变的，并且还没有完全成熟与定型。因此，就需要对支撑工具展开研究，支撑工具和手段直接决定着教学模式的结构，也直接影响着教学模式能否实现，没有支撑工具就无法进行教学模式的相关步骤，基于此，本文需要针对支撑工具这一关键构成要素展开重点研究。

　　构建高中物理智慧教学模式的关键条件之一就是支撑工具。支撑工具能够直接影响教学模式的流程。支撑工具应能够支持深度理解、问题综合能力形成、系统解决问题能力形成和复杂问题探究，因此，支撑工具主要包括资料集成工具、知识深度理解工具、问题探究工具，主要解决常规教学中普遍存在的抽象知识难讲解、微观现象难展示、探究活动缺乏必要环境、个性化教学内容构建困难，以及公式、符号、图形、图像、图表不易编辑等问题，通过改变知识呈现形态，构建资料集成环境、知识探究环境、知识体验环境、迭代训练环境、知识应用环境，便于知识理解与掌握、问题解决和迁移转化，实现知识学习由表及里、由点到面和体、由面对面到"互联网+"的深化与延展，为智慧教学模式的实施提供有效支撑。

构建高中物理智慧教学模式的另一个关键条件是需要动态优化的支撑资源。资源进化主要解决两方面的问题，一方面是当资源不再适合智慧教学模式的实施时，它就需要进行进化。另一方面，支撑工具作为最核心的资源，应不断进行进化和优化，这样才能更好地支持学生的学习活动和教师的教学活动，支持物理学科内容中的关键重难点。

资源进化是服务于高中物理智慧教学模式的，而高中物理智慧教学模式不一定能够适合每一位学生，当不同的学生采用同一个模式进行学习活动时，他们的学习进度仍然会出现差异。那么，当智慧教学模式落到每一个学生身上时，就涉及资源如何推送的问题。目前，物理学习资源类型丰富，种类繁多，海量的物理学习资源应按照智慧教学模式的需要进行重组和建序，在学生进行个性化学习的时候，为学生的物理学习提供有效支持，那么需要对其不断进化和改进，为学生推送最适合、匹配度最高的资源，更加符合每一位学生的学习需要。

构建智慧教学模式依托于智能终端设备的支持。智能终端设备是有效运用物联网、云计算、大数据、人工智能、VR/AR及虚拟仿真等新兴技术，对教室内的各种用户角色、各类设施设备、各项教学活动进行充分优化和改进，协助教师有效开展协作学习、个性化学习及探究学习等教学活动，提供智能化手段进行有效引导和辅助教学活动的系统化的支撑环境。

智能终端设备主要指电子书包、PAD智能终端、数字纸笔智能终端、VR/AR智能终端、全息影像远程互动终端等，它具备最基本的交互功能，能够支持学生与教师、学生与学生在新模式实施中的交互，并包含模式所需的学科工具和相关资源。智能终端设备能够支持资源和工具的使用，为学生提供可操作使用的环境，并能够将交互过程的完整数据智能记录下来，做好信息采集。

三、智能技术支持下高中物理教学模式构建方向

（一）从支持一般学习走向深度学习

1.创新领航学习

高中物理智慧教学模式致力于达成知识、思维和态度三方面的学习目标。与旧课标对比《义务教育课程方案和课程标准（2022年版）》侧重从知识能力目标最终走向思维目标。为落实如上三维学习目标，必须提供确保多元交互发生、维持全情投入的教学模式。这种教学模式强调任务、探究问题、技术支撑等要素。高中物理智慧教学模式要保障学习有效发生，增强学生学习投入的持久性，促进学习成果快速生成。

高中物理智慧学习目标具有基础性、挑战性和拓展性的特点，以目标为导向，思维领航学习目标，更好地提高学习目标的可操作性和外显性，指导物理学习过程，以构建高中物理高品质课堂，提高学习效果。思维领航学习目标为物理学习指明了方向，使物理学科核心素养具体化和外显化，推动高阶思维发展和学习的全情投入。

（1）知识理解深度的事实和认知行为

高中物理知识具有抽象性，且逻辑性也很强，高中物理知识的学习过程是螺旋上升的，学习者在物理知识的学习过程中，对于知识的内涵及其外延也总无法深度理解，物理公式的适用范围不明晰，规律的应用不明确等。

不同学习者认知水平各不相同，高中物理知识本身又存在很大的难度，学习者通常会出现不能充分解读问题信息的感知性错误。学习者的能力水平不足以独立解读问题的关键词，不能够挖掘出问题的隐含信息。认知能力水平不足导致了学习者无法充分理解甚至完全不能理解所遇到的问题，致使学习者无法完成物理过程的分析及物理模型的构建等。

高中物理与初中物理相比，物理公式、概念、定律等基础知识的难度加大，涉及的范围更广，知识理解深度也远大于初中。学习者普遍存在相似或相邻物理知识混淆的问题，教育者应着力辨析基础知识，加强学习者对基础知识的掌握和学习。教育者可以将综合性试题作为契机，引导学习者归纳总结零碎知识，生成概念图，建立完整的知识网络。这种认知结构有助于学习者灵活运用所学知识，并能准确辨析知识点间的关联性和差异性。

（2）思维学习（训练）显著度的事实和行为表现

高中物理逻辑性强，学习者常出现思维定式、不善联想、思维混乱等障碍，在解决问题的过程中还容易出现主观假设、思维不灵活、思维粗浅和思维惰性。这种思维性错误导致了学习者无法准确定位问题研究与解决的方向。

高中物理属于理科，其知识内容与数学思想和数学知识紧密结合，在解决物理问题的过程中，数学常作为解题工具被广泛应用。学习者需具备数学思维，才能够更好地解决物理问题。在高中物理的学习活动中，学习者常出现数学知识与物理知识混淆、运算能力差和知识迁移能力不足等数学性错误，导致了学习者不能够将所遇到的物理问题合理转化为适应的数学问题，不能够把握解题要素的关键。

物理科学思维是建立物理模型的关键，而物理模型的生成是解决疑难问题的关键。教师应将主动权交给学习者，注重学习者在物理学习活动中的体验和尝试过程，培养学习者模型意识，提高学习者建模能力，加强学习者学习体验，引导学习者将复杂问题转化为物理模型，自主解决物理难题。教师应利用技术手段向学习者呈现错误或片面的思维情况，增加学习者自主思考、生生辩论、师生探讨的时间，保证学习者在学习活动中思维的参与。教师应针对学习者思维偏差设计针对性强的问题，规避学习者错误认知，增加追问引导学习者更加严密、深入地思考，直到学习者能够正确理解该问题。在此基础上，为学习者提供变式训练，助力学习者物理高阶思维的发展。

物理教师应向学习者强化数学在物理学科中的重要地位，但也需提醒学习者不要简单地将物理公式数学化，加强数学能力的培养，帮助学生灵活运用数学能力解决不同物理情境中的问题。

（3）学习投入强度和持久性的梯度

学习者在物理学习活动中的行为习惯与其学习的持久性互相影响。在高中物理学习活动中，学习者常出现急于求成、表述混乱、浅尝辄止和缺少反思等不良的学习习惯。这种习惯性错误导致了学习者学习投入强度降低，同时也降低了解题的正确率。

在高中物理的学习过程中，学习持久性十分重要。心理因素是影响学习持久性的关键，良好的学习心理能够帮助学习者精准、迅速地解决物理疑难问题。而学习者在物理学习过程中常出现紧张焦虑、过度自信、畏难情绪、急躁慌乱、意志力薄弱和厌学心理。即便学习者具备足够的知识和解决问题的技能，这种心理性错误也能够导致其出现解题障碍。

教师应加强学习者反思意识的培养，强化规范解题，督促学习者形成良好的学习习惯。同时，教师应有针对性地给予不同情绪学习者适切的情感激励，磨炼学习者的意志品质，满足学习者的精神需要，增加学习者学习投入的强度，提高学习者物理学习持久性，帮助教学发挥最大限度的作用。

2.任务驱动学习

（1）学习成果类型

学习成果主要指学习者通过探究的过程完成实验，通过总结形成了相关的结论，量化出实验报告。实验报告包括学习者提出问题的过程、提出假设的过程、设计实验方案的过程，最终形成什么样的结论，得出什么样的规律。深度学习强调任务驱动的重要性，通过给学习者创设情境，助力学习者主动建构，进而生成认知成果；生成态度成果，生成思维成果。学习者在探究过程中设计了初步的实验方案，这就是认知成果。学习者通过与同伴的交流讨论，与同伴一起合作探究，形成了最终的实验方案，这就是思维成果。

认知成果即学习者能够深度理解知识内容的学习成果。态度成果即学习者能够全情学习投入的学习成果。思维成果即学习者能够独立完成分析、归纳概括的学习成果；生成独立完成评价、创造等综合程度高的学习成果。

（2）任务驱动学习成果生成方式

任务驱动学习成果生成受任务设计、资源工具、学习活动等因素影响。任务设计主要体现三个方面：首先，对于任务的精细化设计，具体表现为明晰工作任务与认知任务，实时记录它们的完成过程与成果，在此过程中始终以学习目标为导向，并将该任务驱动方式全程贯穿于学习活动中，完成过程与成果的设计应充分且适合学生；其次，对于任务完成的学习环节设计，所设计的学习环节必须适合任务的完成，并有利于思维与学习投入目标的达成；最后，对于任务完成的学习路径设计，根据学科特点，设计两种以上适合的任务完成路径，且符合目标达成和学生学习差异的需求。

选择完成任务所需的工具和资源。教学模式应包括任务或问题情境呈现、自选学习路径或差异化的学习路径需要的资源与工具、引导发现构想、探索体验的虚拟环境。学习活动序列连贯、完整，以任务驱动开始，工作任务和认知任务的成果生成为止，能够有效援助学生自主探究的学习过程，学生在任务驱动学习活动中能够获取自己的学习成果，与教师或其他参与者一起分享交流、反思评价自己的学习成果。

对任务驱动下的学习活动序列及活动程序进行设计。任务包括独立完成的任务和合作完成的任务。任务驱动的学习活动提供持续的内驱力，确保学习有效发生。任务驱动有利于促进学生以任务完成为结果导向，提出相关问题并生成独立思考的结果；能够促进学生全情投入探究学习过程，确保学习路径上各个节点知识的深度理解和思维的活跃；有利于学生充分利用混合技术环境完成个人独立或小组合作学习成果的整理、表达、分享与交流；能够推动学生科学评价自己与其他参与者的学习成果，并能够逻辑严谨、条理清晰地解释评价结论中获得的证据；充分运用学习评价量规功能，对学生学习活动开展全程引导，激励学生在物理课堂的高度投入，促进最佳物理课堂学习成果的生成。

3.技术赋能学习

技术赋能学习过程体现为四类学习活动序列，根据需要将四类学习活动序列重组构成达成特定学习目标的学习过程。技术浅层应用支持活动实施。假设教学方法思路没问题，只是缺少技术辅助手段，利用技术支持活动的实施。教学方式仍以讲授为主，利用VR/AR等技术支持学生的探究性学习。教学创新重构教学组织结构，促进学生探究性学习与个性化学习。

（1）技术赋能学习的优势分析

①虚拟仿真技术的优势分析

智慧教育更加重视核心培养，对高中物理内在知识的理解，对整体知识结构的把握，而重中之重的实验部分，智慧教育也提出了新的解决方案，进而使物理知识与实践更好地结合，而且对学生必须做的实验项目内容也有了具体规定，《义务教育课程方案和课程标准（2022年版）》侧重高中生体验性学习，主张学生在实验中经历、反应和领悟。通过记录学生实验过程中的感受与科学的态度，对实验结果做出判断和反应，形成科学严谨的态度和价值观，促进个性化发展。

实验教学有利于学习者物理观念的形成和物理模型思维的培养，增强主动交流和探究的意识，提高科学评估能力，培养学习者从多角度反思的批判精神。但实际教学中想要达到以上目标存在很多困难，常常出现实验条件不足，教师利用传统讲授方式向学生讲解实验的问题。随着时代的进步、科技的发展，很多高科技教育技术相继出现，为学习者提供功能各异的虚拟实验仪器，有效解决了常规教学中的"疑难杂症"，其优势显而易见。

第一，比较两种仪器的功能情况，虚拟实验仪器形式多样，可根据需求随时取用，不存在使用寿命问题，而传统实验仪器使用寿命有期限，多次使用会出现器件消耗，导致实验数据没有虚拟实验仪器的数据精准。

第二，很多实验器材价格高昂，经济条件不充足的地区很难购入足够的器材供教师与学习者使用，使得教师在实验教学时只能口头讲授，学习者也只能根据教师的口述在脑中假想整个实验操作的过程，很难理解物理实验。而现今的虚拟仿真技术能给教师和学生提供便捷精准的虚拟实验组件，教师和学生可以自己设计实验，自主选取需要的相关组件进行探究实验，并且虚拟仿真实验仪器成本低廉。

第三，传统实验仪器只能选取学校的实验室操作，空间受到制约，身边还有教师指导和监督，以防损坏实验器材，造成经济损失。而虚拟仿真实验可以在任何时间任何地点进行，只要计算机安装相关软件就能随时随地进行，系统相较于传统仪器更加开放灵活。

第四，传统器材不能连接其他电子设备，教师在向学习者展示实验过程时，只有前面的学习者能观察清楚，座位靠后的学习者观察不到实验现象，这就导致学习者学习物理的兴趣降低，课堂参与度也会降低，进而影响学习效率。但是，利用虚拟仿真技术进行物理实验，能够随时连接投影仪和计算机，利用大屏幕向全体学习者演示实验过程，便于每一位学习者清晰观察和感受实验现象与过程。

在实际教学中已经渗透了很多虚拟仿真技术，虚拟仿真技术是信息化教学的重要工具之一，也是一线教师使用越来越多的教学工具之一。虚拟仿真技术能将不易观察的抽象的真实实验浓缩到生动形象的物理动画演示里，方便师生开展各种物理实验，能够提升物理教学效果。高中物理实验教学采用虚拟仿真技术能够完成常规实验室无法操作的实验，比如危险性极高的实验、需要很长周期形成相关反应的实验、操作复杂且难度很大的实验、反应过程不受控制的实验等。利用技术进行实验教学增加学生的体验性和趣味性，有利于学生实时互动，激发学生自主进行实验的动机和探索物理的兴趣，还能促进物理模型思维的构建，培养学生独特的实践能力。同时，也给物理课堂增添了趣味，破解了常规实验室完成不了某些特殊实验的难题，实验教学变得灵活多样，形式丰富，突破常规实验遇到的各种难题，不再依赖客观条件，不再需要顾虑是否会污染环境，设备是否充足，实验是否危险等问题，利用技术进行实验教学能满足课堂的各种需求，降低实验成本和器材损耗，可高效循环使用提升实验教学的效果。

②互联网+技术的优势分析

目前互联网在各领域的应用十分广泛，互联网+教育已成为当今教育者们的热门话题。互联网的优势数不胜数，较突出的优势则是其交互能力强，使用起来方便又快捷，拥有海量的资源。互联网+技术与教育相结合，能极大满足相关教育者的需求，能为学习者提供优质的教学资源，方便教学工作者设计和开发教学活动，利用互联网+技术进行教学，便于相关教育者对教学情况的管理与评价。新技术的推出促进学习者学习方式的变革，使教育发生了实质性的改变。

互联网+技术应用于高中物理，能够实现学习者随时随地根据自己需求，选取想学习的内容或课程。而从教师教学方面来看，教师采用互联网+技术能够远程管理和获取学习者的物理学习情况以及学科学习能力，有针对性地适时或非适时地对学习者进行指导，物理教学不再受限于课堂短短的几十分钟，教学方式灵活多样化，更好地体现出学习者在高中物理学习中的主体性与主动性，提高了高中物理的教学效果。互联网+技术能够为高中物理的教与学提供有力支持，给教育者和学习者提供巨大的物理数据资源库，使用者能够利用E-mail、博客、BBS论坛、微信等网络工具，或者使用物理移动学习平台随时交流讨论自己感兴趣的问题，教师与学习者可以实时双向互动，解答疑难问题，学习者能够线上完成相关学习任务、物理作业、物理考试测验等，拓宽物理知识面与深度，促进物理学科交互式学习。高中物理采用互联网+技术使教学模式多样化，学习者可以根据自己的需求自主学习、深入探讨、实践分析等，增强师生间的互动以及学习者学习物理的主动性，进而提高学生创造力和活力，不断提高学习质量。

在高中物理学习中，采用互联网+技术开展物理教学，可以帮助教师根据个人需求制作符合教学目标的生动多样化的物理教学课件辅助教学，通过文字呈现、录制声音、实验图表、物理视频、演示动画等多种形式给学习者展示学习内容，直观地为学习者呈现数据或生活中看不到的情景。教师可以系统地实时记录和存储每一位学习者的数据，掌握学习者的物理学习过程、各阶段学习情况和学科测评结果，物理教学系统能够根据已获取的个人物理学习的能力和情况，针对不同的学习者提供适合的个性化学习内容和建议，指导教师的教学设计和活动方案等，为实现教师个性化教学和学习者智慧学习提供了切实有效的支撑条件。同时，互联网+技术使物理学习方式由传统单一变得灵活多样，而且学习者可选择的学习资源和教学内容也非常丰富，学生之间可以分享交流优质的物理课程资源，获取大量物理课程内容。互联网+技术还能将学生对疑难问题的解答共享给其他有同样困难的学生，能及时给予其他学生帮助，学生通过创造、共享知识，加深自身对物理知识的理解，促进自身个性化发展。

（二）从零散知识为线索走向学科图谱的数据采集

智慧教学模式支撑资源是指数字化学习资源的设计与利用以支持智慧学习活动的有效开展为价值取向，以丰富性、共享性、交互性、进化与可再生性等功能特征为设计追求，以发展学习者的高阶思维、提高学习者的智慧为终极目标。学科图谱是课程学习的目标，也是评测教师教学和学习者学习情况的量化依据，本节旨在解析学科图谱，揭示学科图谱的构建价值、内涵和构建过程。

1.学科图谱价值分析

学科图谱是一种以知识簇为节点，以问题为线索，以能力培养为目标，将问题解决或任务完成可能的方法有序组织，将所涉及的知识与方法相关联，通过问题解决和任务完成评测学科能力。学科图谱包括知识图谱、能力图谱和核心问题集三部分。学科图谱是构建教学模式的重要因素，是测量学生课程学习质量水平、评价学科素养体系形成程度的重要参照，也是教学套件和学习路网建构的基础。本节聚焦学科图谱价值分析、学科图谱解析和高中物理知识图谱举例三方面，依据知识图谱为线索构建资源，从零散知识的资源走向系统的资源，使资源更具有针对性、更加体系化、更加完备，集中解决资源建设零散不成体系的问题。学科图谱的构建价值主要包括以下两方面：

一方面，学科图谱通过揭示课程学习目标，成为评测教师教学和学生学习情况的量化依据。衡量教学与学习效果的好与坏，应主要依据学生物质观念、能量观念、科学思维与探究、科学态度等核心素养达到的水平。结合核心素养构建全面的量化指标体系，给学生提供能够检测出能力水平的问题或任务，通过学科问题求解和任务的完成情况来评定学生的实际能力水平。

另一方面，学科图谱是构建和优化学习路网资源和教学套件资源的基础，是教师进行教学路径设计和学习路径设计的支持和保障。以学科图谱为基础，设计理性的教学路径和学习路径，以构建打通学习路径的路网资源和打通教学路径的套件资源；以学科图谱为基础，采集教与学的过程和结果数据，以此建立学生知识和能力体系画像，以共性特征为基准，提升和优化学习路网资源和教学套件资源。

由以上分析可知，学科图谱的完整度和精准程度直接决定着教学与学习路径选择的有效性。

2.学科图谱类型解析

知识图谱主要分为信息资源管理领域用于文献分析的科学知识图谱和计算机科学领域描述实体之间语义关系的"知识图谱"两大类，相关研究成果集中在知识结构和知识可视化两个方面：①知识结构的研究重点为本体技术，以此来规范学科知识结构。②知识可视化是以图示的方式对抽象的内部结构进行处理。③将知识可视化的形式划分为知识地图、示意图、连续性图表、离散性图表等九类。

四、人工智能在高中物理教学中的设计策略

（一）创设物理情境，激发学习兴趣

兴趣是学生积极学习的原因之一，是培养学生学习积极性中最真实，最活跃的心理成分。当学生对掌握知识产生浓厚的兴趣，兴趣会促使他积累知识，深入钻研知识。由此可见，具有浓厚的学习兴趣是学生真正投入到学习、喜欢上学习并掌握知识的重要前提。所以，教师在实际教学活动中，就常常运用各种途径创造与课堂内容有关的，能够使学生觉得新奇、有趣的物理教学情境，使学生达到"求通而未得"的心情，产生强烈的探究意识，激发学生的学习兴趣从而参与到课堂当中。

此外，美国教育学家杜威曾说："教育的艺术就在于能够创设恰当的情景"。而如何开设一堂课，设计生动的课堂教学情境，激发学生的学习欲望，这是每个教师都必须思考与选择的问题，同时这也已经被多数专家学者所研究。情境之于知识，犹如汤之于盐。将知识渗透到实际情境当中，就具有生命力，学习者也就更容易接受。而物理是一门自然学科，恰好又是和日常生活密切相关，具有高度使用价值的学科，所以教师更加要利用这一优势。在物理学中，实验的重要性毋庸置疑，但并不是所有的实验都可以实际操作，有的时候教师只能"讲"实验，但学生会觉得太抽象难以理解。对于这部分实验，教师就可以利用人工智能进行物理仿真实验，创设物理实验情境，增强课堂趣味性。例如，在讲授"光的干涉"时，由于光学实验在实际中操作难度较大，并且在教室里由于条件的限制实验效果并不是特别明显，这时候教师就可以借助Matlab的GUI系统实现人机交互，借助多媒体在大屏幕上直观清晰地为学生演示光的干涉现象。教师只需更改实验参数，然后在右侧的操作演示部分点击干涉条纹或者光强分布，就可以得到干涉条纹或光强分布的图像。不但使抽象的物理知识可视化，还让学生的抽象思维能力得到提升，使学生对物理产生浓厚的兴趣，提高学生学习成绩。

在信息技术的飞速发展下，物理课堂的教学内容日益多样化，教师可以通过各种形式的智能软件进行教学，并运用AI技术、图像和视频等多种手段来构建教学环境。但在实际教学当中，教师应根据具体的教学条件，灵活选择合适的方法，调动课堂气氛，切忌教学情境空洞，脱离"表面性"的教学环境。

（二）注重学习过程，发展创新思维

注重学生学习的结果而忽视学生的学习过程，这是在传统物理课堂教学中的存在的一个弊端。在我国传统教学中，教师只注意了解和考察学生对所有基础知识掌握的程度以及所学基础知识获得的结论是否正确和可靠，缺失对于学生进行整体综合性学习活动过程挖掘，从而无意识地限制学生的学习能力。这种只是注重结果的教育行为造成一部分学生

在实际教育中对于物理的基本认识和理解并不全面，似懂非晓，容易出现碰到类似物理题还是不会的现象，降低一部分学生对物理知识的掌握质量和做题效率。有时教师更多地是喜欢直接告诉学生一个结论，或者只是将自己的解题方法和思路直接告诉给学生，并且要求学生立马掌握这种解决方法，应用这种解决方法解决此类型题，这种方法可能会直接引起学生出现严重的"消化不良"，加重学生的心理和学习负荷，还不利于教师培养和提高学生的创新性思维。 要为学生创造更适宜的教学环境，激发学生的创新意识，使更多具有无限创意和潜力的的学生"冒"出来。教师通过人工智能的应用为教学思想带来变革，优化教学方式，促进教学创新，让教师认识到物理教学不再是简单的以讲授法、演示法进行的教学活动。教师引导学生合理使用自主学习方法，重视学生学习和练习过程，摒弃传统"讲与练"的单一陈旧教学模式，使学生由被动的知识接受者变成教学活动的积极设计者和参与者，从而充分调动学生学习主动性，以满足不同阶段、不同兴趣、不同需求的学生需求;合理丰富自主学习的内容，也就是使学习内容最大限度地丰富，但又不再局限于单纯的基础知识教学方式，而是根据需要融入各种知识教学形态，为学习者创造一个立体的、丰富多彩的学习内容空间，让学生在学习过程中，逐渐增加自己知识量，进而提高创性能力和思维能力。

美国心理学家布鲁纳的发现学习理论注重在知识结构的掌握基础上进行探究和分析，因此更加强调的是学习过程。通过对学习知识过程的注重，则可以改变学生固有的追求结果的想法，从而将自己的注意力转移到学习过程中。而应用人工智能的物理课堂上，则恰恰可以让学生注重学习的过程，注重学生对于知识的迁移，帮助学生在原有知识的基础上进行发散，最大程度地让学生学会搜集、整理、分析知识，从而解决更有难度的知识点进而更好地理解知识，发散学生的思维。所以，教师在物理课堂的教学过程中，就需要将知识点系统化，呈现学生掌握新知识的思维过程，使学生利用认识知识—概括—方法运用的思维过程找到真理，并掌握科学法则，这就能够让学生在学习中发挥各种思考方式，学生既提高知识水平，又发展思维能力。

综上，笔者结合自身教学经历发现，近几年多数学校都在积极响应国家"双创"号召，注重学习过程以及注重培养学生的技术素养和创新能力，让学生积极参加全国青少年人工智能活动，在培养学生学科核心素养的同时，建立学生的问题式思维，为学生的自主发展、终身学习奠定坚实基础，鼓励学生积极参加校内外科技活动，并根据学生的爱好成立社团和特色选修课，如人工智能、科技小制作、python程序设计、Matlab程序设计、3D打印模型等，开展这些社团活动和选修课不但注重学生的学习过程，还利于培养学生综合素质。所以，教师在教学中可为学生演示利用编程软件生成的动图，不但使学生注意力集中，还有一部分学生对如何才能制作生动的动图感兴趣，利用课余时间用电脑自己尝试编写简单程序，模拟物理模型，并与其他学生交流分享，享受学习的过程，进而提高思维能力和创新能力。

（三）注重教学评价，帮助建立自信

教学评价是对教学过程中教学方法、学生学习效果和教师教学工作的评价，它是一种对教学的检验方式，也是课堂教学中关键的一个环节。从教师的角度看，教学评价是对教师的教学质量进行评价，此时就依赖于良好的教学设计，这是教学效果彰显的根本;从学生角度看，其目的是检查学生学习结果，提醒学生做出适当调整，提高学生学习成绩。因此，为了让学生有信心学好知识，帮助学生建立自信，教师不能只有良好的教学设计，还要对学生进行多元化的教学评价。而人工智能可以为教师提供评价模式多元化的硬件和软件条件，教师应当高效利用起来。

人工智能对教学评价起推动作用主要有以下两点:

第一点是大数据分析学生学习数据，在传统的教学评价中，评价的方式和标准相对单一，主要是通过学生考试成绩、作业情况、课堂表现等，有时还会掺杂教师的情感，所以评价的结果有误差。而人工智能的加入，通过智能化教学管理软件可以将学生各个方面的数据进行收集、整理和分析，客观评价学生的表现情况、学习情况。例如，教师通过智能化学习软件批改学生试卷，教师可以根据智能化生成的数据分析很容易了解每个学生对各个知识点的掌握程度，并且可以快速准确地分析出班级整体对哪些知识点掌握不牢，由此教师可在复习课中着重讲解某个知识点，提高教学效率。因此，与过去传统的教学评价相比，人工智能的加入会为教学评价带来经过大数据分析处理后的学生学习数据，使得教学评价更加细致化、科学化。

另一点是可以追踪学生的课后学习。在我国，从小学到高中课后作业都是夯实所学知识的重要组成部分，但有些学生对待作业并不认真，而且教师也没有充足的时间批改学生大量的课后作业，并对每名学生的课后作业进行分析，所以很难从传统的书面作业中获取学生学习数据作为教学评价的依据，还会忽略对学生的学习过程的评价，使得教学评价不具有针对性和有效性。但随着人工智能的引入，学生可以在学习软件中完成课后作业，并及时为学生批改，及时发现哪个知识点掌握不牢，从而生成属于自己的"智能题库"，在这种智能化题库中，学生可以获得个性化的，有针对性的习题。例如教学易APP可以对学生进行学情分析，并向学生推送智能测试分析报告，学生可根据未掌握知识点进行针对性学习。对于大多数学生而言，在人工智能的帮助下学习物理，为每名学生可以按照自己的节奏进行学习提供可能，这在传统的课堂上难以做到。因此，要充分享受人工智能带来的便利，就要引导学生按照自己的节奏学习，并及时对学生做出评价，建立他们学习的信心。

综上，笔者认为相对于传统单一、僵化的评价方式，应用人工智能的评价方式使评

价过程更客观、科学、准确，为教师和家长提供全面客观的评价，促进学生自信的成长与发展。

五、高中物理信息化教与学现存问题剖析

（一）教学方式单一导致无法实现深度学习

目前普遍存在教学思路与方法陈旧、缺乏学科工具的问题，学习方式表现为一般化。缺少技术的支持，导致探究程度不够深入，仍停留在浅层的教师讲授。目前的信息化教与学优化和创新，基本上是通过大数据找到教学问题，由教师自己改进教学。找到问题固然重要，但更重要的是找到问题之后该如何解决。通过问卷调研和教师访谈，研究发现常规课堂受到很多因素的制约，外部因素主要表现为目前的教学条件不完善、教学支撑工具不够智能化等；内部因素主要表现为教学结构缺乏体系化、教学方法欠缺多样化等。大多数教师没有能力改进已有教学思路和方法，独立完成课堂教学中深层次问题的解决，导致教学优化和提升很难进一步深入开展和落实，课堂教学模式很难改进。教师无法精准诊断教学，进而无法引导学生开展深度学习。

（二）知识零散导致学生学习缺乏逻辑性

高中物理知识本身难度较大，又存在知识系统梳理困难，知识零散就导致学生无法形成系统的物理知识体系，更不利于对物理知识的建构。课堂教学体现出学生不爱学习，对物理学习兴趣不足的情况。导致这种情况出现的原因其实有很多，如教师讲授之后机械地要求学生做相关练习和实验，物理知识太零散等，其中最关键的原因就是知识零散问题。学生得不到完整的物理知识体系，只是被动接受教师的讲授，无法从思想上厘清自己所要学习的知识内容，更不清楚为什么学习，不能形成学习动因和处理问题的逻辑思维，导致学生不能够完成教师设置的学习任务，无法综合运用所学知识解决实际问题。学生学习知识时缺乏逻辑性主要存在两方面的原因：教师在引导的过程中并没有科学解释清楚知识的由来，学生很难厘清知识为何形成，对其产生缘由的理解易出现混乱；教师没有将各部分知识系统关联，不利于学生建立完整的知识体系，更不利于帮助学生形成应用能力。

（三）缺乏疑难知识理解、复杂问题探究的资源工具

传统课堂教学中，普遍存在的问题，还有在常规条件下疑难知识不易理解，探究活动难以开展。教师给学生所安排的学习路径不适合，或现有工具不足以及学习资源匮乏都会导致这个问题的产生，而这其中最关键的原因是由于缺乏精准和丰富的相关资料导致的，这一诱因引发了常规条件下学生很难快速、精准、系统获取相关资料的情况。即便能够实

现为学生提供这些资料，完成这个过程也需要消耗很多时间。就高中物理而言，教师应为学生提供体系完善的物理集成资料，支持学生完成对知识的理解。此外，高中物理知识本身存在难度，有些疑难知识仅靠集成资料是无法完成良好的知识理解及进行复杂问题探究的，这就需要更好的资源工具将疑难知识可视化，帮助学生理解其内涵并进行深入探究。由于缺乏疑难知识理解、复杂问题探究的资源工具，导致学生学习兴趣不足，进而无法激发对高中物理的学习动机。

（四）学生获得个性化指导困难

传统课堂教学中的教学结构是以班级为单位，一个教师组织一批学生开展教学活动。课堂教学通常以一对多的形式展开。教师的统一授课、宏观指导和整体评价忽略了学生的个性化特征，所有的学生都只是被动接受教师统一安排的单一形式的课程活动。教师没有足够的精力，无法为每一位学生提供有针对性的教学服务，而且课后也缺少与学生的接触，导致学生不能够得到适合自己的个性化指导，更无法获取高中物理优质微课等资源。传统课堂的这一情况，从根本上制约了每一位学生应实现的个性发展。

同时，教师在教学评价的过程中经常忽视学生个性化的能力水平。目前学生的大数据采集，主要是通过考试、作业和练习等完成。在评价过程中，教师更多关注利用智能工具实现评价过程的自动和便利，缺乏系统、全面、准确测量学生课程学习的知识与能力水平、素养形成情况等量化评测依据，教师更多关注形式，忽视了本质内涵，也导致了学生获得个性化指导困难。

综合分析上述问题，不难发现导致这些问题产生的共性归因是教学思路与方法不好。那么，就要从根本上对教学思路与方法进行改革，主要从走向深度学习、走向知识体系化、走向个性化三个方面展开研究。

第三节　人工智能在物理教学中的实践

一、实施过程与实施方法

本研究选取人教版高中物理必修一第二章第四节"自由落体运动"，在线上教学。通过问卷调查法和学生课后作业的质量，找到线上课堂的优点和课堂教学中存在的不足之处，总结出现这种情况的原因是什么，从而改进教学设计。

二、教学案例

（一）利用Matlab软件教学"自由落体运动"

1.设计理念

《普通高中物理课程标准（2017年版2020年修订）》中课程理念和课程目标；重视科学探究，提倡学习方式的多样化；技术创新理念。[①]

2.教材分析

自由落体运动选自人教版必修一第二章第四节，是匀变速直线运动的典型实例，也是学生今后构建平抛运动模型的基础，在物理教材中起着承上启下的作用。通过对自由落体运动的研究，一方面是对前面知识的复习和巩固，同时从历史上轻重物体下落快慢问题入手，既从哲学角度说明轻的物体下落快，又从实验角度开展实验，进而得出自由落体运动的定义。之后又利用打点计时器设计探究性实验，探究自由落体运动的规律。然后对自由落体运动的加速度进行介绍，并首次在教材中引入利用手机传感器测量自由落体加速度。另一方面通过实验培养学生合作探究能力，为学生的终身发展奠定良好的基础。

3.学情分析

在进行本节课教学任务之前，由于学生已经深入地掌握匀变速直线运动，因此急需一次真正的实验更深入地认识匀变速直线运动的变化规律，而对物体自由落体运动的研究，恰好可以满足学生的这个需求，在本节课的学习中，要让学生的认识有进一步的提高。此外，学生已经具备匀速直线运动规律、打点计时器及纸带分析的学习基础，对自由落体运动的加速度探究有充足的知识储备。学生学习本节课相对轻松。

4.教学目标

明确物理观念；明确自由落体运动的定义及性质；掌握自由落体运动加速度大小和方向；通过观察仿真模拟实验总结归纳自由落体运动的特点；通过智能软件模拟了解影响物体所受空气阻力的因素；通过视频深入了解伽利略研究自由落体运动的历史过程；养成利用生活中常见的物体进行实验探究的习惯和科学态度；体会身边的自由落体运动，学以致用，增强学习兴趣。

5.教学重难点

自由落体运动的特点和规律；自由落体加速度的方向；通过观察实验总结自由落体运动规律。

---

① 余维.基于智能手机的高中物理实验教学设计与实践[D].重庆：重庆师范大学，2021.

6.教学方法

通过演示实验、互动探究、归纳总结的方式，形成科学的物理观念，并通过学生的自主探究、分组实验、交流与合作过程，形成严谨的科学态度，有助于促进学生物理核心素养的全面发展。教具有Matlab软件、希沃白板等。

7.教学活动

（1）实验目的：

①帮助学生理解自由落体运动；②理解影响落体运动快慢的因素。

（2）实验步骤：

①将金属块、木块、羽毛、玻璃球等物体放入牛顿管中，封闭牛顿管；

②将牛顿管倒立过来，观察这些物体下落的情况；

③启动真空泵，将牛顿管里的空气抽出一些，让这些物体从牛顿管上方同时开始静止下落，观察物体下落的情况；

④启动真空泵，将牛顿管中的空气抽空，达到真空状态。将牛顿管竖直摆放，这些物体由牛顿管上方一起下落，观察物体下落状况。

设计意图：引起学生的好奇心和求知欲，激发学生学习兴趣，通过动手小实验和物理仿真实验等，吸引学生的眼球，使学生自然地进入课堂中。同时，打破学生以往错误的思维定式，帮助学生明确科学的结论不能单纯地依靠生活经验和猜想，要有真实的实验现象作为依据。

教师活动：引入自由落体运动的定义是物体仅在重力作用下，由静止开始下落的运动。我们从定义中可以看出自由落体运动必须满足哪两个条件？

学生活动：第一个条件是只受重力作用，第二个条件是运动物体的初速度必须为零。

教师活动：但在现实生活中，物体不可能只受到重力，所以在什么条件下才能够将某物体从静止下落的运动近似地视为自由落体运动？

学生活动：在空气阻力可以忽略不计时。

教师活动：所以我们说自由落体运动实际上是一种理想化的模型，它忽略空气阻力这一因素。那么在什么时候，阻力才可以忽略不计？

学生活动：当重力大于阻力的时候，或者是阻力足够小可以忽略不计。

教师活动：那么在现实生活中，有什么物体在设计上减小空气阻力？物体所受到的空气阻力又与哪些因素有关？

教师活动：物体所受的空气阻力与迎风面积、物体的速度（关键）还有空气密度等因素有关。例如汽车、飞机、高铁等，它们在高速运动中受到的空气阻力大，为了减小空气阻力，所以汽车、飞机、高铁等的头部被设计成流线型，所以说物体运动的速度越大阻力越大。

视频展示：蹦极。

学生活动：观看蹦极的视频，同时思考蹦极者在绳子绷直前是否在做自由落体运动？

教师活动：蹦极者在绳子绷直前是在做自由落体运动。但随着他的速度不断增大，受到的空气阻力也随之增大，他就不再做自由落体运动。

设计意图：通过观察生活中直观的现象，帮助学生更好地理解对于同一物体来说，速度越大阻力越大。并由此明确在研究问题时，什么情况可以看作自由落体运动。

Matlab软件模拟：模拟受空气阻力的小球下落和不受空气阻力的小球下落。

教师活动：在Matlab软件中绘制的有阻力和无阻力自由落体运动的速度—时间图像，从图中我们可以看出什么？

学生活动：从图中可以看出，有阻力的情况下速度有最大值，而没有阻力下的自由落体运动速度随着时间的增大而增大，是一条直线。

教师活动：实际物体在下落过程中受到的空气阻力与速度成正比，即$f=kv$其中，k为常数，与物体的半径、空气中温度，湿度等环境因素有关。小球在有阻力时下落，随着速度的增加，空气阻力也增加，当阻力增加到与重力相等时阻力不再增加，小球有下落的最大速度，之后速度不在发生变化。无阻力的理想状态下会一直加速下去。

教师活动：（展示图像模拟）在Matlab软件中绘制的有阻力和无阻力自由落体运动的位移—时间图像，从图中我们可以看出什么？

学生活动：从图中可以看出，有阻力的情况下刚开始位移是弯曲的，后来是一条直线；而没有阻力下的自由落体运动随时间变化位移是抛物线的一半。

教师活动：我们将位移—时间图像与速度—时间图像对比分析，会发现在有阻力时，当时间为0.15s左右时，速度不再增加，做匀速直线运动，刚好对应我们模拟的位移时间图像。

设计意图：通过课前系统提前发给学生的图像，即绘制物体的两种情况下的速度—时间图像和位移—时间图像可以直观地看出二者运动状态的不同。使学生更容易理解和记忆自由落体运动。

教师活动：由上述实验及自由落体运动的定义可知，在忽略空气阻力的情况下，物体只受重力，那么物体在竖直方向上产生加速度，我们这个加速度为自由落体加速度。定义如下：在同一地点，一切物体自由下落的加速度都相同，这个加速度叫作自由落体加速度，也叫重力加速度。那么在有阻力与无阻力情况下加速度如何变化？

学生活动：由于前面学生已经学习过速度—时间图像与位移—时间图像，因此，让学生根据所学在纸上绘制"理想状态"下物体做自由落体运动时的加速度—时间图像，然后小组讨论物体在"理想状态"下物体加速度的变化特点。

教师活动：前面我们讲解了物体由静止下落过程中受到的空气阻力与速度成正比，即$f=kv$。其中，k为常数，与物体的半径、空气中温度，湿度等环境因素有关。那么，物体在有阻力情况下下落，不仅受到重力还受到阻力的作用，此时小球的加速度又有什么特点？

学生活动：思考问题并尝试着绘制图像，然后进行小组讨论。

教师活动：观察学生的讨论情况并控制讨论时间，适当地给出提示，加速度是变大还是变小？什么时候加速度达到最小？

教师活动：由于前面我们已经分析过两种情况下速度随时间的变化，那么同样的分析过程，当阻力增加到与重力相等时，根据牛顿第二定律$F=ma$可知，此时的加速度为零，速度达到最大值。

Matlab软件模拟：模拟受空气阻力与不受空气阻力的小球下落的加速度—时间图像。

教师活动：借助Matlab软件的绘图功能，绘制小球在两种情况下加速度随时间的变化图像。

学生活动：通过模拟过程发现，无阻力的时候加速度不随时间发生变化，再结合前面的速度—时间图像可知，自由落体运动是初速度为零、加速度为g的匀加速直线运动。

设计意图：教师首先从理论上分析运动过程，然后在通过智能软件模拟运动过程，更加具有说服力。同时生动直观地展示运动结果，使抽象的物理概念变得清晰具体，更利于学生们理解。

教师活动：重力加速度的大小是$9.8m/s^2$，便于计算可取$10m/s^2$。它的物理意义是描述地球本身属性的量，与放入其中的物体无关。在不同的地点物体的自由落体加速度不同，从赤道向极地增大，离地面越远重力加速度越小。

学生活动：阅读教材自由落体加速度部分，小组讨论得出，从赤道到两极重力加速度逐渐增大。

视频展示：地球自转。

教师活动：从视频中我们可以看出，地球自转导致不同地点的自由落体加速度各不相同。这是因为地球旋转就需要向心力，一部分万有引力会充当向心力，另一部分万有引力就成为重力。在两极处，地球引力完全提供自由落体的加速度，而在赤道附近，由于一切地表物体都随地球自转，转动所需的向心力也由引力提供，因此所能达成的自由落体加速度比两极小一些。因为这里涉及的知识我们还没学过，所以同学们只需定性了解即可。

设计意图：此部分内容是知识延伸，但对该部分内容的讲解可帮助学生构建完整的知识体系，为后续学习万有引力等方面的知识奠定良好基础，通过视频的引入，会给学生留下深刻印象。

教师活动：另外，同学们需要注意自由落体运动的方向竖直向下，不能说成指向地心，但在后续学习万有引力时，万有引力指向地心。因为重力竖直向下，所以它产生的加速度也是竖直向下的。

教师活动：通过前面的学习，我们知道自由落体运动是初速度为零、加速度为g的匀加速直线运动。所以匀变速直线运动的基本公式及其推论都适用于自由落体运动。因此，同学们可以对比匀加速直线运动的公式，写出自由落体运动的公式。

教师活动：那么匀变速直线运动的规律在自由落体运动中依然成立。请同学们回忆一下规律有哪些？

设计意图：自由落体运动本身就是匀变速直线运动的一个特殊例子，通过引导学生用匀变速直线运动公式推导自由落体运动公式，能更好地帮助学生理解记忆自由落体运动的规律。

（二）利用Phyphox软件演示自由落体的加速度

自行阅读教材51页"用手机测自由落体加速度"部分，了解测加速度的相关步骤，并与教师一起完成实验。[①]

1.实验器材和实验过程

实验器材有手机和Phyphox软件。

实验过程：打开软件，进入"含（g）的加速度"，点击开始，将手机举到一定高度，使手机离开手自由下落，为了保证手机的安全性，在底部放置坐垫进行保护。学生观察加速度传感器所得的图像，发现当自由下落时数据中有一部分图像是几乎不变的水平线，这段图像就是手机自由下落过程中Z轴方向的加速度，即自由落体加速度。

教师活动：简单介绍纸带法测加速度的步骤。做完实验，我们应该如何测得加速度？

设计意图：教师将传统实验与现代新型科技结合，增强实验的趣味性和吸引力，并使学生了解测加速度的新方法，还体现智能化软件在物理教学中的应用，同时手机传感器法还是新教材中新增内容的表现。

2.介绍伽利略对自由落体运动的研究

在科学漫步中简单介绍伽利略对自由落体运动的研究，主要分为以下五步：

（1）发现问题：伽利略通过逻辑推理，首先指出亚里士多德对落体认识的问题。例如，假如一个质量大物体的下落速度是10m/s，质量小的物体下落速度是6m/s，当将两个物体捆在一起时，质量大的会被质量小的拖着而变慢，整个物体的下落速度应该小于

---

① 余维.基于智能手机的高中物理实验教学设计与实践[D].重庆：重庆师范大学，2021.

10m/s；但是，将两个物体捆在一起后，整个物体比质量大的还要重，因此整个物体的下落速度应该比10m/s大。这相互矛盾的结论说明亚里士多德的看法是错误的。

（2）实验验证：斜面实验证明猜想是否正确仿真实验：伽利略理想斜面实验。

教师活动：伽利略是在牛顿之前就被誉为最伟大的实验物理学家，世界最美的十大物理实验中他就占了两个，一个就是自由落体运动，另一个则是我们接下来要仿真的实验：斜面实验。先通过认真观看视频了解斜面实验。让铜球沿阻力很小的斜面滚下，用杯子收集的水量来测量时间。改变斜面倾角进行多次实验。

（3）推导：当斜面倾角为90°时，铜球所做的就是自由落体运动。伽利略认为，此时铜球仍旧具有匀加速直线运动的性质，而且一切物体自由下落的加速度都应该相同。

设计意图：通过对伽利略研究自由落体运动的历史过程的讲解，使学生更加了解科学问题的探究模式，掌握用逻辑推理的方法研究问题。通过与教师共同动手模拟仿真实验，提高学生动手能力，并为以后学习牛顿第一定律奠定基础。

3.课堂练习

教师活动：最后，我们通过课堂互动答题小游戏结束本堂课。

学生活动：随机选择两人点击选项按钮进行答题。

设计意图：通过希沃白板中的可多人参与的课堂活动，布置关于自由落体运动的习题，而限时的竞争机制更能将学生代入其中，从而调动学生积极性，增强学生荣誉感。

（三）利用Matlab软件演示牛顿管实验

1.具体流程

（1）课前

教师设计，软件模拟的相关图像。教师在课前搜集资料，并利用Matlab软件的建模功能，结合具体的物理教学需要，画出函数图像、建立物理模型，加深学生对物理知识的理解。为了让学生更好地理解自由落体运动，由此在课前利用Matlab软件分别绘制小球下落在两种情况下速度—时间图像、位移—时间图像、加速度—时间图像。在这里取小球的质量为0.2kg，空气阻力系数k为6时，取竖直向下为正方向，列出一系列方程。求出函数表达式后，用Matlab软件编写程序，绘制出相应的图像。

线上布置学生课前了解内容：打开希沃白板，教师进入"我的班级"，点击发送通知按钮，在网页中选择布置作业，在线发布学生课前需要预习的内容。学生使用系统上的学习资料和教师分享的预习课件进行预习，尝试解决部分问题，经过与同学的线上互动，仍不能解决的问题反馈给教师。

（2）课中

教师先通过课堂小实验和在希沃白板上演示仿真实验——牛顿管实验，视频观看月球下落物体实验等带领学生初步学习自由落体运动，激发学生的求知欲望；通过课前发布的用Matlab软件模拟好的图像，学生通过平板与教师一起分析有无阻力情况下速度—时间图像、位移—图像、加速度—时间图像分别如何变化。教师在与学生讨论的过程中及时观察每名学生的状态，对表现好的同学进行实时点评。

（3）课后

当结束本节课学习后，为学生发布的课后作业，学生完成作业后，可以马上了解自己的掌握程度，并查看教师对自己的评价。同时，系统还会根据错题智能为学生推荐相应习题，及时解决学生们的错误点，便于学生根据自身掌握情况进行个性化复习。

在教师端，教师可以了解班级作业情况，包括平均正确率、平均耗时、学生作业情况等。同时也为教师修改教学设计和今后教学提供参考。

2.实验评价与结果分析

实验评价：针对学生的课前预习情况和课堂表现情况，作者进行形成性评价、安置性评价、诊断性评价和总结性评价，由于每名学生间都有差异，因此进行智能的数据分析与整理，将生成的报告反馈给每一名学生和家长，其中包含他们的表现、个人建议和学生知识点掌握情况。希望这样的一节课成为今后物理学习的良好开端。

结果分析：为了研究应用人工智能辅助物理学习后，对学生学习方面产生的影响，作者特地编制"自由落体运动"单元的测试题，对实验班和对照班进行了课后测试，用SPSS24.0软件对两个班级的成绩数据进行独立样本t检验。实验班比对照班的平均成绩高，"方差方程的Levene检验"的F检验的显著性是0.100，大于0.05，所以是方差齐性检验的数据，"均值方程的t检验"显著性（双尾）值为0.040，小于0.05，表示经应用人工智能辅助的物理成绩具有显著性差异，即实验班的物理学习效果明显比对照班的物理学习效果好，对物理课堂充满期待。可见应用人工智能的教学，在防疫常态化背景下，对该校高一年级学生的学习成绩具有一定帮助，在很大程度上决定孩子的学习成果和效率，十分有效并值得推行。

三、人工智能用于高中物理教学的总结与反思

（一）人工智能在高中物理教学中的应用效果

作者以所在实习学校的两个平行班为例，对实验班应用人工智能进行"自由落体运动"的教学，对照班按照常规教学模式进行教学。通过数据分析统计对学生进行的单元测试，作者发现实验班的平均成绩比对照班高出很多，通过应用人工智能的物理教学的班级的学生对知识点掌握更加深入，做练习题也更加熟练，学习能力明显加强，学习兴趣明显提高。同时，智能的布置作业软件不但可以使学生做好归纳总结，还可以将成绩报告发送给家长

实现家校合作，可见人工智能在高中物理课堂上的教学效果良好。

（二）人工智能在高中物理教学中的应用前景

将人工智能模式应用于物理课堂教学中，当前广大教育工作者和专家面临的重大问题便是涉及如何提高学生的创造性思维、加深学生对物理知识的理解，以及在人工智能模式应用过程中的衔接等问题。由于客观原因的存在，使得当人工智能模式在具体实践中会出现一些问题，但是随着我国已经逐渐将人工智能技术发展水平提升到国家发展战略层次上，以及人工智能在各个阶段的技术突破，相信人工智能会给教育领域带来重大变化。另外，在教育实践中发现，历史和化学的课堂中有许多关于这方面的成功案例，实践和研究表明，人工智能在物理课堂上的应用前景必然广阔。

（三）人工智能在高中物理教学中的问题

通过研究分析，一线教师逐步认识到人工智能对高中物理教学的影响，人工智能技术为物理教学带来新的教学方式，同时也在学生学习和教师备课等方面起到积极的作用。但是，任何事物都是一把"双刃剑"，我们在享受人工智能为课堂教学带来的便利时，也要面对它的不足。首先，由于现在科技的发达，若过多利用智能手段可能会淡化师生间的情感；其次，由于目前人工智能技术的不成熟，在结合"大数据"收集分析时，学生的个人用户数据可能会泄露，涉及隐私问题等，这些都是人工智能在高中物理学科中可能出现并值得我们思考解决的问题。

因此，针对上述不足，教师应谨慎看待，做好处理，让人工智能更好地服务于师生和各个学科。首先，这就要求教师要对人工智能形成正确的认识；其次，国家要对人工智能应用进行监督，实时监控查找漏洞并及时修复。

由于人工智能在教育领域还处于发展阶段，所以在研究过程中会导致在一些问题的阐述上有一定的偏差。比如，在人工智能辅助教学的实施过程中，虽然进行207份的问卷调查，但研究对象只是高一学年1班和5班，样本数量较少，有一定的片面性，问卷的结果只能代表某一阶段的学生的情况，因此本书得出的调查结果可能存在一定的误差；学生接受应用人工智能辅助学习还需要一个过程，虽然作者对应用人工智能教学模式设计了相应教学案例，并加以实施，但由于客观条件限制案例较少，所以要提升调查结果的准确性，还可以增加一些案例。

因此，在今后的学习和教学中，作者将会持续深入地研究人工智能辅助的物理教学并进行教学实践，对应用过程中遇到的问题及时总结，并加以完善。

第十一章　智能手机在高中物理实验教学中的应用

第一节　基于智能手机设计的高中物理实验

一、智能手机运用于物理实验教学的可行性

（一）学校教育支持信息技术化

在教育信息化的大背景下，学校教育也必将进行改变，无论是学校的教学管理，教师的教学方式，学生的学习模式，还是教育的新技术新理念等等，都会进行转型，这样的转型能有效地提高教师的教学效率，并且推进教育信息化改革，利用信息技术手段优化教学过程，提升教学质量，促进学生在新时代的发展。在这样的信息化时代背景下，以往的学校教育教学方式所培养的学生不再能够满足现代社会发展需要。目前，在国内的中小学里，越来越多地应用现代信息技术，比如智慧校园、智慧教室、创客教室系统、学科辅助教学工具和软件，以及在目前全球疫情的大背景下，线上教育蓬勃发展。可见在这样的大背景下，学校非常支持利用现代化信息技术参与到与教学相关的活动中。

（二）学科特点支持智能手机传感器的应用

学校教育信息化，如何把现代信息技术与不同的学科教学联系起来是目前的关注重点。物理学科作为一门自然科学，研究物质最一般的运动规律和物质基本结构，在中学物理阶段，围绕着力学、热学、光学、电学、磁学而展开，而智能手机中存在着大量传感

器，如力传感器、压强传感器、光传感器、磁力传感器等等。传感器是一类能够将非电学信号（如力、光、声）转换为电学信号的仪器，传感技术是物理知识在现代信息技术上的一大应用，反过来，利用传感器技术又能帮助我们测量物理量，得到物理规律。目前，国内中学物理实验室中应用的一系列传感器，足以说明传感器技术应用于物理实验教学的可行性，特别是在沿海发达城市的中学，如北京、上海等地的中学，课本教材上的大部分实验都换成了传感器，学校配置有专门的传感器实验室，像一些测量速度、加速度等必做实验，学生都是在传感器实验室进行实验和学习，经实践表明，中学生具备足够的思维能力和动手能力利用传感器和电脑进行物理量的测量和物理规律的探究。而利用智能手机进行物理实验原理上和传感器是相同的，智能手机集研究对象、测量工具、数据图像显示于一体，比传感器、数据采集器、电脑软件更加简单、方便和易操作。加之现如今智能手机的普及，物理教师和学生们对此的应用并不陌生，能很快理解并掌握利用智能手机进行物理实验的操作方法。①

二、教学前期调研

（一）确定实验对象

选取S市某中学高一年级的两个班作为实验对象，用到的是对照研究法，其中一个班为实验班，在实验班上，会进行三节用智能手机参与物理实验的课程，而对照班级这三节课程采用常规教学无任何其他干扰。

在高一年级进行实验班级筛选时，主要从成绩水平、人数、性别比例相当进行选择，以尽量避免无关变量对实验结果的影响。最终选择了高一（16）班和高一（8）班进行实验，实验班为高一（16）班，对照班为高一（8）班，这两个班的基本情况如下：

成绩上，因为高一年级刚开学，还没有对高中新课进行测试，但根据他们的入学考试成绩，高一（16）班物理成绩班级平均分是87.66，高一（10）班物理成绩班级平均分是87.89，可见两班基本的物理水平相当。

班级人数上，16班42人，10班42人，人数相同；性别比例上，实验班26位男生，16位女生，男女比1.6∶1，对照班29位男生，13位女生，男女比2.2∶1。

（二）确定E-CLASS量表

本研究利用量表进行前后测分数对比，以及实验班对照班的量表分数对比，所用量表为科罗拉多大学博尔德分校的研究人员开发的科罗拉多州关于实验物理学科调查的学习

① 张蓉.智能手机传感器在高中物理中的应用研究 [D].兰州：西北师范大学，2021.

态度，简称E-CLASS量表，E-CLASS量表中包含30项李克特式调查，旨在调查学生的认识论信念和他们的期望。认识论是指在学科中关于知识、认识和学习本质的理论。在实验室的背景下，认识论学意味着定义什么被视为好的或有效的实验、什么是适当的方法来理解实验的设计和操作，以及结果的交流。E-CLASS量表还包括学生对实验物理学习的观点，作为他们的整体认识论的一部分。另外，涉及学生对老师期望他们在课堂上做什么的看法——在实验课程中期望和奖励的知识和学习。物理教育研究界有越来越多的研究机构，致力于调查学生的态度和认识论，例如了解学生学习和做物理实验的意义。这种对学生认识论的关注，部分源于研究表明，学生对做物理实验和了解物理的本质的信念、期望，可以决定他们对物理的追求、坚持，以及会决定他们如何选择物理课程。E-CLASS量表是由研究者经过多年来对大量学生以及老师的测验、检验、修正得到的，满足统计效度和信度。但该量表的开发不是为了匹配任何特定的先验问题的分类，E-CLASS不包含针对单个潜在变量的项目组，建议教师不要只关注学生的整体E-CLASS分数，因为它不能代表学生围绕一个明确定义的结构的表现。相反，教师应该单独检查学生对问题的回答，特别关注那些最符合他们在该课程的学习目标的问题。

在不同的使用背景下，可以根据需要检查其中相关题目的学生回答，为了检验利用智能手机进行物理实验教学是否影响学生学习物理的信念和认识，依据学生学习理论对量表中的部分测试题进行维度分析。

E-CLAS S量表中包括对学生的测试、学生站在实验物理专家的角度是怎么想的？即"你在做实验时是怎么想的"和"实验物理学家会怎么评价他们的研究"。只让学生回答关于学生自身的测试，即以"你在做实验室是怎么想的"来回答量表中的所有问题。E-CLASS量表所采用的是李克特式调查，选项量表有五种，分别是"强烈不同意""比较不同意""中立""比较同意""比较不同意"。

本量表所用的E-CLASS量表的计分原则如下，评分的目的是了解学生对实验物理的认识和态度。学生作答后，为了计分的便利和有效性，学生对每个5分李克特项目的回答被压缩成一个标准化的3分量表，其中的回答"（不）同意"和"强烈（不）同意"被压缩为一个单一的类别，即"比较同意"和"强烈同意"算作同一类的计分，"比较不同意"和"强烈不同意"算作同一类计分。然后，根据学生的回答，给一个数值分数符合专家的共识反应。专家的回答可以是同意的或不同意的，但专家的回答不存在中立，这取决于特定的题目，该量表中专家的共识反应是由美国大量物理教育研究者提出和进行多次修正，并通过大量的试验和统计而确定的。比如E-CLASS量表中第一题"在做实验室，我设法去了解实验装置是如何工作的"，对于这道题，专家的共识反应是"同意"类的。因此，学生对每个项目的回答被简单地编码为有利的（1）、中性的（0），或不利的（-1），其中与专家回答相同的记为1分，与专家回答相反的记为-1分，中立的回答记为0分。倘若某学生对每一题的回答都与专家的共识回答相同，则该学生量表总分将有30分，以此可以根据学生的分数来评价学生对实验物理的认识和态度与专家相比有何差异。对不同年级、不同专业、不同性别的学生进行测试时，学生的测试分数将有所不同，或是对同一批学生在进行某一时间段的教学干扰或各项实验物理课程后，学生对此量表中每一题的回答可能就会发生变化，导致分数的改变。若分数较高，说明学生对实验物理的认识和态度与专家接近，学生对此的认识和态度较好。若分数较低，说明学生对实验物理的认识和态度与专家相比有很多不同，表明学生对实验物理的认识和态度还需要进一步的提高。

（三）发放E-CLASS量表及前测数据分析

在实习初，进行正式授课前，将该量表发放给两个班级进行前测，在监督下让两个班学生及时做完并收齐上交，在实验班16班发放量表42份，回收42份，在对照班发放量表42份，回收42份。将回收后的前测量表进行有效性分析，对有漏答、筛选题答错或是有无效填答的量表不计入统计分析。经检验，用智能手机进行物理实验教学的实验班收集的有效问卷有42份，有效率达到了100%；用传统实验方式进行实验教学的对照班收集到有效问卷有42份，有效率同样达到了100%。现将实验班和对照班的前测分数对比如下：

将84份有效问卷数据录入SPSS统计软件中进行分析，从量表前测总分数来看，实验班和对照班的总分平均分非常接近，对两组数据进行T检验分析，所得显著性差异值为P=0.941，根据SPSS数据分析标准，当显著性差异（CP值）大于0.1时，说明没有显著性差异，P值越大，显著性差异越小。这表明两班在是否用智能手机进行课堂教学的对比实验前，学生对实验物理的相关认识和态度差别不大。

实验班和对照班在所分的三个维度上，每个维度对应的平均分都比较接近，将各维度数据导入SPSS进行显著性差异分析，每个维度的分数，实验班和对照班的显著性差异值都是大于0.1，说明实验班和对照班在学习兴趣、自我效能、对传感器的认识方面总体没有明显差异。

三、智能手机应用于中学物理实验教学设计分析

利用智能手机进行物理实验教学，实践授课是本研究的重要内容，在查阅了大量文献资料、研读教材内容后，结合授课班级的学生情况和实际情况，选取了"自由落体运动""弹力""超重与失重"这三节课作为授课内容，选取这三节课的原因如下：

首先，将智能手机带入课堂并将其作为实验工具进行实验，这样的方式对于学生而言既陌生又新颖。什么是手机传感器？怎样利用手机做实验？可以得到怎样的现象？学生第一次接触这样的方式，会有很多疑问，为了学生易于理解和接受，在上课前给学生简单介绍了智能手机中含有的传感器及其使用方法。第一节课选取了"自由落体运动"，用智

能手机重力传感器测量重力加速度。该实验在Phyphox软件中操作简单，实验只需用到一部智能手机，点击"含g的加速度"，将智能手机竖直释放，就能在数据图表中得到竖直方向的加速度值，数据精确，学生根据数据能快速掌握自由落体加速度的大小。该实验能让学生初步认识并体会手机传感器在物理学习中的妙用，感受其灵敏度高、实时记录并直接显示数据的优点。第二节课选取了"弹力"，在观察微小形变时，以往的课程中教师直接略过或是利用水瓶吸管自制教具进行展示说明，此类方式实验现象不明显，学生只能定性感受微小形变的存在。利用智能手机Phyphox软件中的"斜面"功能，可以实时高精密地测量当桌面发生形变时，放置于桌面上的手机感受到的斜面倾角变化，用数据变化直观呈现桌面的倾角变化，进而说明桌面发生了微小形变，这样的实验方式能从数据上让学生定量感受微小形变，帮助学生理解。第三节课，选取了"超重与失重"，在该节内容上，超重与失重发生的条件一直是教学的重难点，如何帮助学生厘清超失重的发生与加速度方向有关，而与速度方向无关是本节课实验设计的关键。很多物理教师和物理研究者对此进行了大量的创新实验设计、自制教具等，但有的实验仪器复杂、操作不便，能便于学生理解，但教学效率低。而利用手机传感器进行该实验，将手机作为研究对象，实时记录其运动过程的速度和加速度变化，结合不同过程的超失重现象，就能清晰地得到超失重发生的条件。

其次，在新版人教版教材上，"自由落体运动"和"超重与失重"这两节课有明确的内容指出利用智能手机进行这两个实验，这是与旧教材相比，在与现代化技术结合上有很大的不同。为了落实教材编写的意义，践行课标要求的教育现代化变革，创新数字化实验方式，培养学生的综合素质，因此选择这两节课作为授课内容。

第二节　基于智能手机设计的高中物理实验实践

一、利用智能手机探究"弹力"

（一）教学目的分析

物理观念：了解常见的形变，知道弹力产生的原因和条件；知道任何物体受力都会发生形变；知道胡克定律的表达式，了解劲度系数的物理意义。

科学思维：将不易用肉眼观察到的微小形变转化为用灵敏的手机传感器进行，感受转化法的科学探究思维。

科学探究：通过观察教师用智能手机传感器演示桌面微小形变的实验，直观感受微小形变的存在；通过处理弹簧弹力与形变量的数据进而自主得出胡克定律，学会利用图像分析实验数据的数据处理方法。

科学态度与责任：感受任何物体受到力的作用都会发生形变，通过转化法观察微小形变，养成实事求是、严谨认真的科学探究态度；通过教师用智能手机进行实验，体会现代科学技术在学习生活中的实际应用。[1]

（二）教学重难点

教学重点：判断弹力的有无，判断弹力的方向；通过实验探究和数据分析，得出弹簧的弹力与弹簧伸长量的具体关系并掌握胡克定律的公式。

教学难点：微小形变的观察；学生分组实验探究出胡克定律的内容。

（三）教学过程

教师活动：教师展示手拉橡皮筋，让同学们也自己动手拉一拉，并提问，大家在用手拉长橡皮筋时，有何感受？

学生活动：用橡皮筋进行小实验，感受拉长橡皮筋时手受到的作用。

设计意图：用生活中的物品进行小实验，吸引学生注意。

教师活动：

向学生展示生活中各种各类的形变现象，橡皮筋被拉长了，竿变形，饼干被压扁压碎，纸张揉皱。

学生活动：观察图片所展示的现象，并联系生活进行思考；思考并回答：它们的形状和体积在力的作用下都发生了改变。

设计意图：利用生活中常见的例子，感受并激发学生思考。

教师活动：

提问：这几幅图片展示的生活现象有什么共同特征？

提问：上述所展示的四种情况，相同点是它们都发生了形变，那它们所发生的形变有没有什么区别呢？橡皮筋发生形变后能够自动恢复原状，而纸张发生形变后不能恢复原状。弹性形变：物体发生形变后能恢复原状；范性形变：物体发生形变后不能恢复原状。

提问：所有的弹性形变都可以恢复到原状吗？

---

① 张蓉. 智能手机传感器在高中物理中的应用研究 [D]. 兰州：西北师范大学，2021.

学生活动：学生思考并回答

橡皮筋拉长可以恢复原状而纸张不可以。观看弹簧由于形变太大而损坏的实例理解弹性限度的概念。

教师活动：提问：在前面所举的实例中，物体受到力的作用发生形变时，现象都很明显，我们可以用眼睛观察到，那如果现在老师用手使劲压这个讲台，请问同学们，这个讲台的桌面是否发生了形变呢？

引导：有同学说没有发生形变，因为没有看见，有同学说发生了形变，只是太微小了，那我们有没有办法可以看到这个桌面的形变呢？

实验演示：利用智能手机传感器来展示桌面的微小形变。思考并回答。

回答一：没有形变，因为我没有看见；

回答二：桌面发生了形变。认识智能手机内部的相关传感器；观察手机传感器的界面。

实验原理：简单介绍手机内部存在着各类传感器，将手机软件Phyphox打开并投影至白板上，学生可以在屏幕上实时看到手机上的变化。在该Phyphox软件中，有"斜面"这一功能，点击该功能后，出现如下图所示的操作界面，可以测量水平、垂直、侧边、平面的倾斜角度，本实验中将手机水平放置于讲台上。即可测量水平方向向上/向下倾斜和向左/向右倾斜的变化情况并记录具体的数据。

演示实验步骤：

（1）将手机置于水平讲台上，并将手机屏幕投屏到黑板大屏幕上，打开Phyphox软件中的斜面功能，该功能能精确到测量手机在水平线向上/向下的倾斜角度，启动后让学生观察屏幕上的数据图；教师用手压桌面，让学生观察屏幕上倾角—时间的图像映情况。

（2）教师停止按压，停止记录操作，得到这个过程中倾角的变化情况。分析整个过程所得到的实验图像。

学生活动：感受物理实验中的转化法和放大法。

分析：在所得的实验图像中，可以明显看到，当用手压书左侧的桌面时，手机的倾角发生了变化，在竖直方向，手机向下倾斜了，在水平方向，手机向左倾斜了。虽然变化角度很小，但通过手机传感器的高灵敏度，可以明显地反映出角度的变化。由此说明桌面的确在受压力时发生了微小形变。提出放大法和转化法在物理实验中的相关性。

实验感受：让学生用手拉橡皮筋，感受橡皮筋的弹力随着拉伸长度的增大如何变化。分析：我们感受到，橡皮筋中弹力的大小似乎是随着皮筋被拉伸的长度的增加而增加的，也就是弹力与伸长量有关，那这两者到底存在怎样的定量关系呢？

实验探究：弹簧弹力与形变量的关系。

实验设计：将弹簧悬挂起来，测出弹簧的原长，然后动手拉橡皮筋，感受橡皮筋中的弹力随伸长量的变化而变化。定性得出弹力与伸长量的关系。

　　总结结论：依次挂上质量增加的钩码，并分别用刻度尺测出弹簧伸长后的长度，计算出对应的伸长量，观察弹力与伸长量的关系。将每次实验所得的数据填入上表，并绘制以伸长量为横坐标、弹力为纵坐标的图像，探究两者的关系。

　　总结结论：分别让两个大组的学生分享各自所得的结论，再进行综合，得出结论。

　　胡克定律：在弹性限度内，弹簧弹力与弹簧的形变量成正比。分组进行该实验，全班分成两个大组，每个大组所用弹簧不同，每个大组内三人一组，进行实验并记录数据。按照要求画出图像。根据记录的数据和画出的图像组内进行交流讨论得出结论。

　　理解胡克定律的具体内容，理解k、x的具体物理意义。

二、利用智能手机探究加速度与力和质量的关系

（一）实验准备

　　准备好下载有Phyphox软件的智能手机、小车、若干铅块、一端附有定滑轮的长木板、钩码、天平、细绳等实验器材。

（二）实验过程

　　首先用天平测出小车、铅块和手机的质量；接着按照实验要求安装好实物；然后不断调节木板的倾斜程度，以平衡小车所受摩擦力，当装有金属块和手机的小车在不受牵引恰好能沿木板匀速运动时停止调节；将手机固定在小车上，并将其放置于木板上，细绳绕过滑轮使小车与钩码相连，让小车在钩码的牵引下运动，控制好钩码质量远小于小车质量。

　　接下来保持小车（含手机和铅块）的质量不变，然后增加钩码数量，使小车所受合力成倍增加（忽略摩擦力和空气阻力，默认小车所受的拉力等于钩码所受重力）。智能手机phyphox软件页面显示出小车的加速度大小。设计表格，测出同一质量的小车在不同拉力F作用下相应的加速度a。通过测量得来的数据我们可以使用建立直角坐标系的方法来更直观地判断小车加速度a与拉力F的定量关系。我们以拉力F为横坐标，加速度a为纵坐标，将各组实验数据在坐标中描点，发现这些点在一条过原点的直线附近，说明加速度a与拉力F成正比。

三、利用智能手机探究超重和失重

（一）实验准备

　　准备多媒体电子白板、下载有Phyphox软件的智能手机，另外请一名学生上台辅助课

堂物理实验。打开页面后，选择"加速度"（不含g）一栏，为了方便操作实验，点击右上角三个点可选择"定时运行"，为方便记录数据，启动延迟设置为3.0秒，实验时长设置为15.0秒，然后点击屏幕右上角闪烁的三角形即可开始实验。

（二）实验过程

首先提出问题，让学生思考：为什么站在体重计上的人向下蹲，体重计的示数会发生变化？是怎样变化的呢？静止后，体重计示数又是怎样的？然后对问题进行分析并学习"超重""失重"的概念。接着让学生持手机做下蹲起立实验，实验前提醒学生点击开始按键后尽量保持身体不要晃动、手机不要抖动、下蹲和起立速度适中等。实验结束手机记录下整个过程，然后将实验结果投影至大屏幕上，为便于观察，可取其一部分并放大供师生分析。

我们可观察到第一段加速度为零，可知此阶段为站立状态。第二阶段加速度先增大后减小，且都为负值，方向向下，产生失重现象，可知此阶段为加速下蹲过程。第三阶段加速度先增大后减小，且都为正值，方向向上，产生超重现象，可知此阶段为减速下蹲过程。第四阶段加速度不变且为零，可知该同学已经蹲下并保持静止状态。第五阶段加速度先增大后减小，且都为正值，方向向上，产生超重现象，可知此阶段为加速起立过程。第六阶段加速度先增大后减小，且都为负值，方向向下，产生失重现象，可知此阶段为减速起立过程。第七阶段加速度不变且为零，表明该同学已经起立并保持静止状态。此时该同学已经完成一个完整的下蹲起立实验。

接下来利用智能手机演示完全失重状态。打开phyphox软件，让一名同学举起手机在较高位置将其释放，使手机自由落下，在手机下方放置安全防护装置，并将整个过程记录下来，同样将数据投影至大屏幕上供大家观察分析。忽略空气阻力等影响因素，手机自由下落过程的加速度即为重力加速度，该过程手机处于完全失重状态。注意提醒学生该过程手机重力并未消失，并引出完全失重现象的概念。智能手机快速导出实验数据，以不同的形式展示出来。软件页面将不易观测的地方以图片的形式放大，清楚显示出重力加速度大小约为9.7m/s²，和当地重力加速度大小数值非常吻合。

第三节　基于智能手机设计的高中物理实验的成效

一、基于智能手机设计的高中物理实验的成效研究分析

（一）发放E-CLASS量表进行后测

根据上述的教学设计，在对实验班利用智能手机进行实验教学后，在对照班对这三节课进行了传统实验教学，在实验班和对照班发放E-CLASS量表进行后测分析。以分析实验班的学生和对照班的学生在通过不同的实验教学方式后，对实验物理的认识和态度是否有变化和区别。

后测阶段，在实验班和对照班发放分别发放问卷42份，学生统一作答。每个班级均回收问卷42份，经有效性分析后，实验班和对照班的有效问卷均有42份，问卷的有效率达到了100%。

（二）E-CLASS量表前后测分析

1.实验方式对比

将实验组和对照组的后测分数进行对比发现，实验班在前测成绩的基础上，后测平均分数增加了3.81，而对照班后测成绩增加了0.39，将实验班和对照班后测成绩录入SPPS进行t检验，两班的分数显著性差异值为P=0.051，表明两班的后测成绩有显著性的差异。两班在前测成绩几乎相同，在没有显著性差异的情况下，对实验班利用智能手机进行物理实验教学，实验班分数的增加，表明实验班学生对实验物理的认识更加趋近于专家的选择，也就是实验班学生对实验物理的认识和态度有了明显改善，而对照班几乎没有改进。对比在实验班中，将男生和女生的前后测分数分别统计，研究性别对E-CLASS量表总分的影响。

对实验班的男生和女生的测试平均分进行分析，前测结果发现，男生的前测平均分为19.27，女生的前测平均分为16.35，男生普遍分数高于女生，这表明性别是影响学生对实验物理态度和认识的一个重要因素，这与卡伦德（Kalender）的研究结果相似，该研究发现，女性对物理学习的自我效能感更低，男性对物理的学习和认识更加自信。在实验后，

对实验班不同性别进行对比分析，男生后测平均分为22.5，比前测平均分增加了3.23，而女生的后测平均分为21.14，增加了4.79。对比发现，利用智能手机进行物理实验教学，男生和女生在对实验物理的认识上都有所提高，并且对女性的影响更大。这与艾米丽·M.史密斯（Emily M.Smith）等人的研究结果相似，男性和女性在实验室学习的表现存在显著差异，性别是测量学生学习变化的重要因子。该研究中，女性进入实验室前的E-CLASS成绩低于男性，而改进实验教学方式后，对E-CLASS前测分数较低的学生影响更大。由于男女性别不同，在此之前对计算机、信息技术的认识女性相较而言更少，将智能手机应用于物理实验教学，女性对计算机信息、传感器技术、实验方式的多样性认识会更加深入，导致女性对实验物理的认识和态度提高更多。①

2.学习兴趣维度

量表中选取以上有关学习兴趣维度的测试平均分进行对比分析，发现在经过一段时间的学习后，实验班和对照班的学生在对物理实验的学习兴趣上都有所提升。但实验班的学生前后测差异更明显，同时，经SPSS分析，实验班和对照班在后测成绩上有明显差异。体现在学生对物理实验的态度上，更喜欢做物理实验，更喜欢进行建造和手工，更希望通过做实验来帮助其理解物理学。这表明，使用智能手机进行物理实验教学，这种新颖的实验方式能够更大程度提升学生对物理实验的兴趣。

3.自我效能维度

在量表中选取以上有关自我效能维度的测试分数进行对比分析，从分数变化上可以发现，实验班和对照班的前测成绩没有明显差异。在实验班经过利用智能手进行物理实验教学，对照班经过传统实验方式进行教学后，两个班学生对做物理实验的自我效能感都有所提升。但是实验班的学生的自我效能感提升明显更多，而对照班的后测成绩基本没有变化，通过分析，实验班与对照班的后测成绩有显著性差异。使用智能手机进行物理实验，这样的方式集研究对象、数据记录、数据处理于一体。于学生而言，他们对智能手机的使用已经十分熟练，经过教师在课堂中演示用智能手机进行实验探究后，学生能很快掌握使用方法。进而对量表中的测试"我可以擅长做研究"的回答正向提高，由于手机使用简单方便，学生对测试题中"我相信我能学会充分利用新设备进行实验"回答也是正向提升了很多，学生也表现出来更加相信自己能做并且能够成功地做物理实验。由此可见，利用智能手机进行物理实验教学对学生学习物理，进行物理实验的自我效能感有非常积极的影响。

4.对传感器的认识

在量表中选取以上有关对传感器认识维度的测试分数进行分析，在现代化教育的大背

---

① 程千原.中学教学智能手机应用研究[D].郑州：郑州大学，2021.

景下，要求学校重视引导教师研究数字实验系统对传统实验的改进方法，研究数字实验系统的教学方式。将测试题中的第十一题和十二题进行对比分析，实验班学生对"计算机有助于分析和处理数据"和"不需要了解测量工具和传感器是如何工作的"的态度，两题前后测平均分数从0.92变化到1.95，而对照班学生的平均分数变化不大，由此可见，实验班学生对传感器技术在物理实验的认识有很大的提高。将实验班和对照班的后测成绩进行显著性差异分析，P=0.039，远小于0.1，说明实验班和对照班的后测成绩有明显差异。这表明利用智能手机进行物理实验教学，能够促进学生对信息成果的认识，为培养信息时代所需要的创新型人才产生积极影响。

（三）成绩分析

为了检验实验方式的不同对学生学习的考试成绩是否有影响，将实验班和对照班高一上学期中，三次实验课对应的单元测试（第二章"匀变速直线运动的研究"、第三章"相互作用——力"、第四章"运动和力的关系"）、期中考试、期末考试的物理学科平均分进行对比分析如下。

将实验班和对照班的五次考试成绩进行对比分析，首先两班的入学成绩物理平均分是相差不大的，说明学生的基本物理能力差别不大。经过两个多月的学习，除了本研究中给实验班上了三节用智能手机进行物理实验教学的课程外，实验班和对照班学习相同的课程，做相同的课后练习，考相同的试卷。根据表中所列的五次物理考试的平均成绩，以及将每次考试成绩录入SPSS进行显著性差异分析，在进行实验后，实验班和对照班在考试成绩上没有明显的差异。这表明相较于用传统实验方式进行物理实验教学，利用智能手机进行物理实验教学对学生在知识本身的掌握程度上没有明显差异，从成绩上看，教学效果几乎相同。

（四）课堂表现分析

为了直接比较在利用智能手机进行物理实验教学和传统实验教学时，学生在上课状态、课堂表现上的差异，在学习"超重与失重"一课时，将实验班和对照班的上课状态进行全程录像分析。在本次课上用智能手机进行超失重实验，是在实验班第三次用智能手机进行物理实验，虽然前面已经演示过两次，也让学生在课后自主用手机进行实验探究，但学生对此依旧表现出强烈的兴趣。上课时，讲解了超失重的定义后，询问学生超失重发生的条件是什么，学生猜想与速度、加速度有关，分析如果要进行实验探究，需要设计实验让物体发生超重和失重的运动，同时需要测量物体运动过程的速度和加速度，于是提问学生怎样设计实验？利用什么仪器测量速度和加速度？思考一会儿后，有6名学生说出了可以用手机传感器进行实验测量。课后对这6名学生进行了访谈，询问学生为什么想到用智能手机来进行，学生的回答有"想到上次老师用手机测量了重力加速度""在教材上看到的"。由此可见，学生对此已经有了一定的熟悉，用智能手机进行物理实验给学生提供了新的实验探究方式。

在利用手机进行超失重实验探究时，在整个实验过程中，与对照班利用弹簧测力计进行实验探究相比，实验班学生对此兴趣高涨，全班的课堂氛围更加积极热烈，统计了在实验教学过程中两班学生发出的惊叹词数量，对比如下。

通过统计两班学生课堂语言上的差异，对比分析出实验班学生的上课状态更加积极，学生对手机传感器记录的数据图像表现得非常感兴趣，很多学生借助加速度图像，更快、更清晰地理解了超失重发生的条件。这表明利用智能手机进行物理实验，在教学中能积极促进学生在课堂中的学习兴趣和学习参与度，新颖的实验方式让学生的注意力更集中。同时，实验数据图像的直接展现能使实验探究的结果更加的直观明了，学生理解相关概念也会更加容易，进而提高了课堂的学生学习效率和老师的教学效率。

二、探究智能手机参与物理实验对学生的学习动机、学习时效、实践操作和态度看法及成绩的影响

本研究的目的是探究智能手机参与物理实验对学生的学习动机、学习时效、实践操作和态度看法及成绩的影响，为了得到更可靠和有价值的数据，在研究工具上选用了调查问卷、学生访谈提纲和学业成绩。

（一）调查问卷

在本研究中，作者参考相关研究学者的文献并结合研究需要将初步编制的适合本研究的《智能手机应用于物理实验教学的效果调查问卷》交给任意抽取的两个班级20名学生进行测试，根据学生填写的反馈情况和校外实习导师及专家的意见，对问卷中含糊不清的题目进行修改，然后检验问卷信效度，达标后形成本研究所使用的调查问卷。该问卷应用于调查实验后智能手机支持下高中物理实验教学的实践效果（详见附录B）。

此问卷从以下四个维度进行：学习动机、学习时效、实践操作和态度看法，每个维度各3道题，编制的问卷共12小题。问卷采用李克特五级量表的形式对各项指标进行评分，在"5非常符合、4符合、3一般、2不太符合、1不符合"5个选项中选出符合自己实际情况的相应分值。

（二）问卷的信度分析

样本信度（Reliability）是指样本测量结果的可靠性和一致性，一般采用Cronbach's a值来衡量量表中变量信度值的大小。量表信度越高，代表量表稳定性越高。在实验实施开

始之前对问卷进行初测、修改和完善，最后形成正式问卷。然后利用SPSS22.0对评价量表的Cronbach's a值进行测量，本研究问卷的一致性系数为0.864，表明此量表各变量属性具有较好的稳定性和内部一致性。

（三）问卷的效度分析

效度指问卷测量调查内容的准确程度。本研究对问卷数据进行了KMO检验和Bartlett球形检验，KMO=0.703（大于0.7，Bartlett球形检验近似卡方为205.689，自由度为66，显著性概率值为0.000，呈显著性，表明此问卷具有良好效度）。

1.访谈提纲

考虑到问卷调查比较片面，不能更深层次地了解学生内心对智能手机参与物理实验教学的看法，本研究设计几个问题对实验班的六名学生进行了访谈。访谈提纲的内容有：是否喜欢老师用智能手机做物理实验；对于用智能手机Phyphox软件做物理实验的收获和建议；利用智能手机参与物理实验的优势。

2.学业成绩

由于本研究还要研究智能手机应用于高中物理实验对学生成绩的影响，因此需分析实验班和对照班在案例实施前近期的物理成绩或入学成绩和案例实施后的专题考试成绩来反映实验前后两班的物理学业水平。

3.研究假设

实验假设：在教学资源一致的前提下，利用所设计的实验教学案例对实验班学生实施智能手机应用于物理实验教学模式，而对照班仍采用传统教学模式，最后得到的结果是案例实施后，实验班学生对待智能手机应用于物理实验教学的态度相比案例实施前变得更为肯定，学生的学习动机、学习时效、实践操作能力和物理实验专题成绩都有所提高，且高于对照班。从而证明该研究中所使用的智能手机应用于物理实验的教学模式对高中生物理实验学习的影响是积极的。

（四）研究实施

该研究从智能手机应用于物理实验案例实施前开始，到实验实施后对学生物理实验专题成绩进行后测和分析结束，即从2020年9月中旬到2020年12月下旬，历经3个多月的时间。在研究对象严格选取的基础上，根据教育实验的一般要求，本实验的实施过程主要包括以下三个方面：

1.实施前测

在实验实施前利用SPSS20.0软件对所选取的实验班和对照班学生最近的物理成绩（前测物理成绩）进行对比分析。

因实验实施前只了解学生课下使用智能手机的基本情况，调查了智能手机在高中物理实验中的应用现状，并没有对学生进行智能手机应用于物理实验教学模式的授课，因此前测无法给学生发放《智能手机应用于物理实验教学的效果调查问卷》和对学生关于智能手机参与物理实验教学效果的相关问题进行访谈。

2.实验实施

从2020年9月中旬到2020年12月下旬，作者针对"测量自由落体加速度""探究加速度与力和质量的关系""超重和失重"三个物理实验对实验班和对照班学生进行教学。其中实验班采取智能手机应用于物理实验的模式进行教学，对照班采用传统模式进行实验教学，两班均由作者授课。

3.实施后测

2020年12月下旬，在基于智能手机功能设计的三个物理实验案例实施之后：

首先，给实验班学生发放"智能手机应用于物理实验教学的效果调查问卷"进行实验后测，要求学生根据自己的真实想法如实填写，问卷发放52份均有效收回。

其次，根据访谈提纲内容对任意选取的6名实验班学生进行访谈，更深层次地了解学生内心对智能手机参与物理实验教学的看法并获取相关建议。

最后，利用SPSS20.0软件对所选取的实验班和对照班学生后测物理成绩进行对比分析。

4.实践效果

（1）基于学生问卷了解教学实践效果

在利用智能手机讲授"过测量自由落体加速度""探究加速度与力和质量的关系""超重和失重"三节实验课之后，对实验班52名学生进行了问卷调查。

①智能手机应用于物理实验教学可以提高学生的学习动机

课前的调查问卷显示，之前只有19%的学生对智能手机应用于物理实验感兴趣，39%的学生认为一般，42%的学生对智能手机应用于物理实验不感兴趣。经过本学期智能手机参与到物理实验后，问卷调查显示，有高达82.69%的学生认为智能手机应用于物理实验教学能提高他们对物理实验的兴趣和动力；78.85%的学生认为能提高他们的课堂参与度；有76.92%的学生认为他们的课堂注意力也更为专注。由此可见，大部分学生认为智能手机应用于物理实验教学可以提高他们的学习动机。[①]

②智能手机应用于物理实验教学可以提高学生的学习时效

调查问卷数据显示，65.38%的学生对"我认为智能手机应用于物理实验教学能够提供新的学习方式"这一命题表示非常符合，26.92%的学生表示比较符合，仅有7.69%的

---

① 程千原.中学教学智能手机应用研究 [D].郑州：郑州大学，2021.

学生表示一般，符合率达92.31%。28.85%的学生对"我认为智能手机应用于物理实验教学能提升我的学习效率"这一命题表示非常符合，34.62%的学生对此表示比较符合，28.85%的学生表示一般，7.69%的学生表示不太符合，符合率为63.46%。55.77%的学生对"我认为智能手机应用于物理实验教学能将抽象的物理知识变得更加形象具体"这一命题表示非常符合，32.69%的学生表示比较符合，9.62%的学生表示一般，1.92%的学生表示不太符合，符合率达88.46%。由此可见，大多数学生认为智能手机参与物理实验教学可以提高他们的学习时效。

③智能手机应用于物理实验教学可以提高学生的实践操作能力

调查问卷数据显示，26.92%的学生对"我能够用智能手机测量物体运动各个方向的加速度"这一命题表示非常符合，32.69%的学生表示比较符合，25.00%的学生表示一般，表示不太符合与不符合的学生均为7.69%，符合率为59.62%。对"我能够用智能手机研究运行电梯的超重与失重状态"这一命题表示非常符合与比较符合的学生各为30.77%，21.15%的学生表示一般，11.54%的学生表示不太符合，仅有5.77%的学生表示不符合，符合率为61.54%，17.31%的学生对"我能够利用智能手机设计并操作一些物理实验"这一命题表示非常符合，28.85%的学生表示比较符合，38.46%的学生表示一般，9.62%的学生表示不太符合，5.77%的学生表示不符合，符合率为46.15%。由此可见，大多数学生认为智能手机应用于物理实验教学可以提高他们的实践操作能力，甚至有将近一半的学生认为智能手机应用于物理实验教学也可以提高他们的实验创新能力。

④大部分学生对智能手机应用于物理实验的态度发生了改变

调查问卷数据显示：实验实施前，只有32%的学生认为智能手机可以应用于物理实验中，39%的学生认为不可以，还有29%的学生对此表示不清楚，可见只有少部分学生对手机能够应用于物理实验持肯定态度。实验实施后，有78.85%的学生对利用智能手机改进物理实验表示支持，有84.62%的学生希望老师以后能在课堂上使用智能手机进行部分实验，并且有76.92%的同学认为利用智能手机改进部分物理实验有很大的发展空间。同学们从"不认同""不清楚"到"支持"和"希望"，充分说明了智能手机应用到物理实验不仅给学生们留下深刻的印象，也让他们对这种教学方式的态度发生了很大的改变。

（2）基于学生访谈了解实践效果

下面是对随机选取的6名实验班学生的访谈记录，具体内容整理如下。

①学生访谈记录

问题一：你喜欢老师用智能手机做物理实验吗？为什么？

学生A：喜欢，尤其是那个下蹲实验，觉得很有趣，完全吸引了我的注意力，当老师把实验数据显示到大屏幕上时，我发现数据还能以多种形式展现出来，可以显示出每时每刻加速度的变化，数据测量也很方便精准，这一点让我印象深刻，课下我回家也试一试，希望老师以后能用手机给我们多做一些有趣的实验。

学生B：喜欢，但是学校不让我们带手机进入校园，而且我认为有的实验不需要用手机去做，课本上的内容已经讲得很清楚了，比如探究加速度与力、质量的关系那一节，感觉用手机做起来很复杂，给我们放一些相关的视频就可以，这样还能节省时间。

问题二：对于用智能手机Phyphox软件做物理实验，你有哪些收获和建议？

学生C：我觉得收获还是挺大的，之前一直以为手机只是通信和放松的工具，没想到还可以做这么多实验。回家后我也下载了这个软件，尝试着去做一些物理实验，没想到居然成功了，以后我会用这个软件去多摸索一些别的实验。至于建议，我希望老师在课堂上讲慢一些，把图像分析得更详细一点，我觉得很多同学都没跟上。

学生D：通过您在课堂上介绍这个手机软件，我觉得软件功能还是很强大的，不过页面看起来很复杂，我建议您把之前做过的一些容易操作的实验列一个表，并在班里给大家演示一下，这样我们回家后就可以参照着去做一下试试，而不是到家后一拿到手机就去玩游戏或做一些与学习无关的事情。

问题三：结合本学期的学习，你认为利用智能手机参与物理实验有哪些优势？

学生E：智能手机搭载有高灵敏度的加速度传感器，在探究加速度与力、质量关系的实验中，将手机绑定在小车上，可快速直接测出小车的加速度，进而得到加速度与力、质量之间的关系，非常方便。另外，与传统的学习资源相比，智能手机具有小巧便携的优势，便于更新和分享知识；我们课下也可以拿手机随时随地设计或操作实验，丰富我们的课余生活。

学生F：我认为用智能手机做物理实验不需要复杂的实验器材，实验操作简单，使用成本更低。用Phyphox软件测得的实验数据，能以数字、图像等不同的形式展示出来。我们不仅可以观察到每个过程对应的状态，也可将演示实验过程中不够清晰、不易观测的地方以图片的形式不断放大，清楚地观察到每一时刻对应加速度的大小。另外，用手机做实验这种教学模式比较新颖，同学们也更多地参与到了实验当中，提高了大家学习的积极性。

②学生访谈记录分析

根据上面的访谈记录，整体来说，学生们对手机做实验还是很认可的，认为这种形式很新颖，希望老师以后能给他们多做一些有趣的实验，其至吸引一些学生回家自己动手去做实验。不过有的学生认为课本上已经讲得很清楚了，没必要再去用手机做一遍，浪费时间。出现这种情况的原因可能是有的学生已经习惯了传统教学，不太能接受新的学习方式。还有的学生指出，课堂上讲太快，跟不上，希望老师讲得更细致一些。另外，学生认为利用智能手机参与物理实验有很多传统实验教学不具备的优势，如实验操作简单、数据提取方便、便于更新分享知识等。每个学生都有自己的想法，作者会听取他们好的意见或建议，在今后的实践中不断去改进和完善相关实验。

5.实验班与对照班的物理成绩对比分析

（1）前测数据及结果

由上表数据可知，两个班级物理成绩渐进显著性P=0.507>0.05，不存在显著差异，且两班物理平均分几乎没有差距。

（2）后测数据及结果

经过三个多月不同模式的实验教学之后，用相同试卷对实验班和对照班进行测试。试卷由物理组组长和其他物理教师围绕本学期使用智能手机操作的三个物理实验进行命题，统一考试时间，并且有监考老师，测试后统一改卷，成绩可信度高。

对两个班的物理成绩作比较。两个班级物理成绩渐进显著性P=0.024<0.05水平，表明两班成绩存在显著差异，且实验班测试成绩明显高于对照班成绩。由此可以看出，智能手机应用在物理实验教学中能提高学生成绩，对学生的学习有一定的促进作用。

结束语

本书通过对物理学发展史的梳理，对物理学史融入物理教学以及对人工智能融入物理教学中的应用，得出以下结论。

（一）物理学研究的无限延伸

展望21世纪，科学家将从本学科出发考虑百年前景。物理学是否将如前两三个世纪那样，处于领先地位，会有一番争议，但不会再有一位科学家像开尔文那样，断言物理学已接近发展的终端了。能源和矿藏的日渐匮乏，环境的日渐恶化，向物理学提出解决新能源、新的材料加工、新的测试手段的物理原理和技术。对粒子的深层次探索，解决物质的最基本的结构和相互作用，将为人类提供新的认识和改造世界的手段，这需要有新的粒子加速原理，更高能量的加速器和更灵敏、更可靠的探测器。实现受控热核聚变，需要综合等离子体物理、激光物理、超导物理、表面物理、中子物理等方面知识，以解决有关的一系列理论技术问题。总之，随着新的技术革命的深入发展，物理学也将无限延伸。

（二）物理学史融入物理教学中有利而无害

物理学的发展史，也是人类从愚昧走向成熟，从低级走向高级的历史。物理学的每一次大发展，都使人类的思想境界上升到了一个新的高度。相对于整个宇宙范围来说，当今人类的文明尚处于一个较低的层次，并处于正在向第一文明等级发展的历程中。在这个发展的历程中，科学无疑是第一推动力，而在科学的众多分支中，物理学无疑是这一推动力的最先进代表。

要想将物理学史融入教学中真正达到提升学生核心素养的目的，需要长期的实践研究。接下来将继续对电磁学部分展开研究，使之更加系统。应在实践教学中，积极融入物理学史，积累教学经验，采用适宜适量的物理学史料融入高中物理教学中去。探索切实有效的教学方法，使教学效果更加显著。希望学生通过物理学史融入教学中的学习，加深对物理概念的理解，提高科学探究的能力，进而提高学生的核心素养。最后希望作者的论文能够为核心素养背景下物理学史融入教学的实践发展，以及广大物理教师提供有益的借鉴。

（三）智能手机和人工智能融入物理教学中是大势所趋

通过前面的绪论可以发现，近年来国内外相关文献逐渐增加，基于智能手机设计的物理实验研究也逐渐增多，已成为一项热门研究。同时，《智能手机用于物理实验教学的效果调查》数据显示，有高达82.69%的学生认为智能手机应用于物理实验教学能提高他们对物理实验的兴趣和动力，并且有76.92%的同学认为利用智能手机改进部分物理实验有很大的发展空间。随着即将普及的5G通信技术和科学技术的快速发展，智能手机内置传感器的种类将越来越多，相关应用程序也会更加完善，这些都会给智能手机应用于物理实验带来广阔的应用前景。

随着如今信息时代的迅速发展，数字化生存已经渗透到了社会的每一个角落。在数字世界中生存的能力已经成为社会上每个人必须拥有的能力，这种能力对教师来说也是必不可少的。为了让学生学习，教师必须先学习。2019年《中国学生核心素养概述》中也提到，学生必须能够成功接受评估、认识和利用信息，适应互联网社会的发展。在这一点上，几乎很多学生都有智能手机。尽管有很多好处，但许多教育工作者仍然将智能手机传感器视为教学中的"怪物"。他们声称，如果他们在校园里使用手机，学生的学习将会受到影响。然而，随着时代的发展和手机的正确使用，未来智能手机传感器有可能大面积用于高中物理实验。

在大力提倡信息教育的背景下，学校教育信息化，应重点关注信息技术与学科教学的有机融合。综合上述研究，智能手机传感器具有易获得、体积小、便于携带、功能多样、灵敏度高、操作简单的优点。将智能手机作为一种新的实验工具用于物理实验教学，经实践具有良好的可行性，同时能有效地吸引学生注意力，提高学生的学习兴趣，其高度灵敏的数据测量能提高课堂教学效率，能积极促进学生做物理实验的自我效能感。随着信息技术的发展，科学技术与物理学科相融合是未来物理教育的发展趋势，本研究建议在今后的中学物理课堂中，教学者可以更多地开发此类教学模式并进行实践，以提高课堂效率，提升学生的综合素质，培养现代化社会需要的创新型人才。

参考文献

[1]黄建国.职业能力导向的高职院校智慧学习模型构建及应用研究[D].长春：东北师范大学，2023.

[2]钟靖.基于Phyphox高中物理实验教学研究[D].上海：华东师范大学，2022.

[3]董文凯.超导物理学在中国的建立与发展（1949—2008）[D].合肥：中国科学技术大学，2022.

[4]孙家静.基于人工智能的电磁场建模与应用[D].成都：电子科技大学，2022.

[5]付超.基于物理核心素养的高中物理学史教学研究与实践[D].延边：延边大学，2022.

[6]刘静.新课程标准下高中生物理创新思维能力的培养[D].西宁：青海师范大学，2022.

[7]吴晓婕.核心素养下物理学史与高一物理教学相结合的应用研究[D].贵阳：贵州师范大学，2022.

[8]王丽岩.高中物理线上实验教学的调查与研究[D].天津：天津师范大学，2022.

[9]秦园园.从学科素养角度谈高中物理电磁感应教学[J].高考，2022，(15)：42-44.

[10]呼努斯图.民国时期大学物理教科书研究（1912—1949）[D].呼和浩特：内蒙古师范大学，2022.

[11]梁莹莹.高二学生综合性物理问题解决困难及例题教学策略研究[D].武汉：华中师范大学，2022.

[12]杨英恺.指向科学思维的高中物理教科书结构研究[D].兰州：西北师范大学，2022.

[13]苟向东.注重探索过程发展科学思维——高中物理教学中科学思维的培养策略[J].学周刊，2022，(15)：32-34.

[14]李苏霖.将智能手机应用于中学物理实验教学中的实践应用研究[D].上海：华东师范大学，2022.

[15]王娣.信息技术在高中物理教学中的应用调研与实践探索研究[D].重庆：西南大学，2022.

[16]顾培皓.智能手机传感器在高中物理力学实验中的运用实践研究[D].重庆：西南大学，2022.

[17]黄佳琦.基于学习进阶的高中物理"电路及其应用"概念教学实践研究[D].北京：中央民族大学，2022.

[18]陈子宁.有意义学习理论在高一物理力学概念教学中的应用研究[D].上海：上海师范大学，2022.

[19]孙凤娇.高中物理习题教学现状及影响因素调查研究[D].重庆：西南大学，2021.

[20]谢鑫妍.核心素养视野下初高中物理教育衔接问题的探究[D].南昌：东华理工大学，2021.

[21]郑海波.智能手机物理实验在高一力学教学中的实践研究[D].天津师范大学，2021.

[22]罗倩.SOLO分类理论在中学物理教学设计中的应用研究[D].云南师范大学，2021.

[23]黄小红.智能手机在中学物理实验中的应用研究[D].湖南师范大学，2021.

[24]潘晓佳.短视频在中学物理教学中的应用研究[D].广州大学，2021.

[25]周叶裕.高中物理渗透STSE的教学现状研究[D].湖南师范大学，2021.

[26]李白灵.Phyphox辅助高中物理实验教学的研究[D].宁夏大学，2021.

[27]卢亚军.原始物理问题对高中学生模型构建思维培养的研究[D].宁夏大学，2021.

[28]王亚娇.基于前概念的科学本质教学实践研究[D].伊犁师范大学，2021.

[29]贺文佼.基于模型建构的物理概念教学设计研究[D].伊犁师范大学，2021.

[30]马永梅.中学物理课程思政现状及对策的研究[D].伊犁师范大学，2021.

[31]邱龙斌.基于STEM教学理论对高中物理课外实验教学的研究[D].云南师范大学，2021.

[32]邵良余.中学物理教育模式的转变研究[D].安庆师范大学，2021.

[33]雷宇.智能手机应用于中学物理常规教学的叙事研究[D].四川师范大学，2021.

[34]熊彬彬.基于STSE教育理念的高中物理教学设计研究[D].四川师范大学，2021.

[35]王婷.基于STEAM理念培养中学生物理创新素养的实践研究[D].上海师范大学，2021.

[36]陈亚敏.《东方杂志》近代物理科学知识传播研究[D].河北大学，2021.

[37]刘国玲.物理学史在高中教学中的教育价值研究[D].华中师范大学，2021.

[38]张蓉.智能手机传感器在高中物理中的应用研究[D].西北师范大学，2021.

[39]孟易兰.基于STEAM教育理念的物理教学设计研究[D].合肥师范学院，2021.

[40]余维.基于智能手机的高中物理实验教学设计与实践[D].重庆师范大学，2021.

[41]程千原.中学教学智能手机应用研究[D].郑州大学，2021.

[42]卢永新.物理学史融入高中物理教学的实践探索[J].中学课程辅导(教师教育)，

2021，(06)：123–124.

[43]黄斌.高中物理教学融入物理学史的策略[J].中学生数理化(教与学)，2020，(12)：77.

[44]汪明，毛奇.中欧比较视域下的物理文化教学的理解与实践[J].物理通报，2020，(11)：120–124+128.

[45]刘焕奇.基于物理观念下的物理学史探究性教学的课堂设计——以"磁场、磁现象"为例[J].物理教师，2020，41(11)：35–37.

[46]李娜.培养学生物理学科核心素养的微课教学——以"电容"教学为例[J].理科爱好者(教育教学)，2020，(05)：83–84.

[47]汪良俊，李卫东.基于物理核心素养的课堂设计[J].科技风，2020，(26)：57–58.

[48]曹则贤.惊艳一击——数理史上的绝妙证明[J].科普创作，2020，(03)：100.

[49]李佳楠.高中物理教师物理学史教育观念的测评研究[D].东北师范大学，2020.

[50]赖桂琴.智能手机在中学物理实验教学中的研究[D].陕西理工大学，2020.

[51]张雅婷.智能手机助力高中物理演示实验教学的专题研究[D].内蒙古师范大学，2020.

[52]周锐.高中物理教学过程渗透培养物理实验能力分析[J].高考，2020，(14)：103.

[53]周凯依.民国时期高中物理教科书研究（1922—1949）[D].华东师范大学，2020.

[54]杨海英.物理学史与高中物理规律教学相结合的教学设计研究[D].云南师范大学，2019.

[55]刘欣.中国物理学院士群体计量研究[D].山西大学，2019.

[56]徐晓敏.智能手机在高中物理教学中的应用研究[D].西北师范大学，2019.

[57]唐颖捷.建国后我国物理科普图书内容和呈现形式的演变研究[D].西南大学，2018.

[58]黄蕾.青少年物理科普图书内容及呈现形式的研究[D].西南大学，2016.

[59]郭晓昌.智能手机在农村中学物理教学中应用与研究[D].云南师范大学，2015.

[60]张莉.高中物理教学中引入学史教育的实践研究[D].东北师范大学，2011.

附录 "自由落体运动" 授课情况课后调查问卷

同学你好！感谢你能参与本次调查，此调查是想了解 "自由落体运动" 这节课的实践教学效果。本调查的结果仅用于教学研究，希望你根据自身情况如实作答。感谢你的配合。

1.你喜欢本节课的授课方式吗？

A.喜欢　　　　B.不喜欢　　　　C.没有感觉

2.你认为本节课的授课方式对你掌握 "自由落体运动" 的性质和规律有帮助吗？

A.没有帮助　　B.有一定帮助　　C.很有帮助

3.本节课学完是否有助于解决生活情境中的一些问题？

A.没有帮助　　B.有一定帮助　　C.很有帮助

4.本节课学完，有助于你推理能力的提高吗？

A.没有帮助　　B.有一定帮助　　C.很有帮助

5.本节课学完，你敢于对某些问题提出质疑吗？

A.没有帮助　　B.有一定帮助　　C.很有帮助

6.跟随科学家的脚步，探究物理规律，有助于你提升科学探究的能力吗？

A.没有帮助　　B.有一定帮助　　C.很有帮助

7.对速度、加速度等概念进行定义的是哪位物理学家？

A.牛顿　　　　B.亚里士多德　　C.伽利略

8.伽利略为了研究自由落体的运动规律，将落体实验转化为著名的 "斜面实验"，对于研究过程，下列说法正确的是（　　）

A.伽利略猜想运动速度与下落时间成正比，并直接用实验进行了验证

B.斜面实验放大了重力的作用，便于测量小球运动的路程

C.伽利略通过对斜面实验的观察与计算，直接得到自由落体运动的规律

D.伽利略通过猜想，数学推演，做小球沿斜面运动的实验，测出小球不同位移与

所用时间，均满足x>tz，并将此实验结果合理外推，从而验证了他的猜想。

9.关于自由落体运动，下列说法正确的是（   ）

A.下落高度决定运动时间

B.对于材质相同的物体，体积大的下落快，体积小的下落慢

C.竖直高度与下落时间成正比

D.竖直高度与该时刻速度成正比